Excel でやさしく学ぶ
統計解析

入力の基礎からレポート作成まで

石村友二郎・劉晨 著・石村貞夫 監修

東京図書

まえがき

一歩前へ進もう！

統計学の学び方?!

それは富士登山のコースが何通りもあるように
統計学の学び方も１通りとは限りません．

- 理論が好きな方は……数式中心のコースを
- 実践が好きな方は……データ中心のコースを

それぞれ，自分の好みに合ったルートを選びましょう．

でも……

統計学を初めて学ぶときのコツ，それは

統計の計算の流れを目で追ってみる

ということです．

そこで，この本では Excel を操作しながら計算の流れを目で追えるように

手順１　データの入力

手順２　Excel 関数の選択

⋮

といったあんばいに，統計の計算手順をわかりやすく並べてみました．

初心者が統計学の勉強で最初につまずくのは

分散・標準偏差

といった統計量ですが，Excel を使って

その１．定義式　　　による計算
その２．公式　　　　による計算
その３．Excel 関数　による計算
その４．分析ツール　による計算

など，いろいろな方法で計算してみると，見る間に統計の理解度が高まり
その理解のあまりの速さに驚かれることと思います．

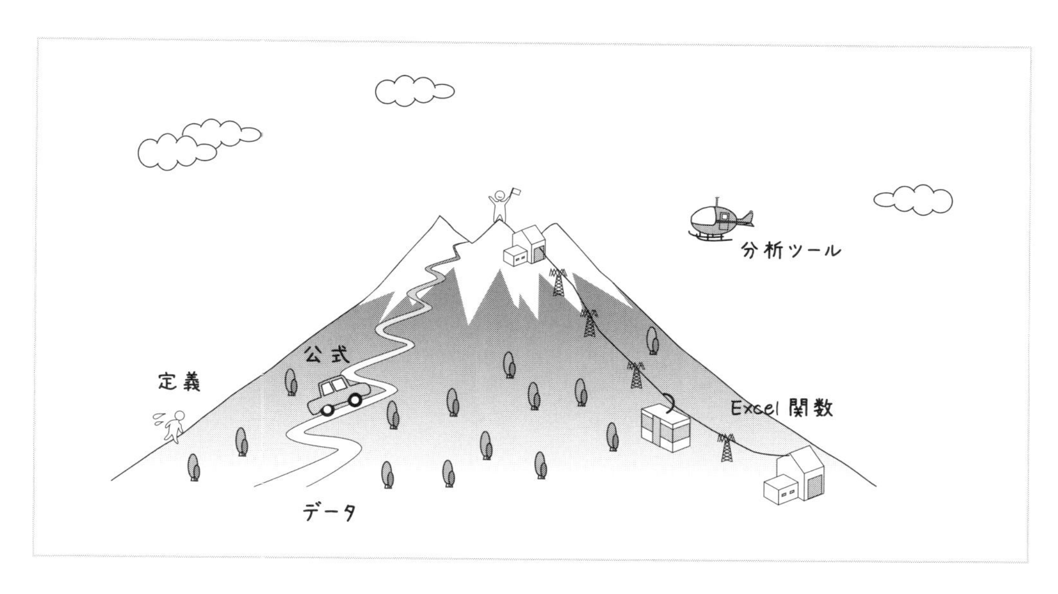

この本の特長は，統計理論の勉強ではなく

　　　　　　統計の計算の流れを実感する

という点にあります．

統計の計算の流れが身につけば，あとは

　　　　　　自分に興味のあるデータ

を手にするだけで，すぐにも

　　　　　　統計を自由自在に操作することが出来る

ようになるでしょう．

謝辞　この本を作るきっかけとなった鶴見大学の岡淳子さんに深く感謝いたします．
また，この本の執筆を勧めてくださった東京図書編集部の故須藤静雄さんと
河原典子さん，宇佐美敦子さんに感謝いたします．

2024 年 5 月吉日　伊予の国　宇摩郡　上分村にて

著　　者

がんばれ〜

◉本書は Excel2024/ 365 を使用しています.
「統計分析力にチャレンジ」の解答やデータのダウンロードは,
東京図書のホームページ（http://www.tokyo-tosho.co.jp/）へ.

も　く　じ

もう一歩
前へ進もう！

1章 データベースの作成 ◉入力・修正・保存・挿入・削除 2

2章 データの検索・データの操作 ◉検索・並べ替え・関数の挿入・コピー・移動 20

3章 1変数のグラフ表現 ◉棒グラフ・円グラフ・折れ線グラフ 36

6章 回帰直線とその予測 ◉はじめての回帰分析入門 86

7章 時系列データと明日の予測 ◉移動平均と指数平滑化 96

8章 度数分布表とヒストグラム ◉階級・度数・相対度数 120

■ 装幀　今垣知沙子

■ 本文イラスト　石村多賀子

Excel でやさしく学ぶ統計解析

入力の基礎からレポート作成まで

1章 データベースの作成 ◉入力・修正・保存・挿入・削除

1.1 データを入力してみよう

次の表は，25 人の医師のデータです．

このデータを Excel のワークシートに入力してみましょう．

表 1.1　25 人の医師のデータベース

No.	名前	出身地	身長	体重	所属	年齢	性別
1	浅井浩二	東京	178	88	外科	29	男
2	石川友二郎	大阪	167	65	内科	35	男
3	大島敏夫	神奈川	158	74	内科	41	男
4	大津幸子	東京	155	45	内科	36	女
5	桂　雅之	東京	184	67	産婦人科	43	男
6	河野恵子	千葉	149	55	耳鼻科	36	女
7	斉藤由希子	埼玉	162	49	耳鼻科	31	女
8	清水貴子	千葉	147	62	精神科	33	女
9	高倉洋子	神奈川	153	58	外科	29	女
10	戸田英子	神奈川	164	63	産婦人科	48	女
11	二宮宏美	大阪	166	45	耳鼻科	31	女
12	松本健二	名古屋	174	79	内科	43	男
13	山崎　均	名古屋	170	76	外科	38	男
14	高橋しげみ	東京	143	51	外科	27	女
15	黒田和夫	埼玉	151	47	耳鼻科	26	男
16	田中一郎	埼玉	188	66	精神科	35	男
17	根岸美子	千葉	147	45	産婦人科	47	女
18	谷川浩之	東京	181	77	精神科	42	男
19	長谷川道夫	名古屋	168	90	産婦人科	39	男
20	鈴木哲也	大阪	175	81	耳鼻科	52	男
21	中沢ゆかり	千葉	158	50	内科	44	女
22	小川久美子	埼玉	156	48	精神科	37	女
23	中屋耕一	名古屋	176	73	外科	48	男
24	佐藤英樹	大阪	161	63	精神科	31	男
25	奥田豊子	千葉	165	49	産婦人科	29	女

手順 1 Excel をたちあげると，次のようなワークシートが現れます．

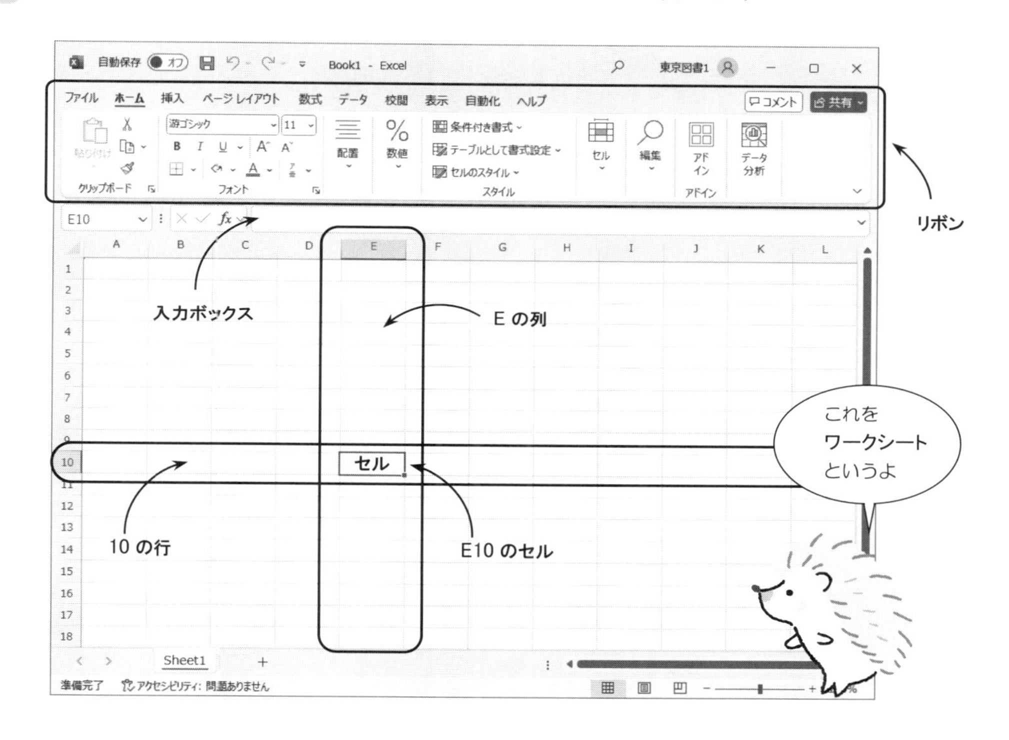

手順 2 データには，名前から性別まで 7 つの変数があります．

はじめに，7 つの変数を用意します．

A1 をクリックしたまま，G1 までドラッグします．

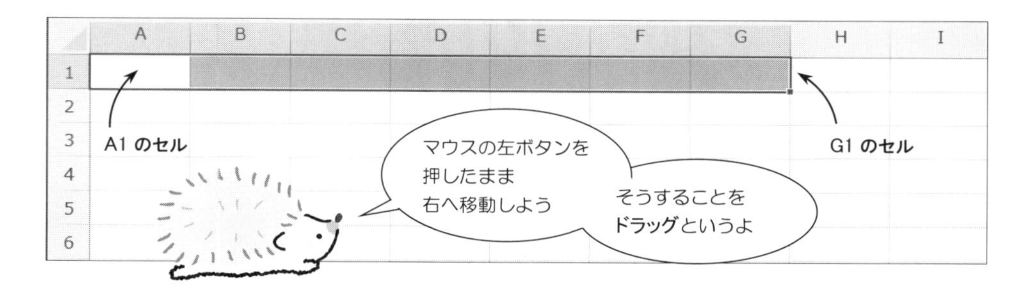

手順 3　左から変数名を入れます．はじめは 名前 です．

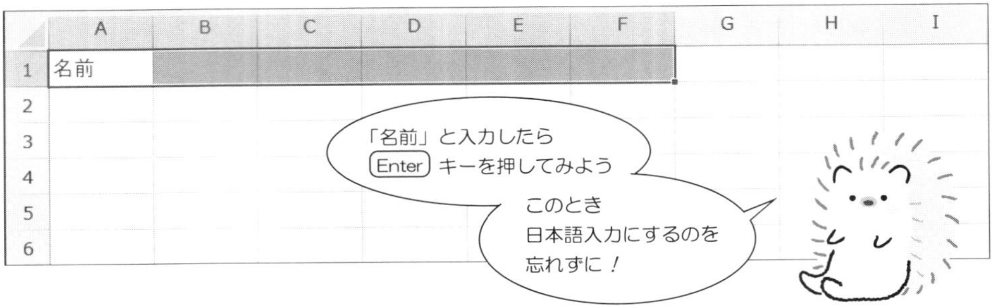

	A	B	C	D	E	F	G	H	I
1	名前								
2									
3									
4									
5									
6									

「名前」と入力したら
Enter キーを押してみよう

このとき
日本語入力にするのを
忘れずに！

⇨　名前 が入力できると，⏎ を押せば，セルは右へ1つ移動します．

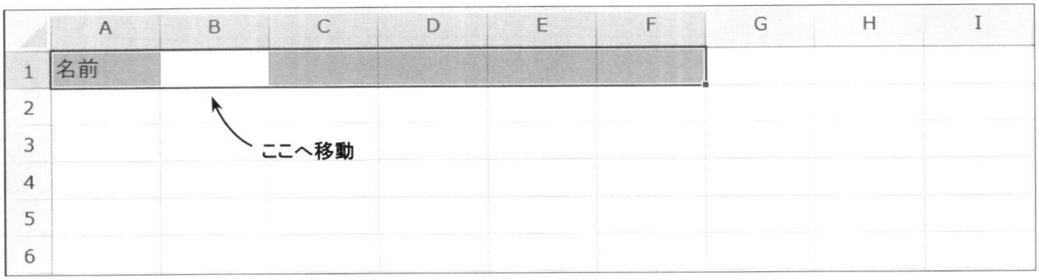

	A	B	C	D	E	F	G	H	I
1	名前								
2									
3									
4									
5									
6									

ここへ移動

⇨　出身地 から 性別 まで入ったら，⏎ を押してください．
A1 のセルに戻るので，カーソルを A2 のセルに移動します．

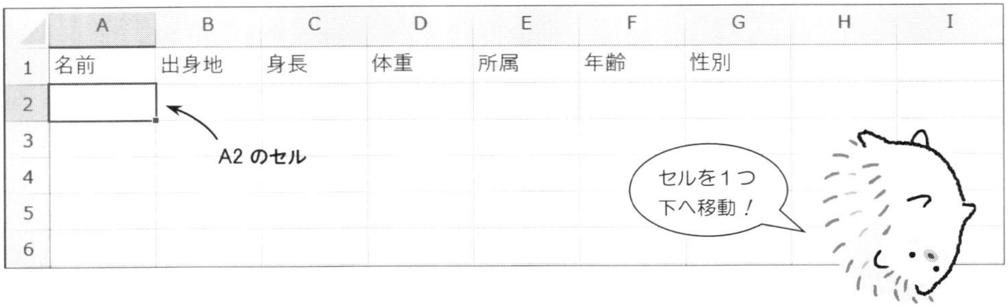

	A	B	C	D	E	F	G	H	I
1	名前	出身地	身長	体重	所属	年齢	性別		
2									
3									
4									
5									
6									

A2 のセル

セルを１つ
下へ移動！

手順 4　A2 から G2 のセルまでドラッグして……

	A	B	C	D	E	F	G	H	I
1	名前	出身地	身長	体重	所属	年齢	性別		
2									
3									
4									
5									
6									

A2 のセル

G2 のセル

セルを
引っぱって……

⇨　左から 浅井浩二 ， 東京 ， 178 と，順にデータを入力してゆきます.

	A	B	C	D	E	F	G	H	I
1	名前	出身地	身長	体重	所属	年齢	性別		
2	浅井浩二								
3									
4									
5									
6									

データを順に入力

⇨　数値 178 を全角で入力すると，次のようになりますが……

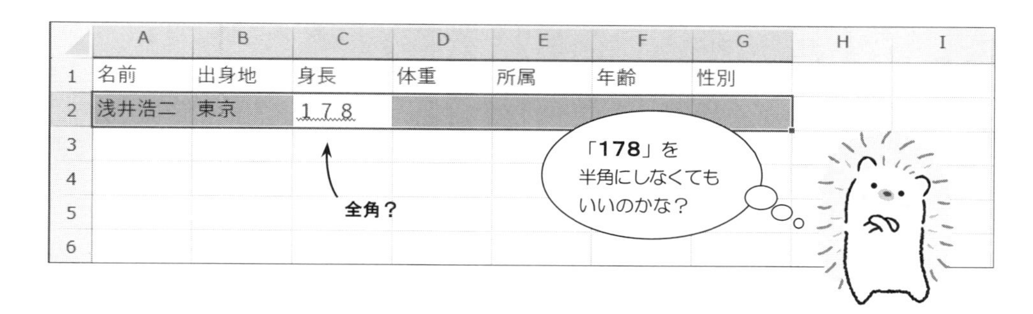

⇨ ↵ を押して，そのまま入力を続けてください．

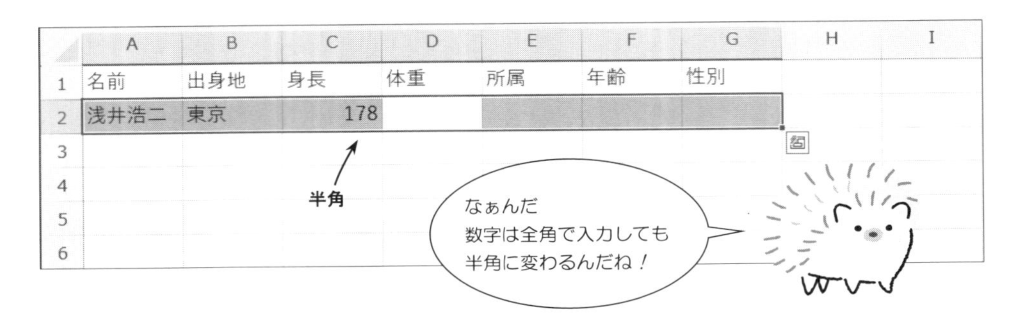

⇨ G2まで入力が終わったら，セルを1つ下げてA3へ！

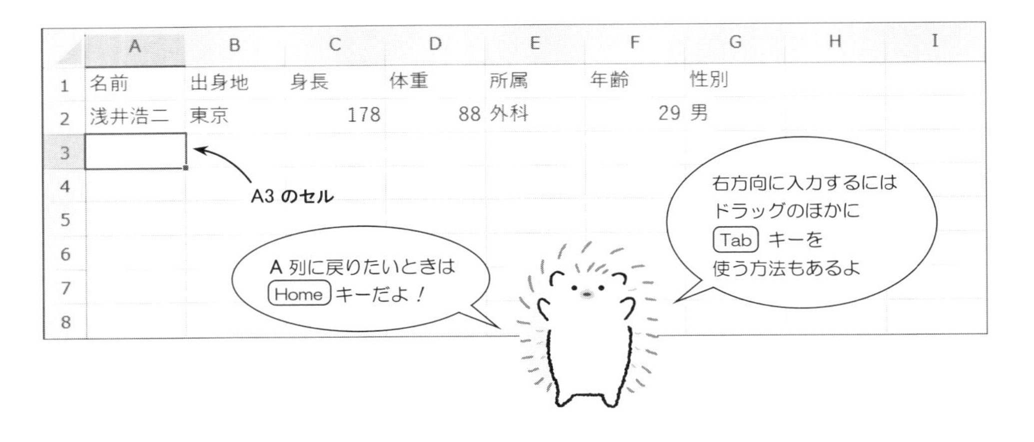

手順5 A3からG3までドラッグして……

	A	B	C	D	E	F	G	H	I
1	名前	出身地	身長	体重	所属	年齢	性別		
2	浅井浩二	東京	178	88	外科	29	男		
3									
4									
5									
6									

データを順に入力

手順 6 奥田豊子 さんのデータまで入力すれば，

データベースの完成です．

	A	B	C	D	E	F	G
1	名前	出身地	身長	体重	所属	年齢	性別
2	浅井浩二	東京	178	88	外科	29	男
3	石川裕二郎	大阪	167	65	内科	35	男
4	大島敏夫	神奈川	158	74	内科	41	男
5	大津幸子	東京	155	45	内科	96	女
6	桂雅之	東京	184	67	産婦人科	43	男
7	河野恵子	千葉	149	55	耳鼻科	36	女
8	斉藤由希子	埼玉	162	49	耳鼻科	31	女
9	清水貴子	千葉	147	62	精神科	33	女
10	高倉洋子	神奈川	153	58	外科	29	女
11	戸田英子	神奈川	164	63	産婦人科	48	女
12	二宮宏美	大阪	166	45	耳鼻科	31	女
13	松本健二	名古屋	174	79	内科	43	男
14	山崎均	名古屋	170	76	外科	38	男
15	高橋しげみ	東京	143	51	外科	27	女
16	黒田和夫	埼玉	151	47	耳鼻科	26	男
17	田中一郎	埼玉	188	66	精神科	35	男
18	根岸美子	千葉	147	45	産婦人科	47	女
19	谷川浩之	東京	181	77	精神科	42	男
20	長谷川道夫	名古屋	168	90	産婦人科	39	男
21	鈴木哲也	大阪	175	81	耳鼻科	52	男
22	中沢ゆかり	千葉	158	50	内科	44	女
23	小川久美子	埼玉	156	48	精神科	37	女
24	中屋耕一	[illegible]	176	73	外科	48	男
25	佐藤英樹	[illegible]	61	63	精神科	[illegible]	男
26	奥田豊子	[illegible]	65	49	産婦人	[illegible]	[illegible]
27							
28							
29							
30							
31							
32							

1.2 データを修正してみよう

よく見ると，A3 のところに入力ミスがあります．

F5 のところにも入力ミスを発見！

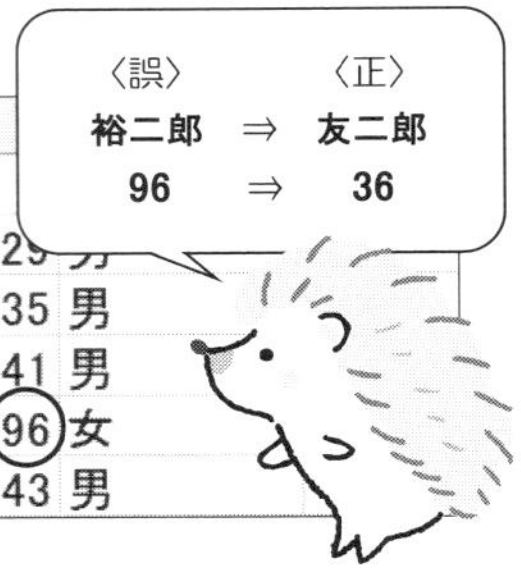

〈誤〉 〈正〉
裕二郎 ⇒ 友二郎
96 ⇒ 36

	A	B	C	D	E	F	G
1	名前	出身地	身長	体重	所属	年齢	
2	浅井浩二	東京	178	88	外科	29	男
3	石川裕二郎	大阪	167	65	内科	35	男
4	大島敏夫	神奈川	158	74	内科	41	男
5	大津幸子	東京	155	45	内科	96	女
6	桂雅之	東京	184	67	産婦人科	43	男

手順 1 A3 のセルをクリック．修正はセルのところではなく，入力ボックスでおこなうと簡単です． 裕二郎 の 裕 の次をクリック．

A3 石川裕二郎

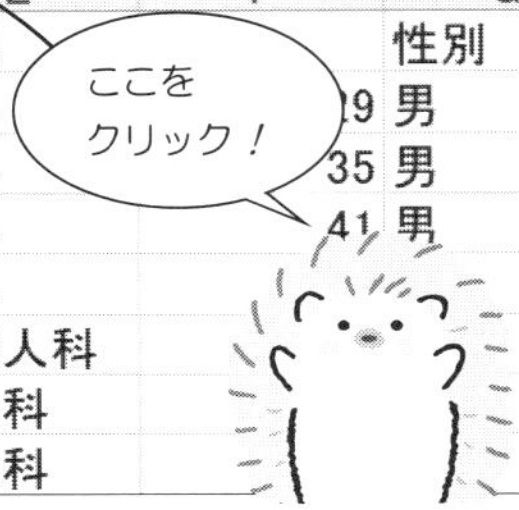

ここをクリック！

	A	B	C	D	E	F	G	H
1	名前	出身地	身長	体重	所属		性別	
2	浅井浩二	東京	178	88	外科	29	男	
3	石川裕二郎	大阪	167	65	内科	35	男	
4	大島敏夫	神奈川	158	74	内科	41	男	
5	大津幸子	東京	155	45	内科			
6	桂雅之	東京	184	67	産婦人科			
7	河野恵子	千葉	149	55	耳鼻科			
8	斉藤由希子	埼玉	162	49	耳鼻科			

手順 2 Back Space キーを押すと， 裕 が消えて，次のようになります．

	A	B	C	D	E	F	G	H
1	名前	出身地	身長	体重	所属	年齢	性別	
2	浅井浩二	東京	178	88	外科	29	男	
3	石川二郎	大阪	167	65	内科	35	男	
4	大島敏夫	神奈川	158	74	内科	41	男	
5	大津幸子	東京	155	45	内科	96	女	
6	桂雅之	東京	184	67	産婦人科	43	男	

手順 **3**　続いて，ゆう と入力．そして……

A3　fx　石川ゆう二郎

	A	B	C	D	E	F	G	H
1	名前	出身地	身長	体重	所属	年齢	性別	
2	浅井浩二	東京	178	88	外科	29	男	
3	石川ゆう二	大阪	167	65	内科	35	男	
4	大島敏夫	神奈川	158	74	内科	41	男	
5	大津幸子	東京	155	45	内科	96	女	
6	桂雅之	東京	184	67	産婦人科	43	男	

手順 **4**　漢字変換をして，友 を探します．そして，⏎．

A3　fx　石川友二郎

	A	B	C	D	E	F	G	H
1	名前	出身地			所属	年齢	性別	
2	浅井浩二	東京		88	外科	29	男	
3	石川友二郎	大阪		65	内科	35	男	
4	大島敏夫	神奈川		74	内科	41	男	
5	大津幸子	東京		45	内科	96	女	
6	桂雅之	東京		67	産婦人科	43	男	
7	河野恵子	千葉		55	耳鼻科	36	女	
8	斉藤由希子	埼玉		49	耳鼻科	31	女	
9	清水貴子	千葉		62	精神科	33	女	
10	高倉洋子	神奈川		58	外科	29	女	

1 友
2 夕
3 雄
4 有
5 裕
6 優
7 祐
8 悠
9 佑

手順 **5**　A3 のセルが次のようになれば OK です．

A3　fx　石川友二郎

	A	B	C	D	E	F	G	H
1	名前	出身地	身長	体重		年齢		
2	浅井浩二	東京	178			29		
3	石川友二郎	大阪	167			35	男	
4	大島敏夫	神奈川	158	74	内科	41	男	
5	大津幸子	東京	155	45	内科	96	女	
6	桂雅之	東京	184	67	産婦人科	43	男	

正しい名前になりました

でも，A 列が少しキュークツかな

手順 **6**　続いて，F5 のセル 96 を修正します．

F5 をクリックしてください．

F5　96

	A	B	C	D	E	F	G	H
1	名前	出身地	身長	体重	所属	年齢	性別	
2	浅井浩二	東京	178	88	外科	29	男	
3	石川友二郎	大阪	167	65	内科	35	男	
4	大島敏夫	神奈川	158	74	内科	41	男	
5	大津幸子	東京	155	45	内科	96	女	
6	桂雅之	東京	184	67	産婦人科	43	男	
7	河野恵子	千葉	149	55	耳鼻科	36	女	

F5

⇨　36 と入力．そして，⏎．もう一度 ⏎．

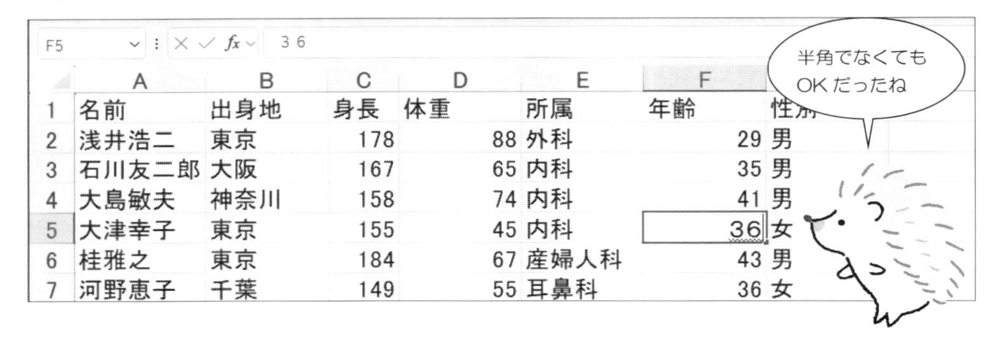
F5　３６

	A	B	C	D	E	F	G
1	名前	出身地	身長	体重	所属	年齢	性別
2	浅井浩二	東京	178	88	外科	29	男
3	石川友二郎	大阪	167	65	内科	35	男
4	大島敏夫	神奈川	158	74	内科	41	男
5	大津幸子	東京	155	45	内科	36	女
6	桂雅之	東京	184	67	産婦人科	43	男
7	河野恵子	千葉	149	55	耳鼻科	36	女

⇨　次のようになったら，データの修正は完了です．

	A	B	C	D	E	F	G	H
1	名前	出身地	身長	体重	所属	年齢	性別	
2	浅井浩二	東京	178	88	外科	29	男	
3	石川友二郎	大阪	167	65	内科	35	男	
4	大島敏夫	神奈川	158	74	内科	41	男	
5	大津幸子	東京	155	45	内科	36	女	
6	桂雅之	東京	184	67	産婦人科	43	男	
7	河野恵子	千葉	149	55	耳鼻科	36	女	
8	斉藤由希子	埼玉	162	49	耳鼻科	31	女	

修正完了

1.3 列の幅を変えてみよう

A 列の幅が狭いので４文字しか入りません．そこで……

1. 書式 を使って列の幅を変えてみよう

手順 **1** 列名 A をクリックして， ホーム ⇨ 書式 ⇨ 列の幅(W) を選択.

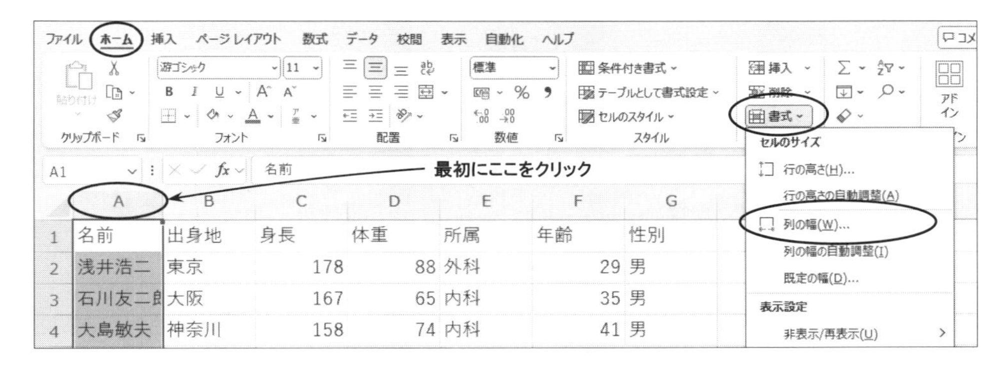

現在の列幅は 8.88 となっていますから，たとえば 10 と入力して， OK .

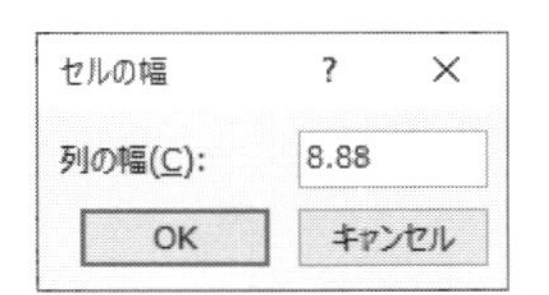

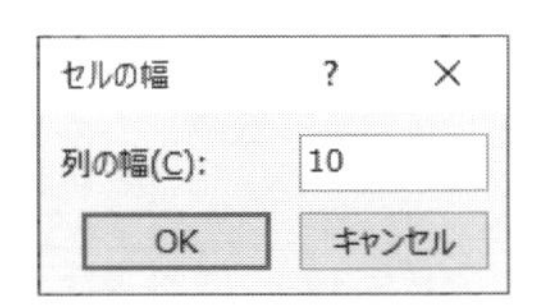

手順 **2** すると，次の画面のように，５文字入ります.

	A	B	C	D	E	F	G
1	名前	出身地	身長	体重	所属	年齢	性別
2	浅井浩二	東京	178	88	外科	29	男
3	石川友二郎	大阪	167	65	内科	35	男
4	大島敏夫	神奈川	158	74	内科	41	男
5	大津幸子	東京	155	45	内科	36	女
6	桂雅之	東京	184	67	産婦人科	43	男

2. マウスを使って列の幅を変えてみよう

手順 1　C 列の幅を縮小します.

マウスを C と D の間に移動すると，マウスポインタ が に変わります.

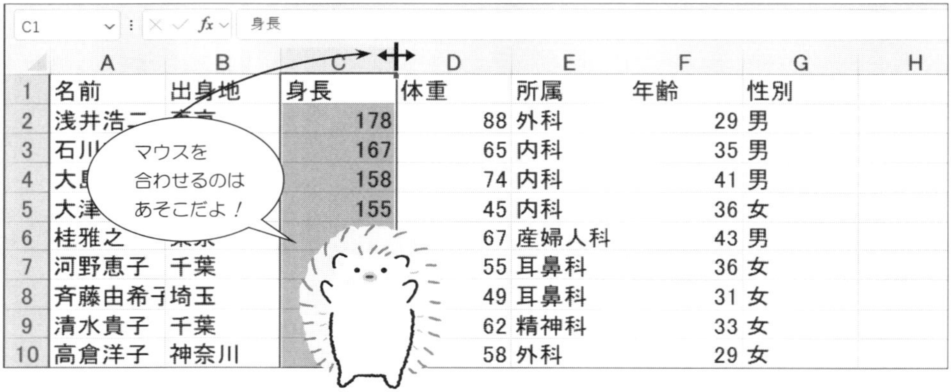

C1 | 身長

	A	B	C	D	E	F	G	H
1	名前	出身地	身長	体重	所属	年齢	性別	
2	浅井浩二		178	88	外科	29	男	
3	石川		167	65	内科	35	男	
4	大		158	74	内科	41	男	
5	大津		155	45	内科	36	女	
6	桂雅之			67	産婦人科	43	男	
7	河野恵子	千葉		55	耳鼻科	36	女	
8	斉藤由希子	埼玉		49	耳鼻科	31	女	
9	清水貴子	千葉		62	精神科	33	女	
10	高倉洋子	神奈川		58	外科	29	女	

マウスを
合わせるのは
あそこだよ！

手順 2　あとは，マウスを少し左へドラッグするだけです.

すると，次の画面のように，C 列の幅が狭くなります.

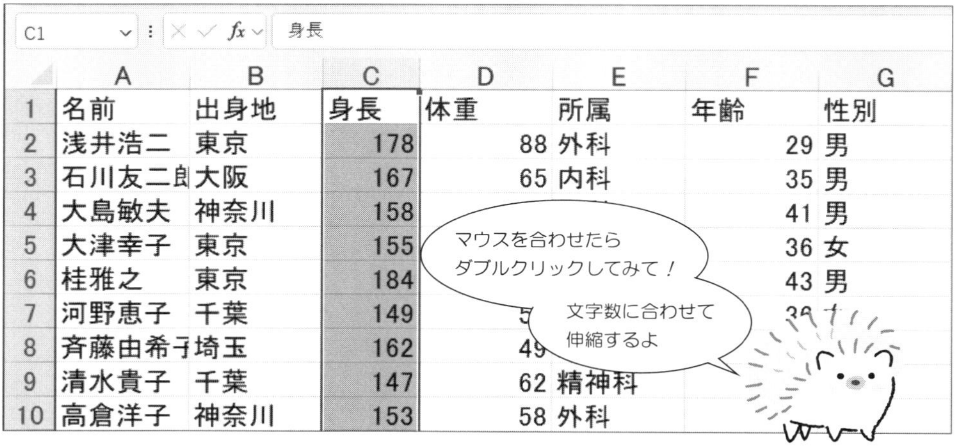

C1 | 身長

	A	B	C	D	E	F	G
1	名前	出身地	身長	体重	所属	年齢	性別
2	浅井浩二	東京	178	88	外科	29	男
3	石川友二郎	大阪	167	65	内科	35	男
4	大島敏夫	神奈川	158			41	男
5	大津幸子	東京	155			36	女
6	桂雅之	東京	184			43	男
7	河野恵子	千葉	149	5			
8	斉藤由希子	埼玉	162	49			
9	清水貴子	千葉	147	62	精神科		
10	高倉洋子	神奈川	153	58	外科		

マウスを合わせたら
ダブルクリックしてみて！
文字数に合わせて
伸縮するよ

1.4 データを保存してみよう

入力したデータは自分のパソコンに，大切に保存しておきましょう．

手順 1 画面左上の ファイル をクリック．

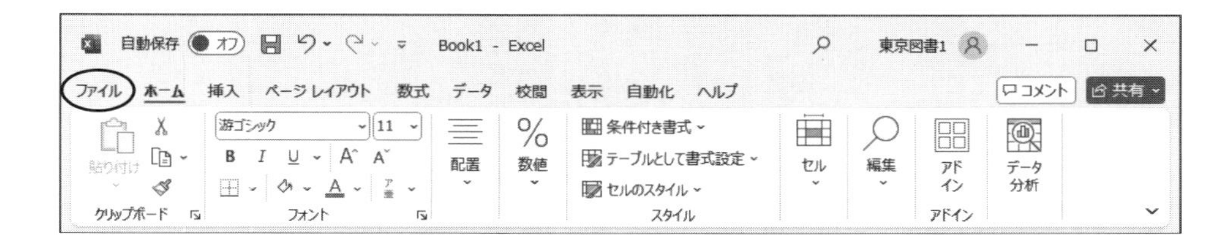

手順 2 次の画面になったら，

名前を付けて保存 ⇨ このPC ⇨ デスクトップ と選択．

次に右のワクの中へ，例題1 と入力．そして， 保存 をクリックします．

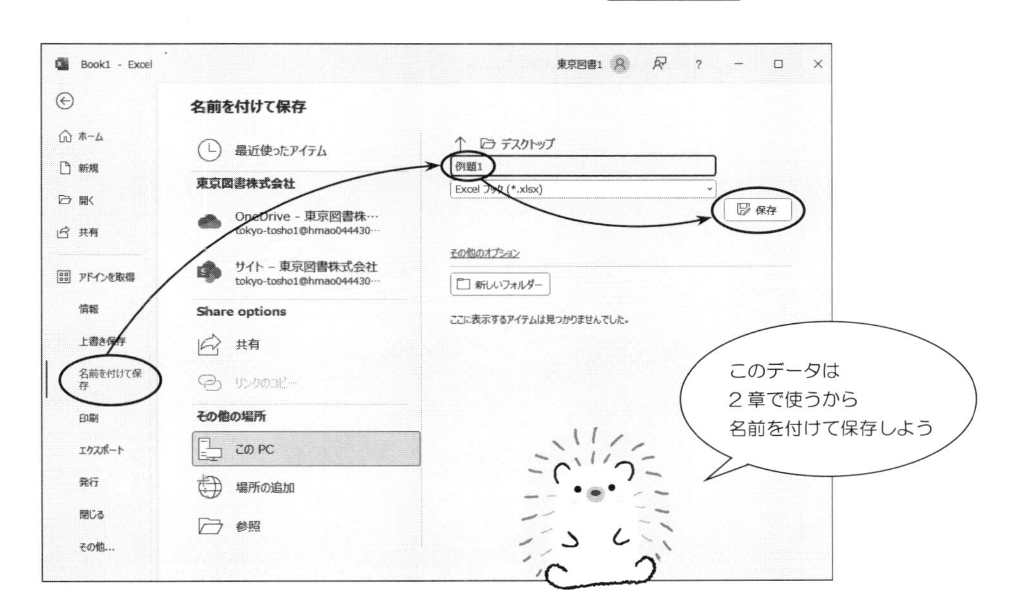

1.5 データを印刷してみよう

入力したデータを印刷してみましょう.

手順 1 ファイル をクリックして,次のように 印刷 を選択します.

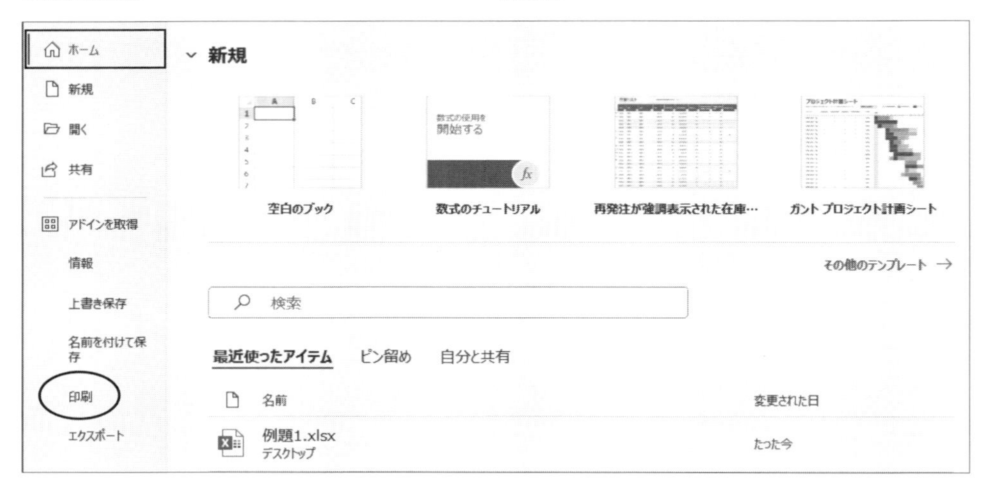

手順 2 次の画面になったら, 印刷 ボタンをクリック.

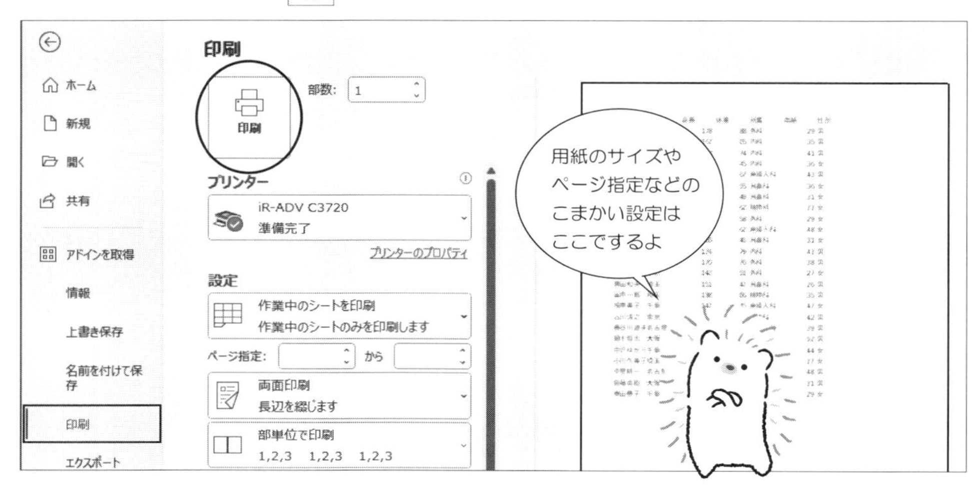

1.6 列の挿入・行の挿入を練習してみよう

1. 列の挿入

手順 1 身長 の左に新しい列を挿入したいときは，次のように C をクリック．
続いて，ホーム の中から 挿入 を選択．すると……

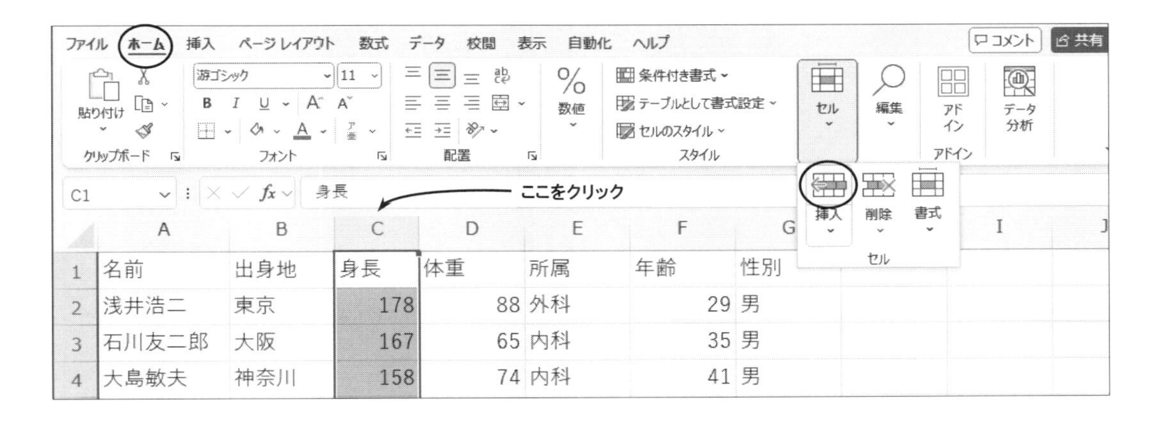

	A	B	C	D	E	F	G
1	名前	出身地	身長	体重	所属	年齢	性別
2	浅井浩二	東京	178	88	外科	29	男
3	石川友二郎	大阪	167	65	内科	35	男
4	大島敏夫	神奈川	158	74	内科	41	男

手順 2 次のように新しい列が入ります．

	A	B	C	D	E	F	G	H	I
1	名前	出身地		身長	体重	所属	年齢	性別	
2	浅井浩二	東京		178	88	外科	29	男	
3	石川友二郎	大阪		167	65	内科	35	男	
4	大島敏夫	神奈川		158	74	内科	41	男	
5	大津幸子	東京		155	45	内科	36	女	
6	桂雅之	東京		184	67		43	男	
7	河野恵子	千葉			55		36	女	
8	斉藤由希子	埼玉			49	耳鼻科	31	女	
9	清水貴子	千葉			62	精神科	33	女	
10	高倉洋子	神奈川			58	外科	29	女	

とっても
カンタン！

2. 行の挿入

手順 1　５行めの上に，新しい行を挿入したいときは，画面左端の行番号 **5** をクリックして，行を選択しておきます．

次に，**ホーム** の中から **挿入** を選択．すると……

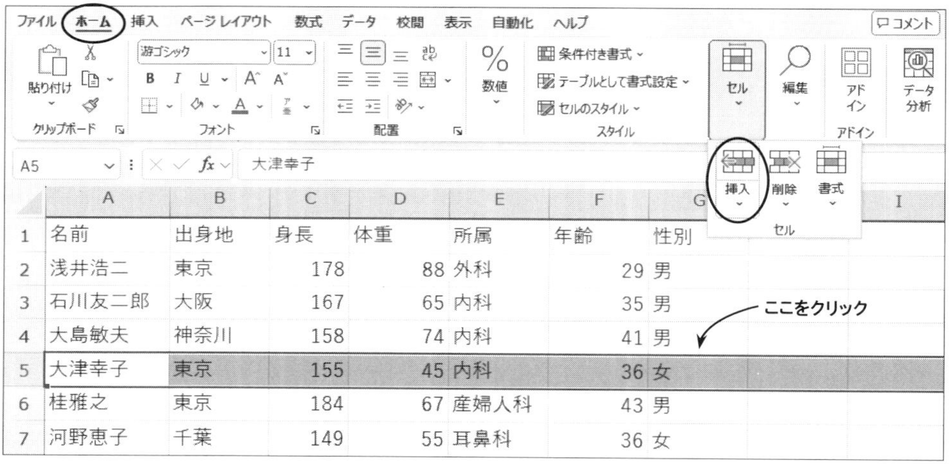

	A	B	C	D	E	F	G
1	名前	出身地	身長	体重	所属	年齢	性別
2	浅井浩二	東京	178	88	外科	29	男
3	石川友二郎	大阪	167	65	内科	35	男
4	大島敏夫	神奈川	158	74	内科	41	男
5	大津幸子	東京	155	45	内科	36	女
6	桂雅之	東京	184	67	産婦人科	43	男
7	河野恵子	千葉	149	55	耳鼻科	36	女

ここをクリック

手順 2　次のように新しい行が入ります．

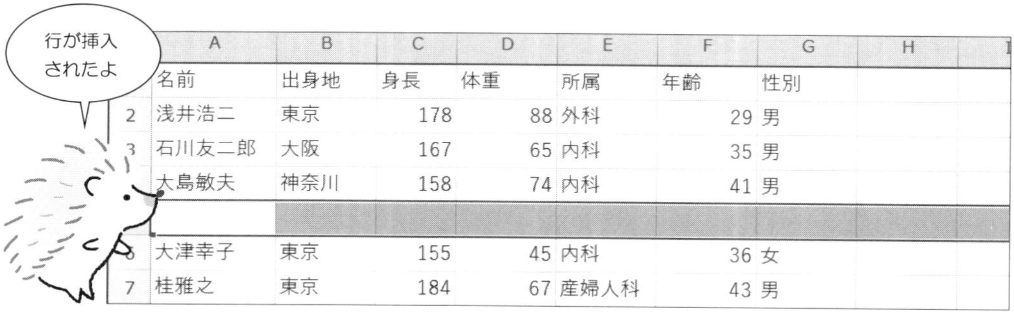

行が挿入されたよ

	A	B	C	D	E	F	G
	名前	出身地	身長	体重	所属	年齢	性別
2	浅井浩二	東京	178	88	外科	29	男
3	石川友二郎	大阪	167	65	内科	35	男
	大島敏夫	神奈川	158	74	内科	41	男
6	大津幸子	東京	155	45	内科	36	女
7	桂雅之	東京	184	67	産婦人科	43	男

1.7 セルの挿入をしてみよう

手順 1 次のように，1列ずれて入力してしまったとします．

C7 に新しいセルを挿入したいときは，C7 のセルをクリックしておきます．

	A	B	C	D	E	F	G	H	I
1	名前	出身地	身長	体重	所属	年齢	性別		
2	浅井浩二	東京	178	88	外科	29	男		
3	石川友二郎	大阪	167	65	内科	35	男		
4	大島敏夫	神奈川	158	74	内科	41	男		
5	大津幸子	東京	155	45	内科	36	女		
6	桂雅之	東京	184	67	産婦人科	43	男		
7	河野恵子	千葉	55	耳鼻科	36	女			
8	斉藤由希子	埼玉	162	49	耳鼻科	31	女		
9	清水貴子	千葉	147	62	精神科	33	女		

入力は慎重にね

C7 のセル

手順 2 ホーム の中から 挿入 をクリックして， セルの挿入(I) を選択．

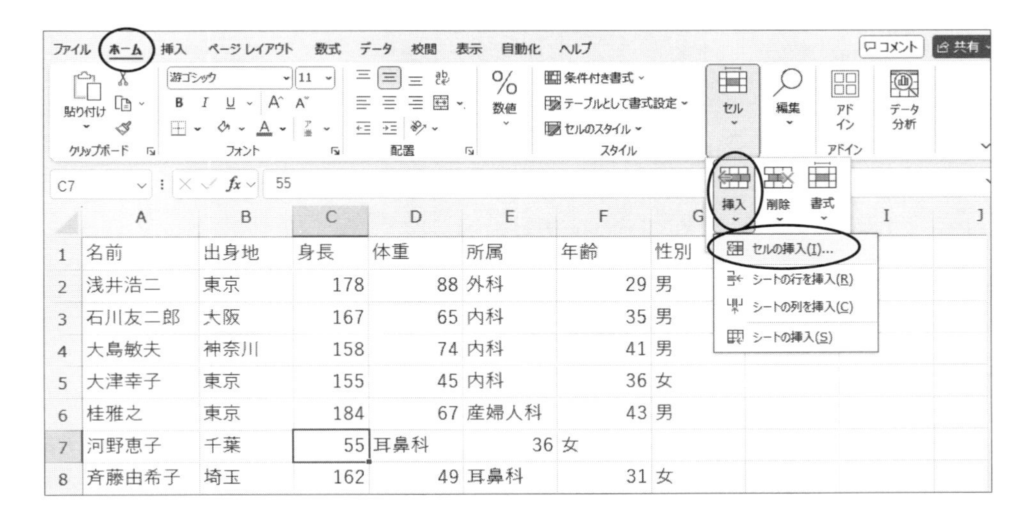

	A	B	C	D	E	F	G
1	名前	出身地	身長	体重	所属	年齢	性別
2	浅井浩二	東京	178	88	外科	29	男
3	石川友二郎	大阪	167	65	内科	35	男
4	大島敏夫	神奈川	158	74	内科	41	男
5	大津幸子	東京	155	45	内科	36	女
6	桂雅之	東京	184	67	産婦人科	43	男
7	河野恵子	千葉	55	耳鼻科	36	女	
8	斉藤由希子	埼玉	162	49	耳鼻科	31	女

手順 3　すると，次の画面のようにたずねてきます．

この場合は，◉右方向にシフト(I) を選択して，OK ．

手順 4　すると，画面は次のようになるはずです．

	A	B	C	D	E	F	G	H	I
1	名前	出身地	身長	体重	所属	年齢	性別		
2	浅井浩二	東京	178	88	外科	29	男		
3	石川友二郎	大阪	167	65	内科	35	男		
4	大島敏夫	神奈川	158	74	内科	41	男		
5	大津幸子	東京	155	45	内科	36	女		
6	桂雅之	東京	184	67	産婦人科	43	男		
7	河野恵子	千葉		55	耳鼻科	36	女		
8	斉藤由希子	埼玉	162	49	耳鼻科	31	女		
9	清水貴子	千葉	147	62	精神科	33	女		
10	高倉洋子	神奈川	153	58	外科	29	女		
11	戸田英子	神奈川		63	産婦人科	48	女		
12	二宮宏美	大阪			耳鼻科	31			
13	松本健二	名古			科	43			
14	山崎均	名古			科	38	男		
15	高橋しげみ	東京			外科	27	女		
16	黒田和夫	埼玉		47	耳鼻科	26	男		
17	田中一郎	埼玉	188	66	精神		男		

セルを削除してデータをずらしたい（シフトしたい）ときは……

削除したいセルをクリックしてから 削除 をクリックするよ

1.8 列の削除・行の削除をしてみよう

1. 列の削除

手順 1　削除したい列を指定して，ホーム の中から 削除 をクリック．

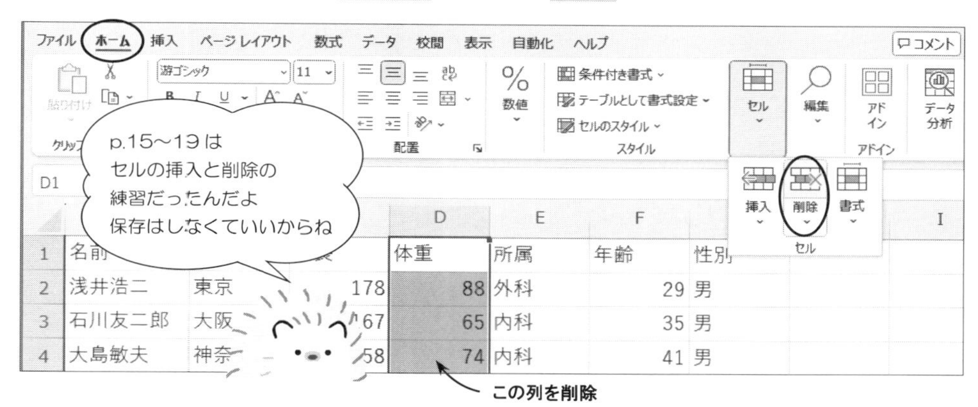

2. 行の削除

手順 1　削除したい行を指定して，ホームの中から 削除 をクリック．

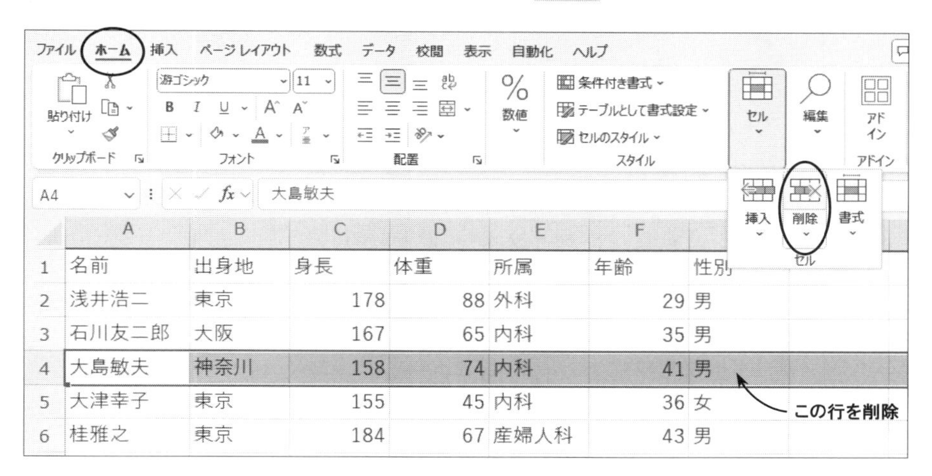

2章 データの検索・データの操作

◉検索・並べ替え・関数の挿入・コピー・移動

1章で入力したデータベースを使って，データの検索をしてみましょう．

はじめに，1章で入力したデータベースを呼び出します．

2.1 ファイルを開いてみよう

手順 1 画面左上の ファイル から 開く ⇨ このPC ⇨ デスクトップ を選択．

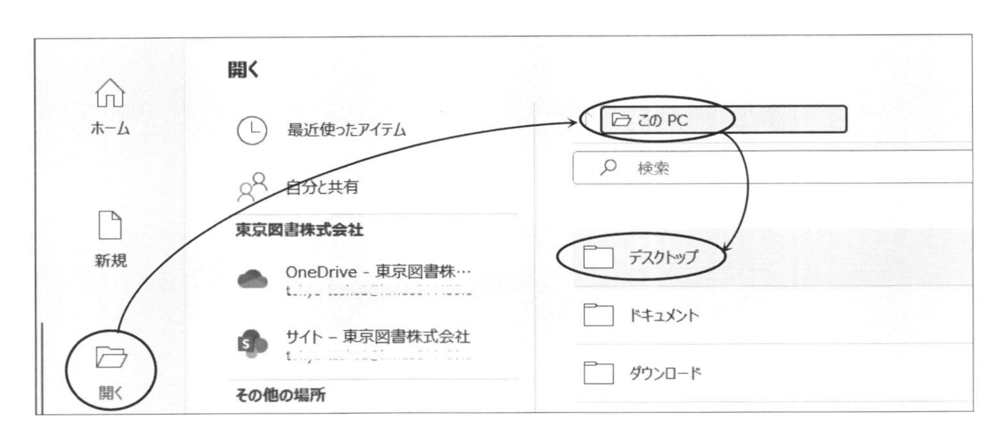

手順 2 次の画面になったら，例題1 をダブルクリック．

2.2 データの検索をしてみよう

1. データの中から出身地が東京の人を選び出してみよう

手順 1 データ の中から，フィルター を選択します．

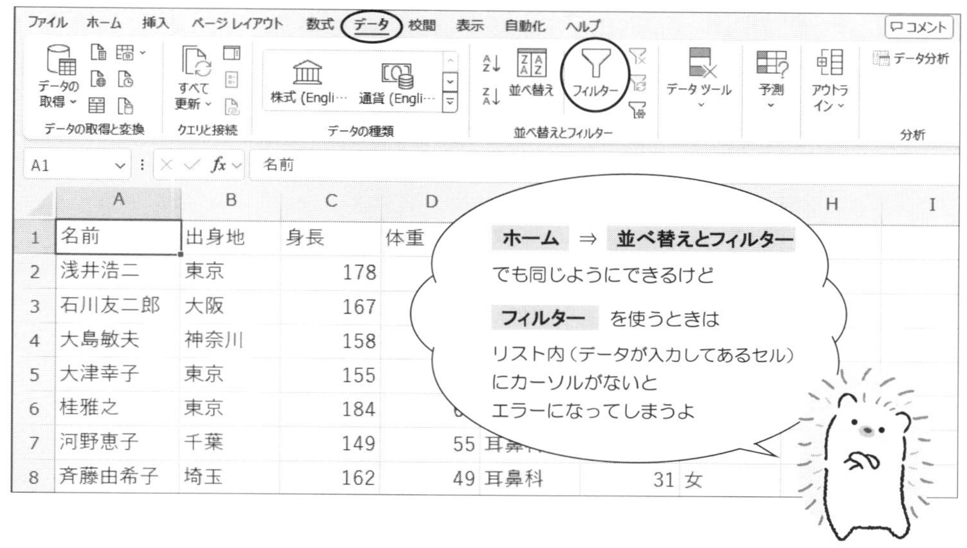

手順 2 すると，変数名の右側に ▼ が現れます．

そこで，出身地 の右の ▼ をクリックすると……

	A	B	C	D	E	F	G	H	I
1	名前 ▼	出身地 ▼	身長 ▼	体重 ▼	所属 ▼	年齢 ▼	性別 ▼		
2	浅井浩二	東京	178	[illegible]	外科	29	男		
3	石川友二郎	大阪	[illegible]	[illegible]	[illegible]	35	男		
4	大島敏夫	[illegible]	[illegible]	[illegible]	内科	41	男		
5	大津幸子	[illegible]	[illegible]	45	内科	36	女		
6	桂雅之	[illegible]	[illegible]	67	産婦人科	43	男		
7	河野恵子	千葉	149	55	耳鼻科	36	女		

あそこをカチッ！

手順3　出身地が表示されるので，**東京** を選択して，［OK］．すると……

	A	B	C	D	E	F	G	H
1	名前	出身地	身長	体重	所属	年齢	性別	
			178	88	外科	29	男	
			167	65	内科	35	男	
			158	74	内科	41	男	
			155	45	内科	36	女	
			184	67	産婦人科	43	男	
			149	55	耳鼻科	36	女	
			162	49	耳鼻科	31	女	
			147	62	精神科	33	女	
			153	58	外科	29	女	
			164	63	産婦人科	48	女	
			166	45	耳鼻科	31	女	
			174	79	内科	43	男	

昇順(S)
降順(O)
色で並べ替え(T)
シート ビュー(V)
"出身地" からフィルターをクリア(C)
色フィルター(I)
テキスト フィルター(F)
検索
■(すべて選択)
□埼玉
□神奈川
□千葉
□大阪
☑東京
□名古屋
OK　キャンセル

⇨　次のように，東京都出身のデータが抽出されました．

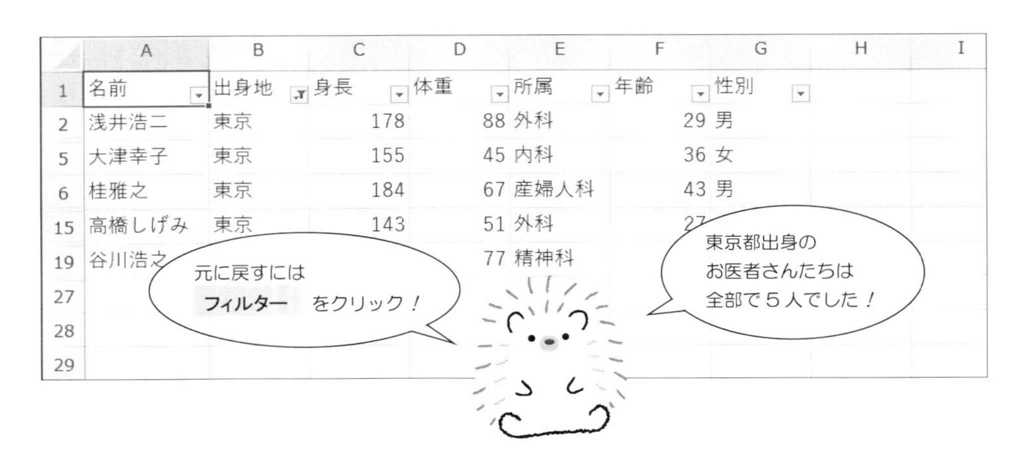

	A	B	C	D	E	F	G	H	I
1	名前	出身地	身長	体重	所属	年齢	性別		
2	浅井浩二	東京	178	88	外科	29	男		
5	大津幸子	東京	155	45	内科	36	女		
6	桂雅之	東京	184	67	産婦人科	43	男		
15	高橋しげみ	東京	143	51	外科	27			
19	谷川浩之			77	精神科				
27									
28									
29									

2. 今度は内科または外科のデータを選び出してみよう

手順 1　データ の中から，フィルター を選択します．

	A	B	C	D	E	F	G
1	名前	出身地	身長	体重	所属	年齢	性別
2	浅井浩二	東京	178	88	外科	29	男
3	石川友二郎	大阪	167	65	内科	35	男
4	大島敏夫	神奈川	158	74	内科	41	男

手順 2　変数名の右側に ▼ が現れたら，所属 の右側の ▼ をクリックして，

テキストフィルター(F) の ユーザー設定フィルター(F) を選びます．

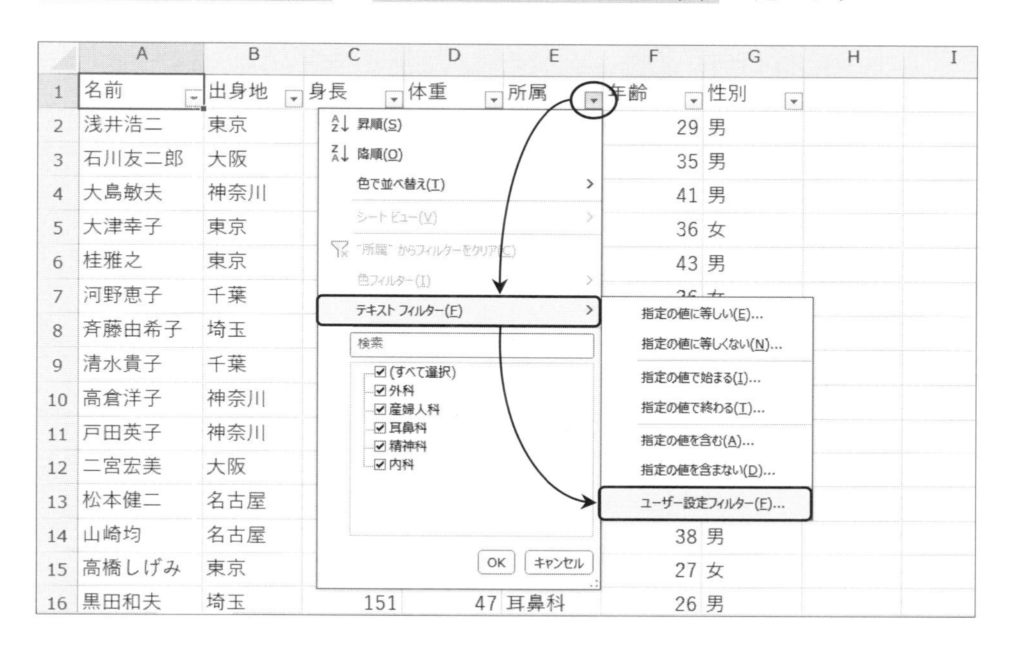

手順 3　次のような画面が現れます．

カスタム オートフィルター　?　×

抽出条件の指定：

所属

と等しい

◉ AND(A)　○ OR(O)

? を使って、任意の 1 文字を表すことができます。

* を使って、任意の文字列を表すことができます。

OK　キャンセル

⇨　右上のワクの ▼ をクリックすると，所属名が現れるので，**内科** を選択．

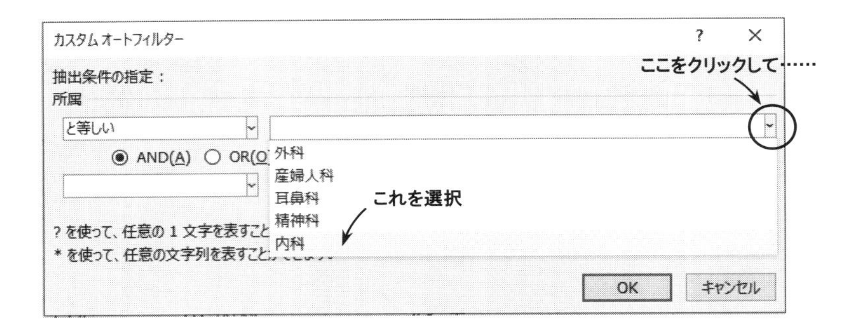

⇨　次に ◉OR(O)（＝または）の方をクリック．

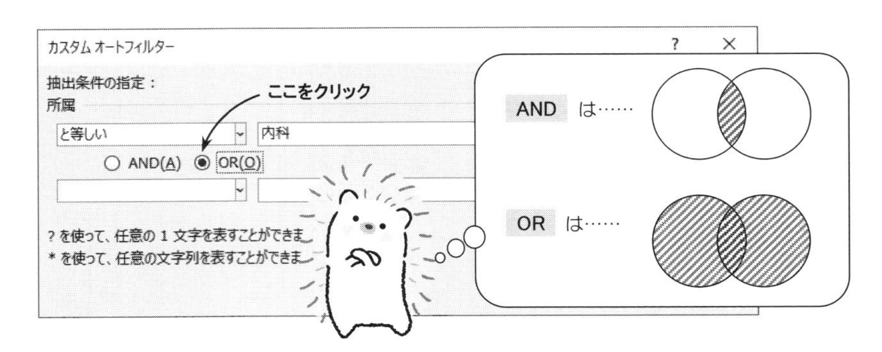

⇨ 右下のワクの ▼ をクリックして，今度は 外科 を選択.

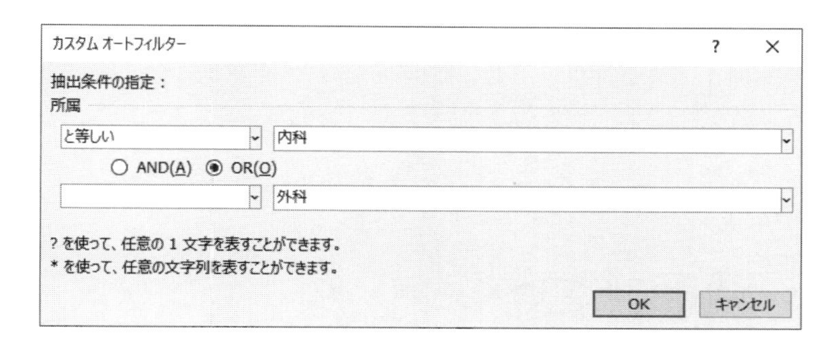

⇨ 左下のワクから と等しい を選択して， OK .

手順 4 やっと，内科 と 外科 のお医者さんが抽出されました.

	A	B	C	D	E	F	G	H	I
1	名前	出身地	身長	体重	所属	年齢	性別		
2	浅井浩二	東京	178	88	外科	29	男		
3	石川友二郎	大阪	167	65	内科	35	男		
4	大島敏夫	神奈川	158	74	内科	41	男		
5	大津幸子	東京	155	45	内科	36	女		
10	高倉洋子	神奈川	153	58	外科	29	女		
13	松本健二	名古屋	174	79	内科	43	男		
14	山崎均	名古屋	170	76	外科	38	男		
15	高橋しげみ	東京	143	51	外科	27	女		
22	中沢ゆかり	千葉	158	50	内科	44	女		
24	中屋耕一	名古屋	176	73	外科	48	男		
27									

3. 複数の条件を満たすデータを検索してみよう

条件１：身長 170 cm より高い　⇦170 ＜身長

条件２：年齢 40 歳以下　⇦ 40 ≧年齢

手順 1　データ の中から フィルター を選択します.

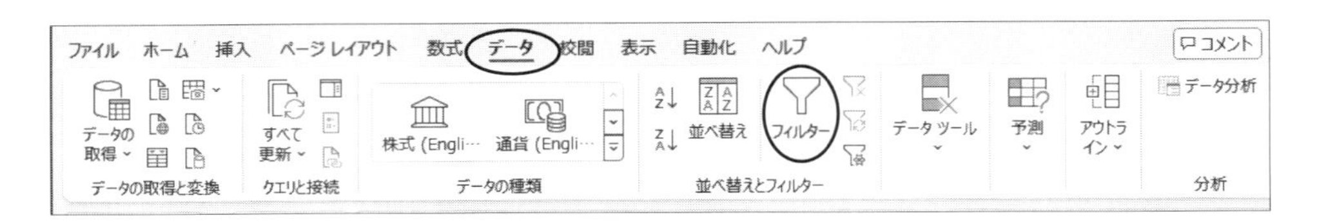

手順 2　身長 の右の ▼ をクリックして, 数値フィルター(F) から

ユーザー設定フィルター(F) を選択.

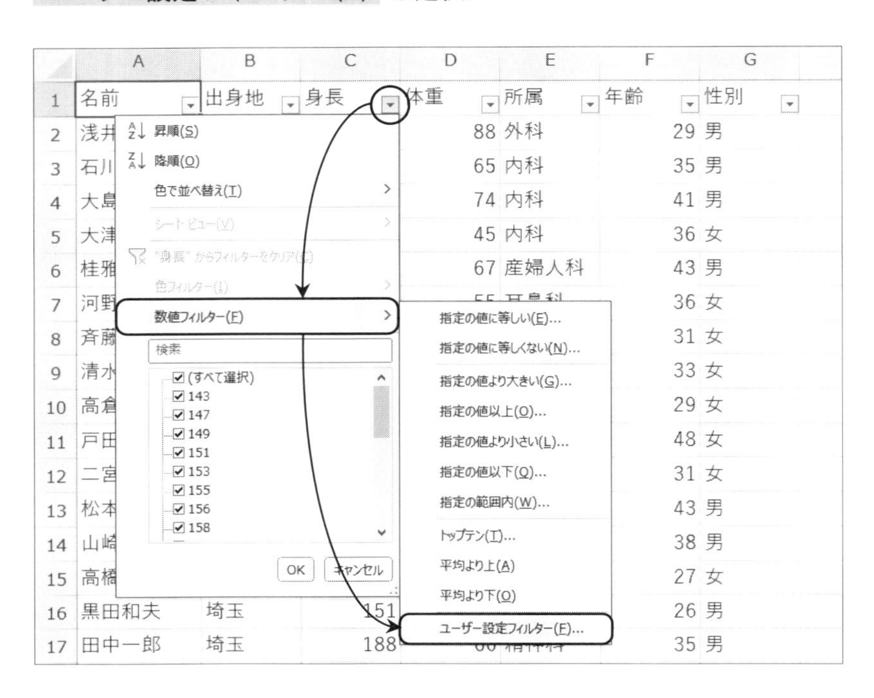

手順 3　次の画面が現れたら，右上のワクに 170 と入力します．
続いて，より大きい を選んで， OK ボタンをクリック．

カスタム オートフィルター　?　×
抽出条件の指定：
身長
より大きい　170
◉ AND(A)　○ OR(O)
? を使って、任意の 1 文字を表すことができます。
* を使って、任意の文字列を表すことができます。
OK　キャンセル

手順 4　年齢 の右の ▼ ⇨ 数値フィルター(F) ⇨ ユーザー設定フィルター(F) から
次のように 40 と入力し，以下 を選択．

カスタム オートフィルター　?　×
抽出条件の指定：
年齢
以下　40
◉ AND(A)　○ OR(O)
? を使って、任意の 1 文字を表すことができます。
* を使って、任意の文字列を表すことができます。
OK　キャンセル

手順 5　OK ボタンをクリックすると，次のようになります．

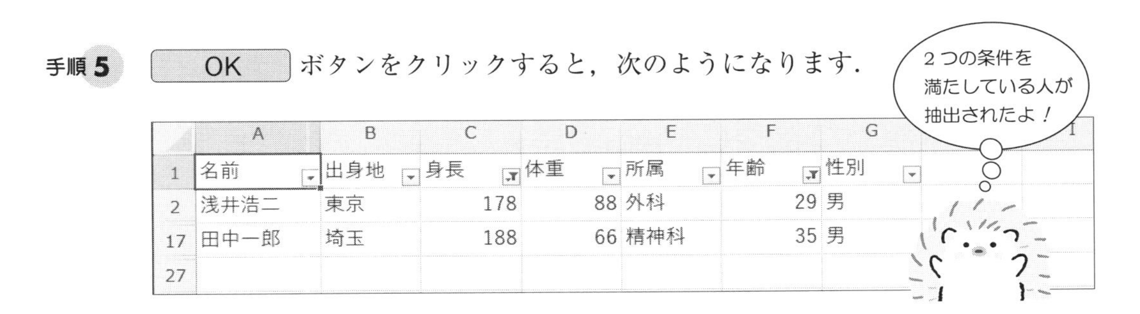

	A	B	C	D	E	F	G
1	名前	出身地	身長	体重	所属	年齢	性別
2	浅井浩二	東京	178	88	外科	29	男
17	田中一郎	埼玉	188	66	精神科	35	男
27							

2.3 データの並べ替えをしてみよう

データを，身長の低い人から高い人へ並べ替えてみましょう．

手順 1　データ の中から，並べ替え を選択します．

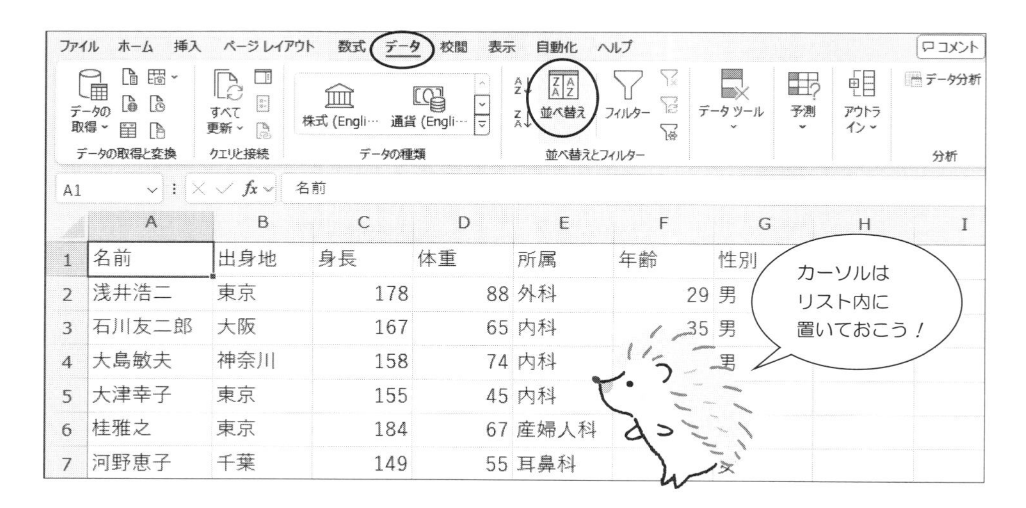

	A	B	C	D	E	F	G
1	名前	出身地	身長	体重	所属	年齢	性別
2	浅井浩二	東京	178	88	外科	29	男
3	石川友二郎	大阪	167	65	内科	35	男
4	大島敏夫	神奈川	158	74	内科		男
5	大津幸子	東京	155	45	内科		
6	桂雅之	東京	184	67	産婦人科		
7	河野恵子	千葉	149	55	耳鼻科		

手順 2　次の画面が現れたら，最優先されるキー の右側の ▼ をクリック．
すると，データの変数名が現れるので，**身長** を選択します．

手順 3 [OK] ボタンをクリック．すると，次のように身長の低い人から高い人の順（＝昇順）に，データが並べ替えられました．

	A	B	C	D	E	F	G	H	I
1	名前	出身地	身長	体重	所属	年齢	性別		
2	高橋しげみ	東京	143	51	外科	27	女		
3	清水貴子	千葉	147	62	精神科	33	女		
4	根岸美子	千葉	147	45	産婦人科	47	女		
5	河野恵子	千葉	149	55	耳鼻科	36	女		
6	黒田和夫	埼玉	151	47	耳鼻科	26	男		
7	高倉洋子	神奈川	153	58	外科	29	女		
8	大津幸子	東京	155	45	内科	36	女		
9	小川久美子	埼玉	156	48	精神科	37	女		
10	大島敏夫	神奈川	158	74	内科	41	男		
11	中沢ゆかり	千葉	158	50	内科	44	女		
12	佐藤英樹	大阪	161	63	精神科	31	男		
13	斉藤由希子	埼玉	162	49	耳鼻科	31	女		
14	戸田英子	神奈川	164	63	産婦人科	48	女		
15	奥田豊子	千葉	165	49	産婦人科	29	女		
16	二宮宏美	大阪	166	45	耳鼻科	31	女		
17	石川友二郎	大阪	167	65	内科	35	男		
18	長谷川道夫	名古屋	168	90	産婦人科	39	男		
19	山崎均	名古屋	170	76	外科	38	男		
20	松本健二	名古屋	174	79	内科				
21	鈴木哲也	大阪	175	81	耳鼻科				
22	中屋耕一	名古屋	176	73	外科				
23	浅井浩二	東京	178	88	外科				
24	谷川浩之	東京	181	77	精神科				
25	桂雅之	東京	184	67	産婦人科	43	男		
26	田中一郎	埼玉	188	66	精神科	35	男		
27									
28									

2.4 関数の挿入を利用してみよう

統計処理では，データの合計を計算することがよくあります．

fx 関数の挿入 を利用して，データの合計を練習しましょう．

手順 1　D27 のセルをクリックしておきます．ここへ体重の合計を出力します．

数式 ⇨ *fx* 関数の挿入 をクリック．

ファイル　ホーム　挿入　ページレイアウト　数式　データ　校閲　表示　自動化　ヘルプ　コメント

関数の挿入　オート SUM　最近使った関数　財務　論理　文字列操作　日付/時刻　関数ライブラリ　名前の管理　名前の定義　数式で使用　選択範囲から作成　定義された名前　参照元のトレース　参照先のトレース　トレース矢印の削除　ワークシート分析　ウォッチウィンドウ　計算方法の設定　計算方法

D27

	A	B	C	D	E	F	G	H	I
24	中屋耕一	名古屋	176	73	外科	48	男		
25	佐藤英樹	大阪	161	63	精神科	31	男		
26	奥田豊子	千葉	165	49	産婦人科	29	女		
27									
28									

D27 のセル

手順 2　次の画面になったら，関数の分類(C) から 数学/三角 を選択，

関数名(N) から SUM をクリックして，OK ！

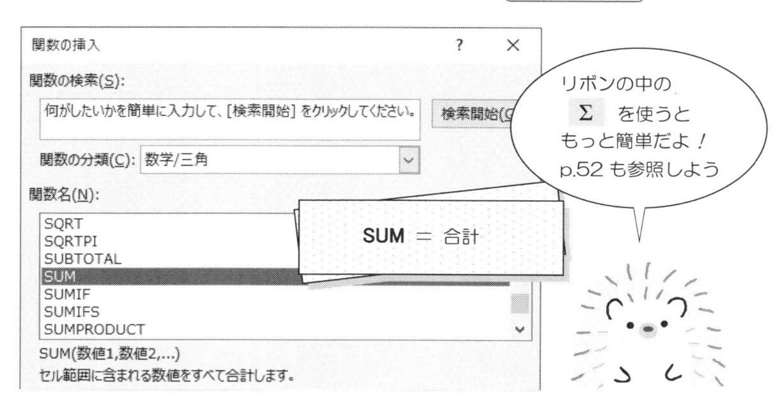

手順 3　次の画面が出て，数値 1 の右ワクの中は D2:D26 となっています．

これは

“D2 から D26 まで合計をします”

という意味です．

そこで，OK ボタンをクリックすると……

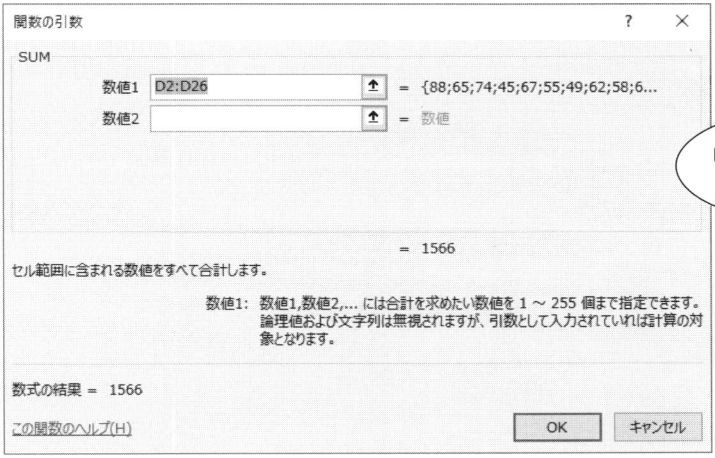

関数の引数

SUM

数値1　D2:D26　= {88;65;74;45;67;55;49;62;58;6...

数値2　　= 数値

= 1566

セル範囲に含まれる数値をすべて合計します。

数値1:　数値1,数値2,... には合計を求めたい数値を 1 ～ 255 個まで指定できます。論理値および文字列は無視されますが、引数として入力されていれば計算の対象となります。

数式の結果 =　1566

この関数のヘルプ(H)　　OK　キャンセル

D2＋D3＋…＋D26
ってことだね

手順 4　次のように，D27 のセルの中に体重の合計 1566 が求まりました．

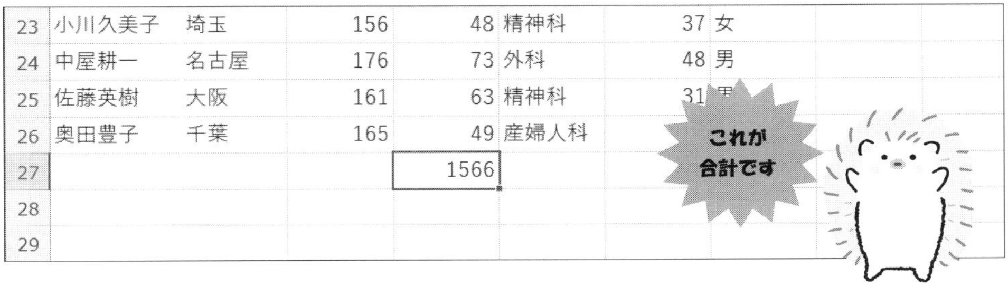

23	小川久美子	埼玉	156	48	精神科	37	女		
24	中屋耕一	名古屋	176	73	外科	48	男		
25	佐藤英樹	大阪	161	63	精神科	31			
26	奥田豊子	千葉	165	49	産婦人科				
27				1566					
28									
29									

これが
合計です

2.5 データのコピーをしてみよう

画面上にあるデータを，別の場所へコピーしてみましょう．

手順 1　コピーしたいデータの範囲をドラッグして，ホーム ⇨ コピー を選択．

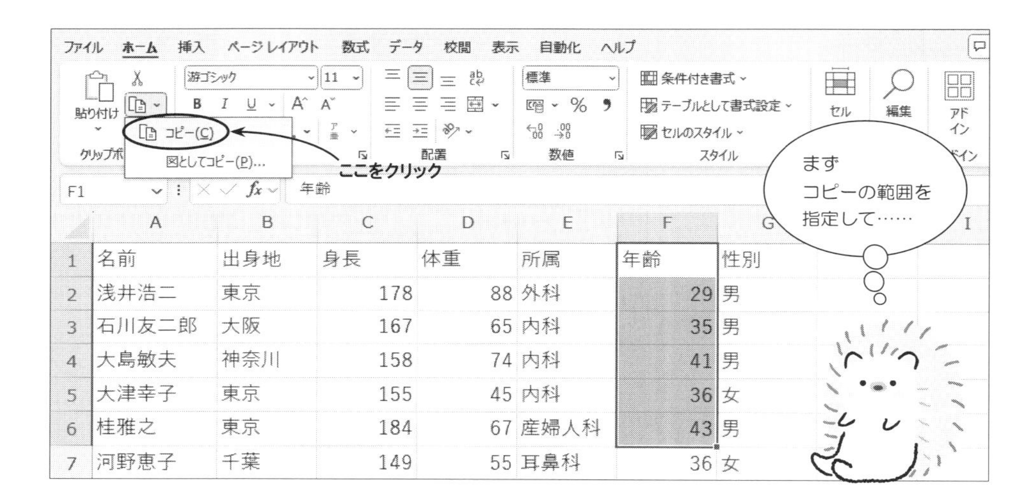

	A	B	C	D	E	F	G
1	名前	出身地	身長	体重	所属	年齢	性別
2	浅井浩二	東京	178	88	外科	29	男
3	石川友二郎	大阪	167	65	内科	35	男
4	大島敏夫	神奈川	158	74	内科	41	男
5	大津幸子	東京	155	45	内科	36	女
6	桂雅之	東京	184	67	産婦人科	43	男
7	河野恵子	千葉	149	55	耳鼻科	36	女

⇨　すると，データの範囲を点線が囲みます．

そこで，貼り付け先としてH3のセルをクリック．

	A	B	C	D	E	F	G	H	I
1	名前	出身地	身長	体重	所属	年齢	性別		
2	浅井浩二	東京	178	88	外科	29	男		
3	石川友二郎	大阪	167	65	内科	35	男		
4	大島敏夫	神奈川	158	74	内科	41	男		
5	大津		155	45	内科	36	女		
6					産婦人科	43	男		
7					耳鼻科	36	女		
8	斉藤由希子	埼玉			耳鼻科	31	女		

コピー を選ぶと点線で囲まれます

H3 のセル

手順 2　貼り付け先の指定が終ったので，**ホーム** ⇨ **貼り付け** を選択！

すると……

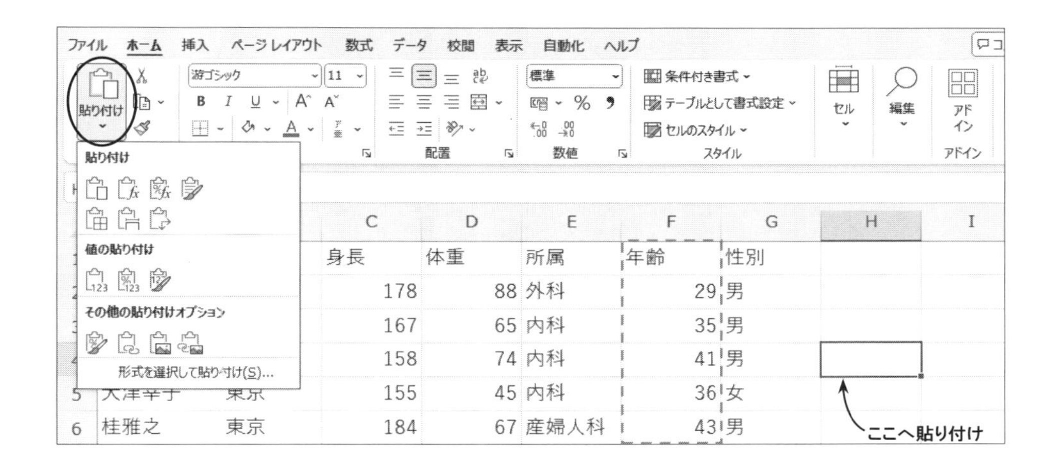

⇨　次のように，点線で囲まれた部分が，H3 にコピーされました．

	A	B	C	D	E	F	G	H	I
1	名前	出身地	身長	体重	所属	年齢	性別		
2	浅井浩二	東京	178	88	外科	29	男		
3	石川友二郎	大阪	167	65	内科	35	男	年齢	
4	大島敏夫	神奈川	158	74	内科	41	男	29	
5	大津幸子	東京	155	45	内科	36	女	35	
6	桂雅之	東京	184	67	産婦人科	43	男	41	
7	河野恵子	千葉	149	55	耳鼻科	36	女	36	
8	斉藤由希子	埼玉	162	49	耳鼻科	31	女	43	
9	清水貴子	千葉	147	62	精神科	33	女		
10	高倉洋子	神奈川	153	58	外科		女		
11	戸田英子	神奈川	164	63	産婦人科		女		
12	二宮宏美	大阪	166	45	耳鼻科		女		
13	松本健二	名古屋	174	79	内科		男		

ほらねっ！

ここへコピーされました

2.6 データを移動してみよう

画面上のデータの一部を切り取って，他の場所へ移動してみましょう．

手順 1　たとえば，A3 から G3 までドラッグして，ホーム ⇨ 切り取り を選択．

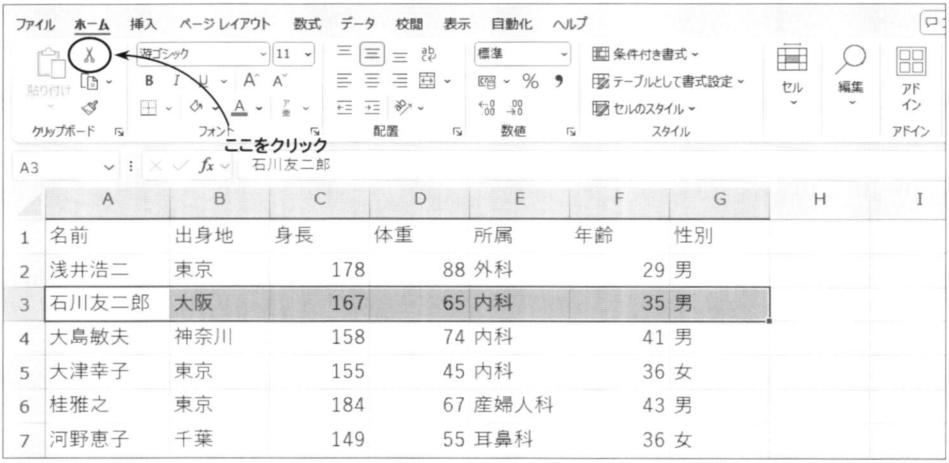

A3　石川友二郎

	A	B	C	D	E	F	G	H	I
1	名前	出身地	身長	体重	所属	年齢	性別		
2	浅井浩二	東京	178	88	外科	29	男		
3	石川友二郎	大阪	167	65	内科	35	男		
4	大島敏夫	神奈川	158	74	内科	41	男		
5	大津幸子	東京	155	45	内科	36	女		
6	桂雅之	東京	184	67	産婦人科	43	男		
7	河野恵子	千葉	149	55	耳鼻科	36	女		

ここをクリック

⇨　すると，切り取る部分が点線で囲まれるので，ここでは，H5 のセルをクリック．

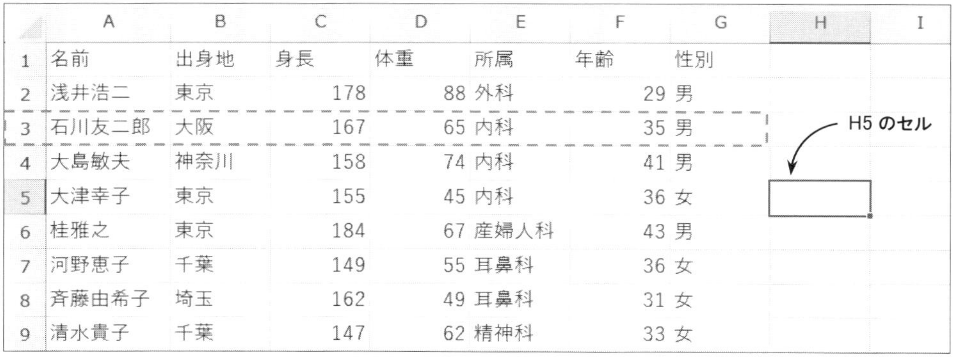

	A	B	C	D	E	F	G	H	I
1	名前	出身地	身長	体重	所属	年齢	性別		
2	浅井浩二	東京	178	88	外科	29	男		
3	石川友二郎	大阪	167	65	内科	35	男		
4	大島敏夫	神奈川	158	74	内科	41	男		
5	大津幸子	東京	155	45	内科	36	女		
6	桂雅之	東京	184	67	産婦人科	43	男		
7	河野恵子	千葉	149	55	耳鼻科	36	女		
8	斉藤由希子	埼玉	162	49	耳鼻科	31	女		
9	清水貴子	千葉	147	62	精神科	33	女		

H5 のセル

手順 2　ホーム ⇨ 貼り付け を選択すると……

ファイル　ホーム　挿入　ページレイアウト　数式　データ　校閲　表示　自動化　ヘルプ　コメント　共有

貼り付け　游ゴシック　11　標準　条件付き書式　テーブルとして書式設定　セルのスタイル　セル　編集　アドイン　データ分析

配置　数値　スタイル　アドイン

貼り付け

形式を選択して貼り付け(S)...

	C	D	E	F	G	H	I	J
1	名前	出身地	身長	体重	所属	年齢	性別	
2	浅井浩二	東京	178	88	外科	29	男	
3	石川友二郎	大阪	167	65	内科	35	男	
4	大島敏夫	神奈川	158	74	内科	41	男	
5	大津幸子	東京	155	45	内科	36	女	
6	桂雅之	東京	184	67	産婦人科	43	男	

ここへ貼り付け

⇨　次のように，点線で囲まれた部分のデータがH5へ移動しました．

	A	B	C	D	E	F	G	H	I	J	K	L	M	N
1	名前	出身地	身長	体重	所属	年齢	性別							
2	浅井浩二	東京	178	88	外科	29	男							
3														
4	大島敏夫	神奈川	158	74	内科	41	男							
5	大津幸子	東京	155	45	内科	36	女	石川友二郎	大阪	167	65	内科	35	男
6	桂雅之	東京	184	67	産婦人科	43	男							
7	河野恵子	千葉	149	55	耳鼻科	36	女							
8	斉藤由希子	埼玉	162	49	耳鼻科	31	女							
9	清水貴子	千葉	147	62	精神科	33	女							
10	高倉洋子	神奈川	153	58	外科	29	女							
11	戸田英子	神奈川	164	63	産婦人科	48	女							
12	二宮宏美	大阪	166	45	耳鼻科	31	女							
13	松本健二	名古屋	174	79	内科	43	男							
14	山崎均	名古屋	170	76	外科	38	男							
15	高橋しげみ	東京	143	51	外科	27	女							

3章

1 変数のグラフ表現

◉棒グラフ・円グラフ・折れ線グラフ

グラフ表現は基本的でやさしい統計手法ですが，データの特徴をわかりやすく示すことができるので，とても有効な手段です．

ここでは，次の４つのグラフを描いてみましょう．

1. 棒グラフ…………………………　医療関係従事者数
2. 円グラフ…………………………　自動車での死亡事故における損傷部位の割合
3. 折れ線グラフ……………………　イワシの漁獲高
4. レーダーチャート…………　住みやすい地域

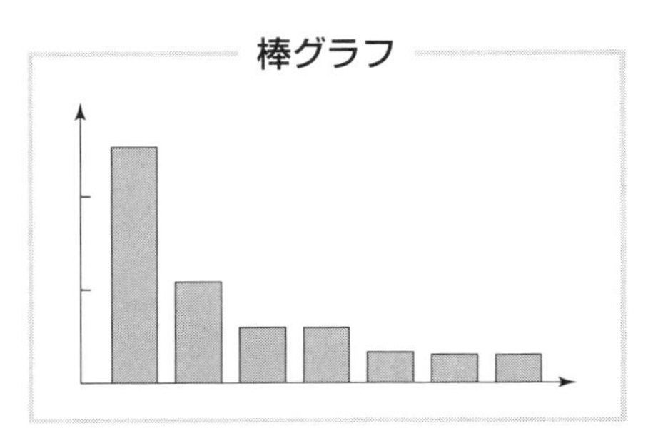

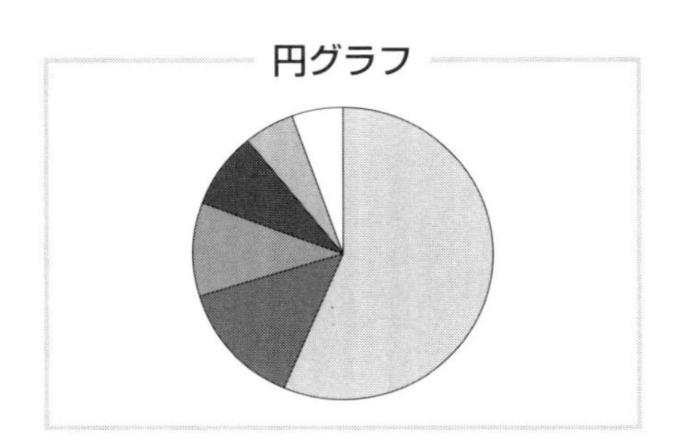

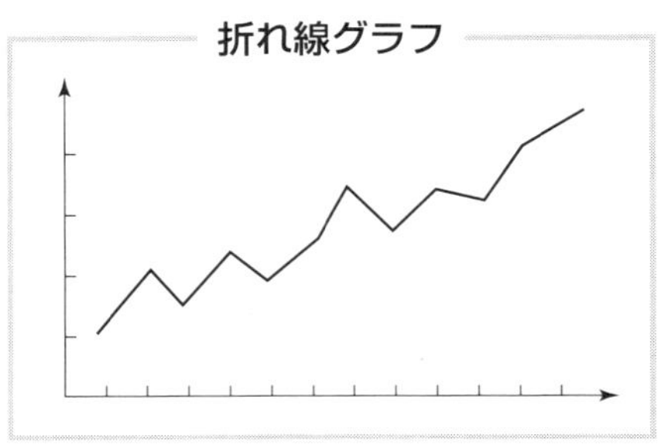

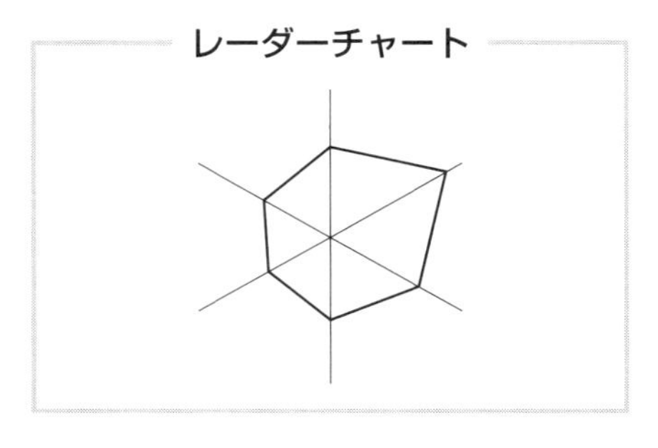

いろいろなグラフ表現があります

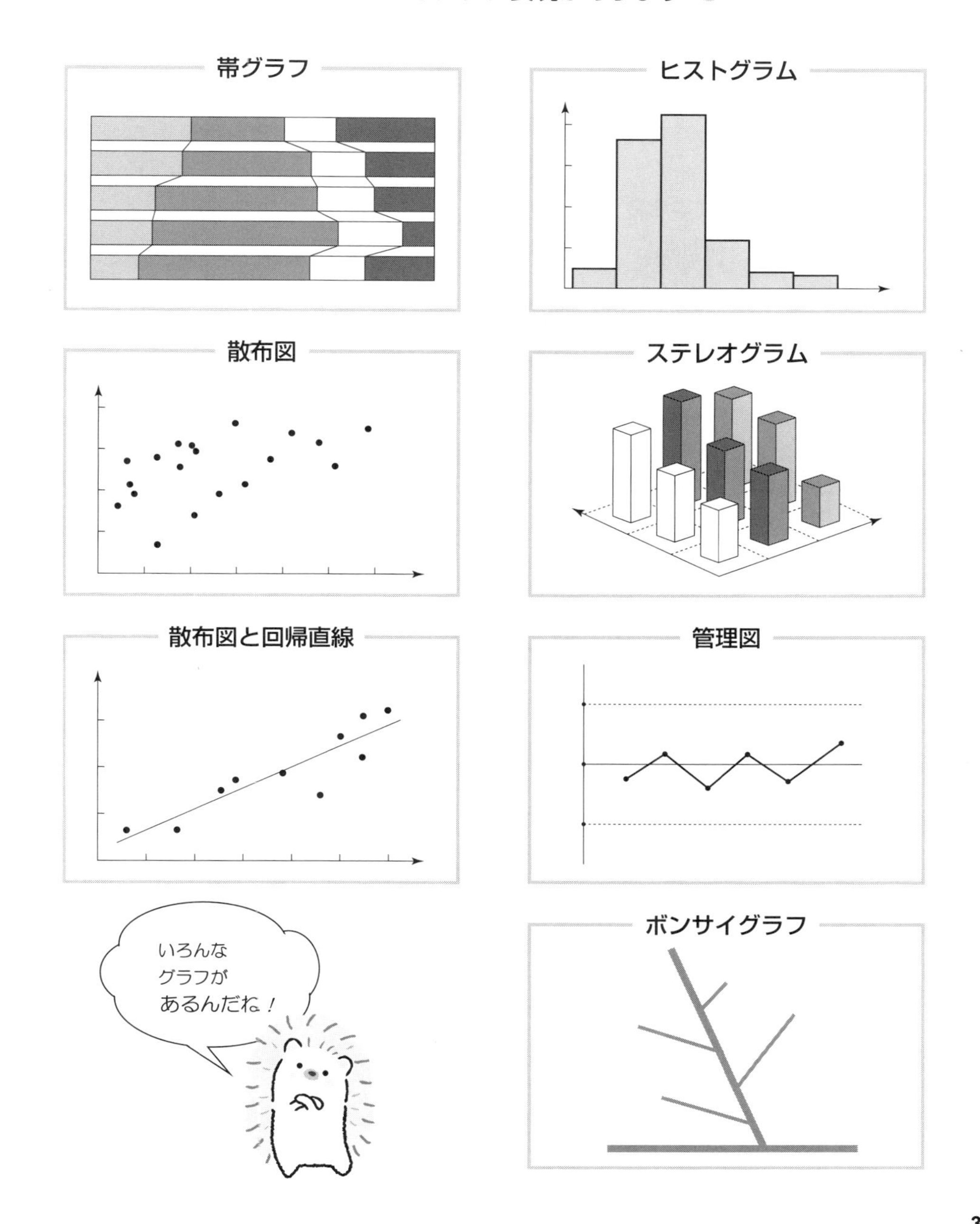

3.1 棒グラフを描いてみよう

次のデータは，７つの県における医療関係従事者数を調査した結果です．

お医者さんと看護師さんの人数を，棒グラフに表してみましょう．

表 3.1　医療関係従事者数

県	医師	看護師
A	3057人	11576人
B	2792人	9131人
C	2869人	10140人
D	5873人	20964人
E	5685人	19731人
F	25492人	57280人
G	10663人	30372人

Excel に入力

	A	B	C
1	県名	医師	看護師
2	A	3057	11576
3	B	2792	9131
4	C	2869	10140
5	D	5873	20964
6	E	5685	19731
7	F	25492	57280
8	G	10663	30372
9			

手順 **1**　はじめに，棒グラフで表したいデータの範囲を，

次のように指定しておきます．

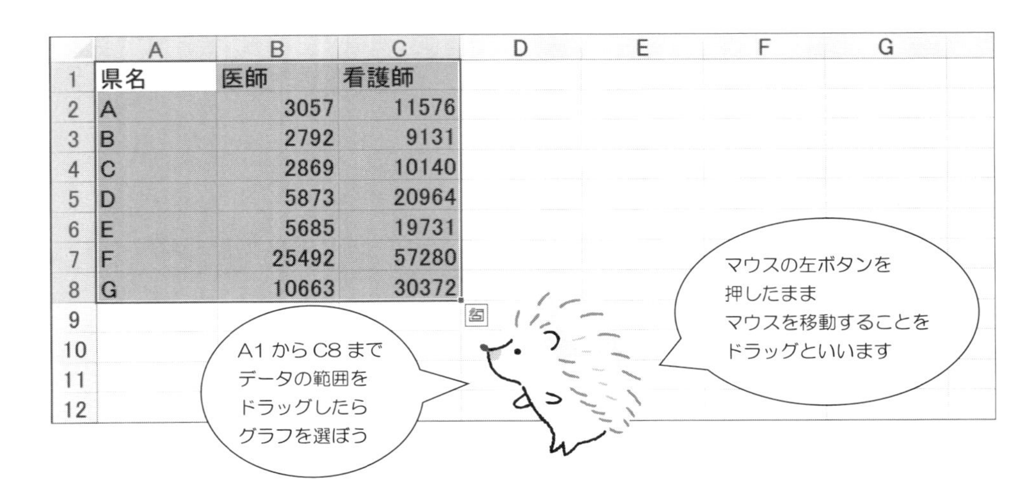

手順2 挿入 ⇨ 縦棒 ⇨ 2－D縦棒 の中からグラフを選択します.

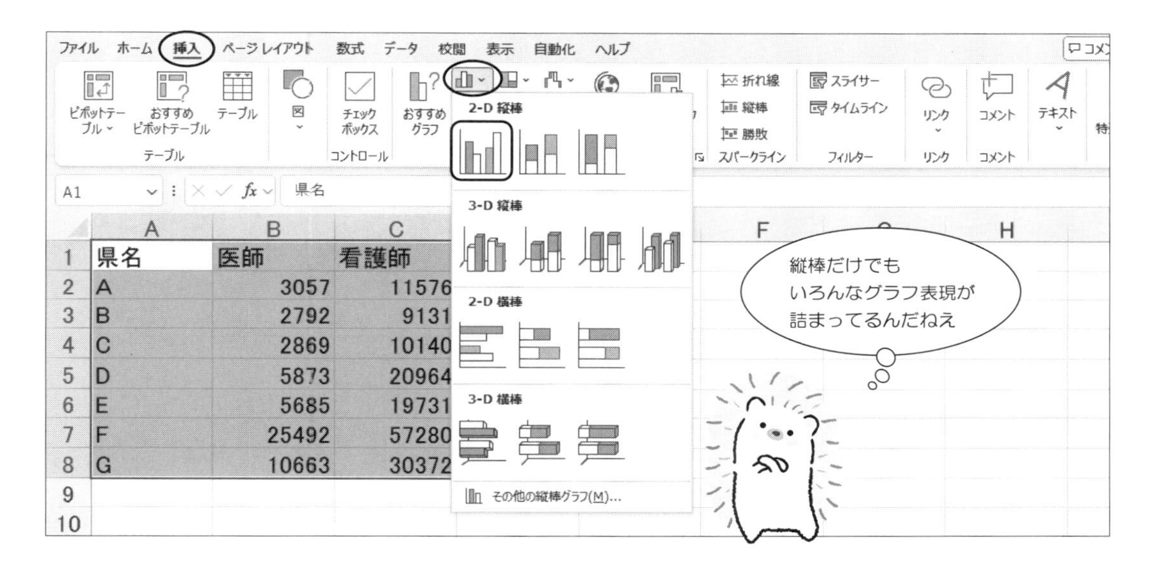

手順3 棒グラフの完成です．でも，この棒グラフに満足できないときは……

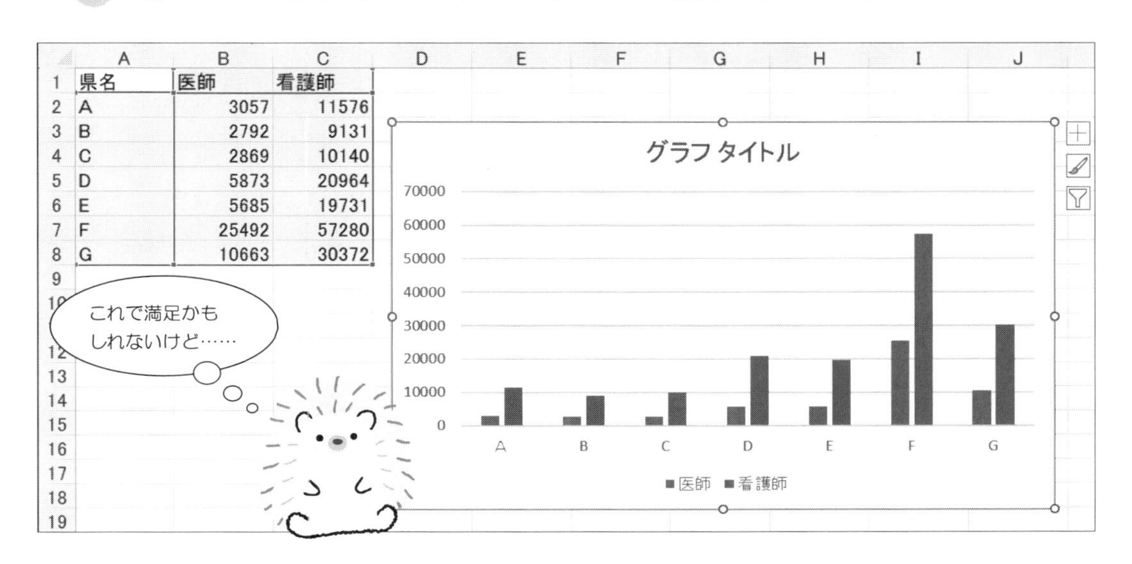

手順 4 さらに，グラフのデザイン の中の グラフ要素を追加 を選択しましょう．ここでは，グラフタイトル や 軸ラベル などを書き込んだり，軸 や 目盛線 の設定を変えることができます．

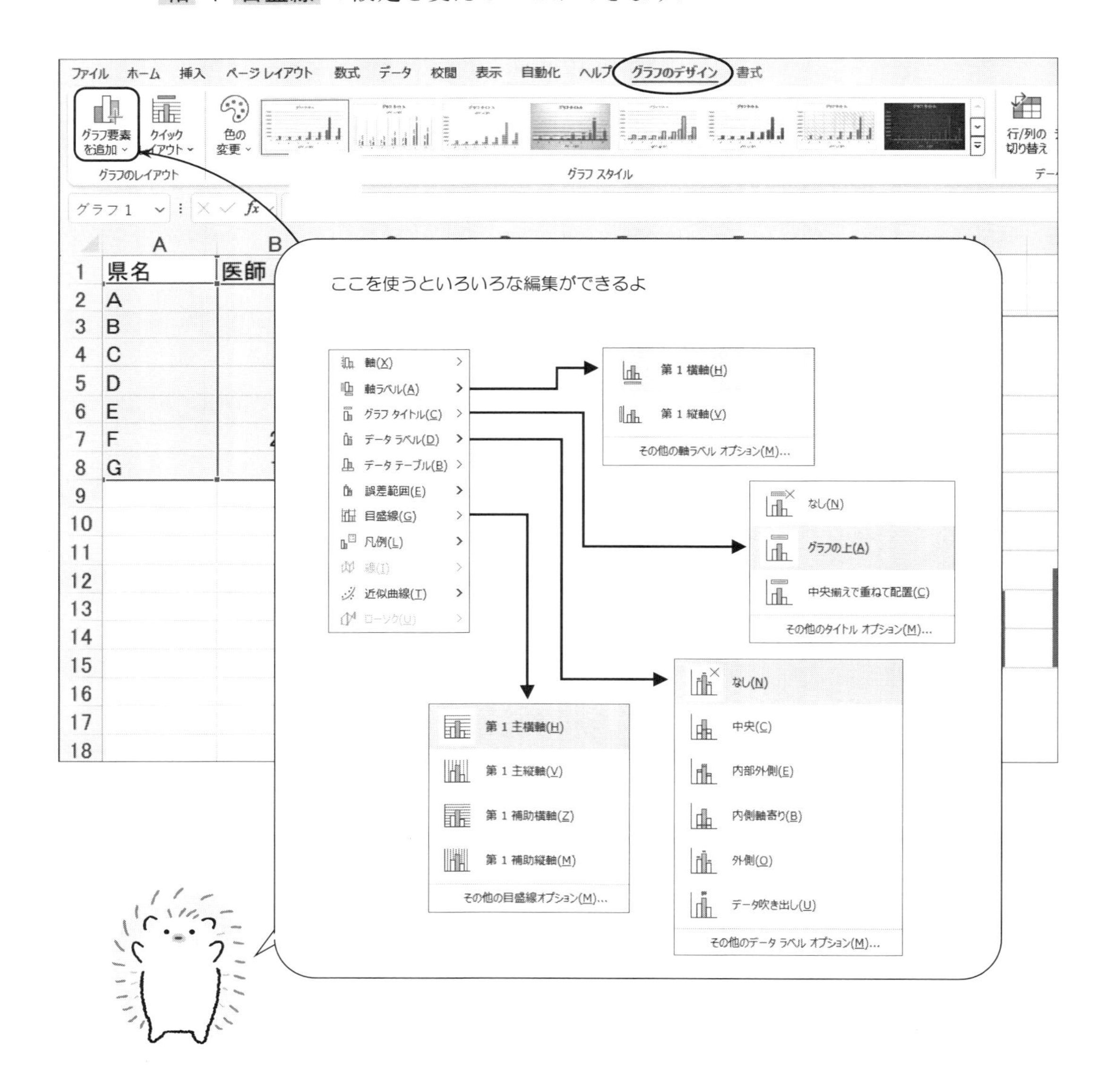

手順 5 興味のある方は，グラフ上のいろいろな所をダブルクリックして，見やすいグラフを作ってみましょう．

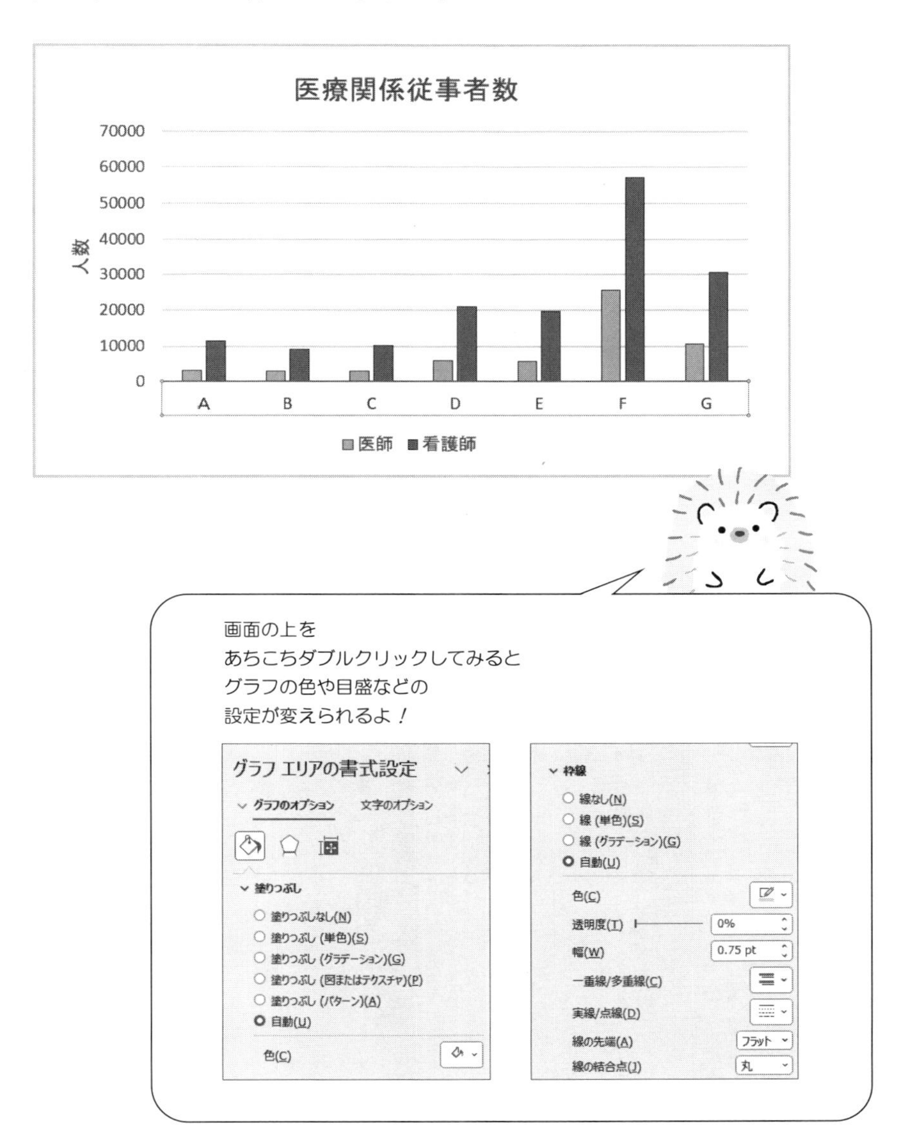

3.2 円グラフを描いてみよう

次のデータはシートベルトを着用しなかったときの，
自動車事故における損傷主部位と死者数を調査した結果です．
損傷主部位と死者数を円グラフに表してみましょう．

表 3.2　損傷主部位別死者数

損傷部位	死者数
全身	447人
頭部	2325人
頸部	412人
胸部	692人
腹部	398人
その他	227人

Excel に入力

	A	B	C
1	損傷部位	死者数	
2	全身	447	
3	頭部	2325	
4	頸部	412	
5	胸部	692	
6	腹部	398	
7	その他	227	
8			

手順 1　はじめに，円グラフに使用したいデータの範囲を指定して，
挿入 ⇨ 円 ⇨ 2-D 円 の中からグラフを選択します．

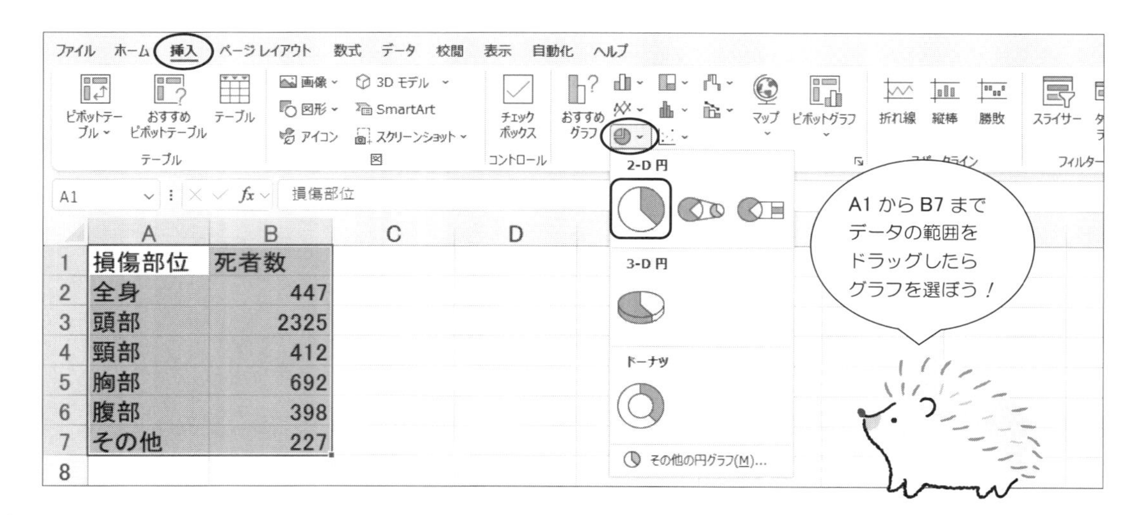

手順 2　この円グラフに，各カテゴリのパーセントを入れます．

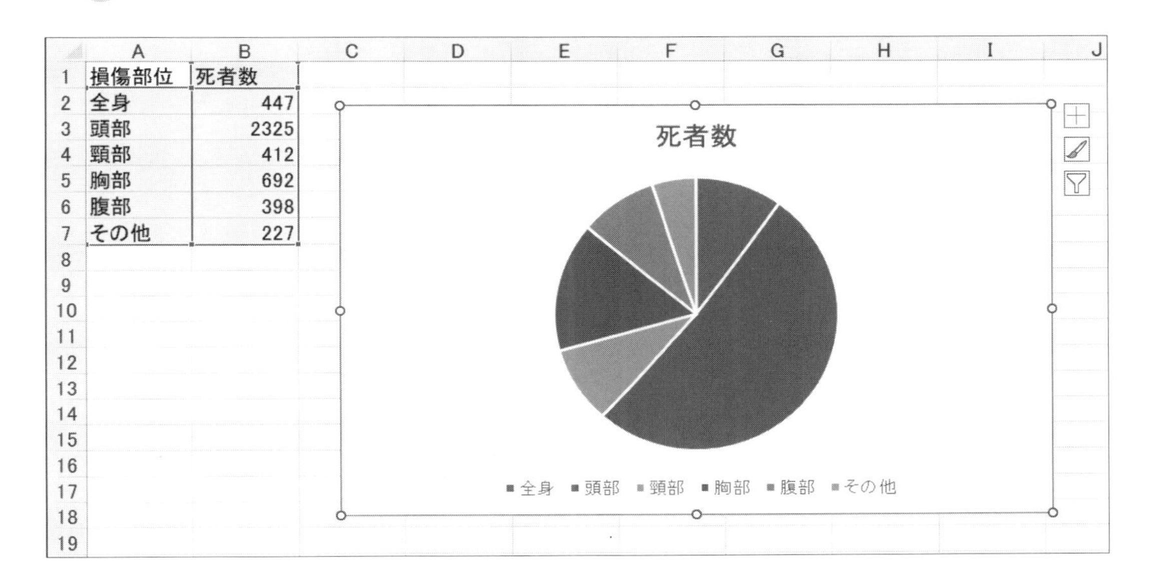

手順 3　次のように，グラフ要素を追加 をクリックして

データラベル(D) ⇨ その他のデータラベルオプション(M) を選択．

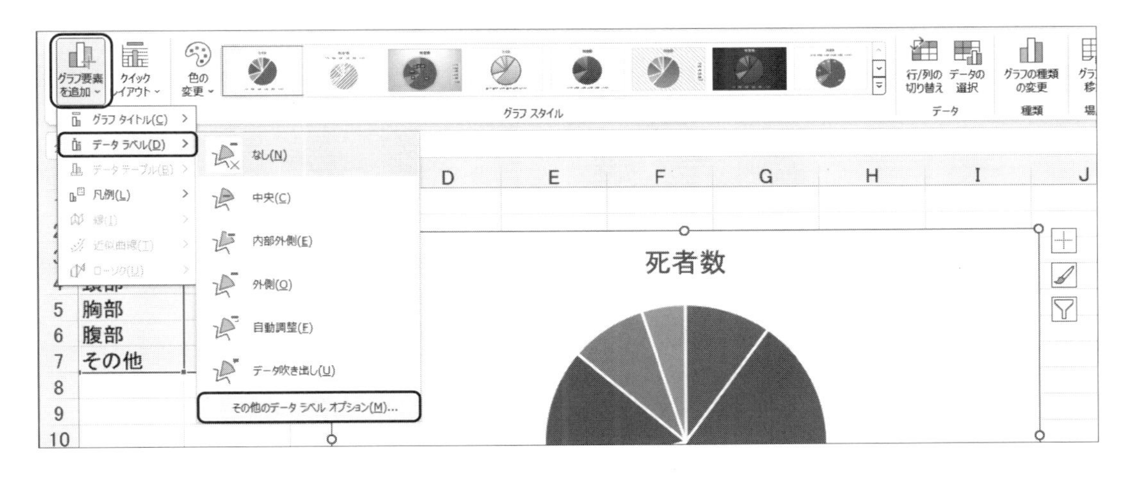

手順 4　次のように選択してみると…,

手順 5　パーセントが表示された円グラフの完成です.

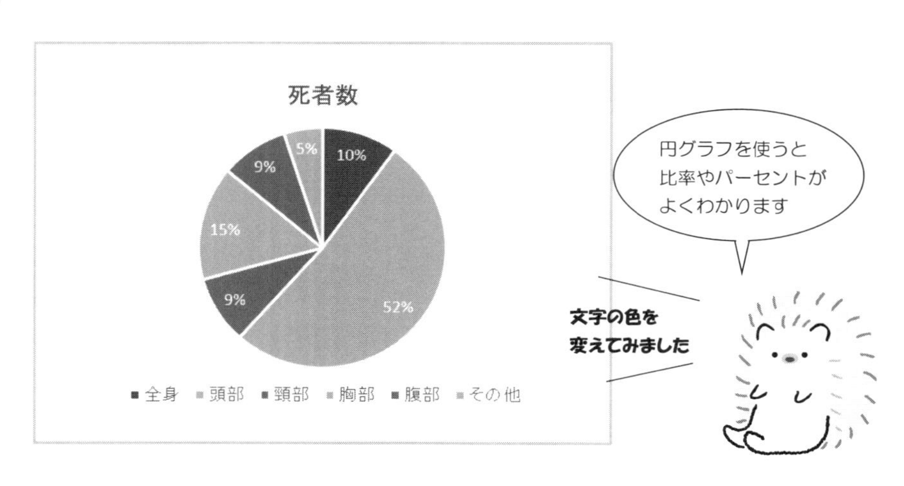

3.3 折れ線グラフを描いてみよう

次のデータは過去10年間のイワシの漁獲高の変動を調査した結果です．

イワシの漁獲高を，折れ線グラフに表してみましょう．

表3.3　イワシの漁獲高

年	漁獲高
1年目	272
2年目	205
3年目	149
4年目	110
5年目	78
6年目	65
7年目	72
8年目	93
9年目	63
10年目	61

Excelに入力

	A	B	C
1	年	漁獲高	
2	1年目	272	
3	2年目	205	
4	3年目	149	
5	4年目	110	
6	5年目	78	
7	6年目	65	
8	7年目	72	
9	8年目	93	
10	9年目	63	
11	10年目	61	
12			

手順1　はじめにデータの範囲を指定して，挿入 ⇨ 折れ線 ⇨ 2-D折れ線 から……

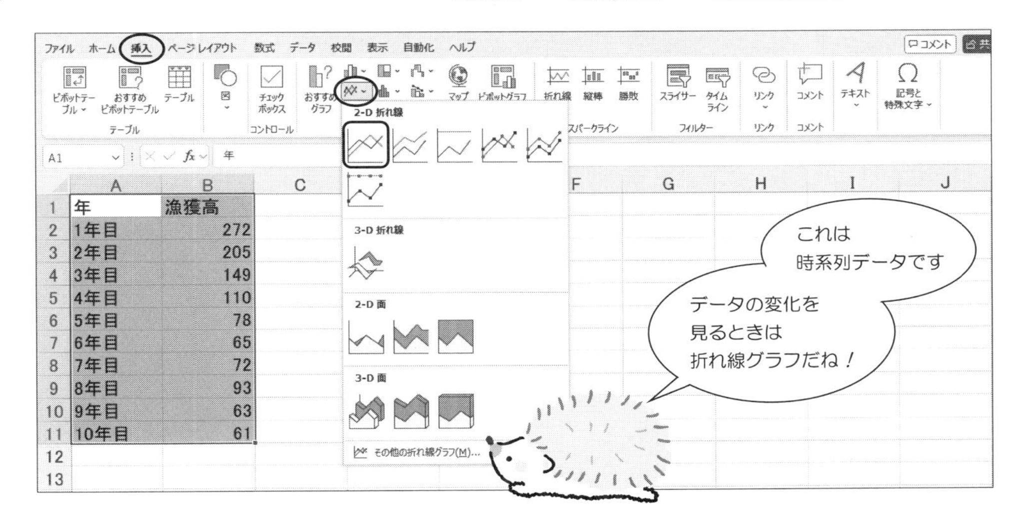

手順2　折れ線グラフが描けます．

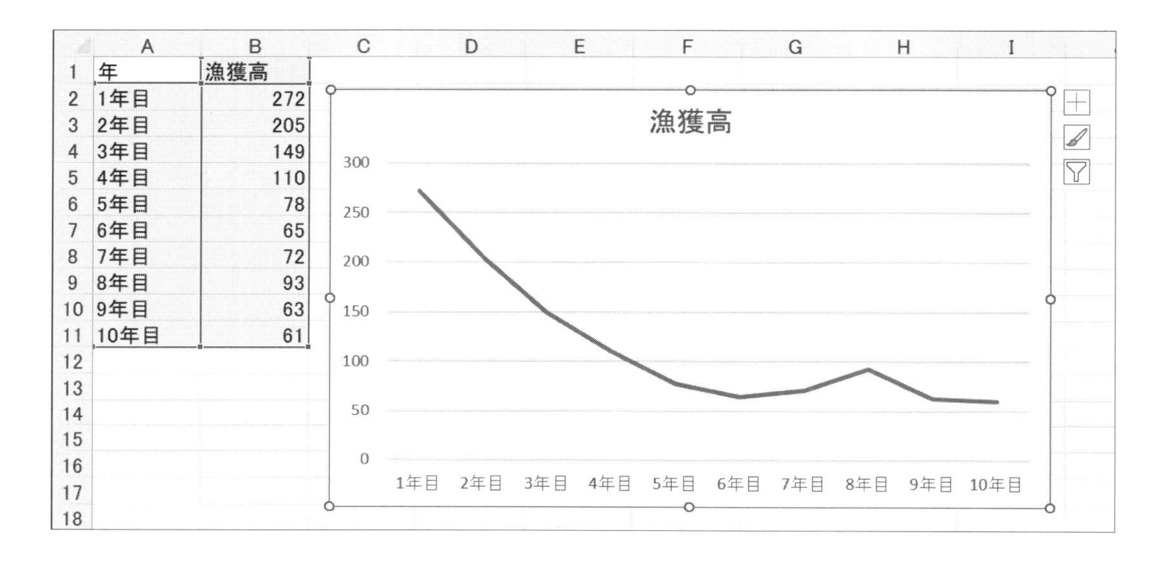

手順3　データの値をグラフ上に入れたいときは，次のように選択して……

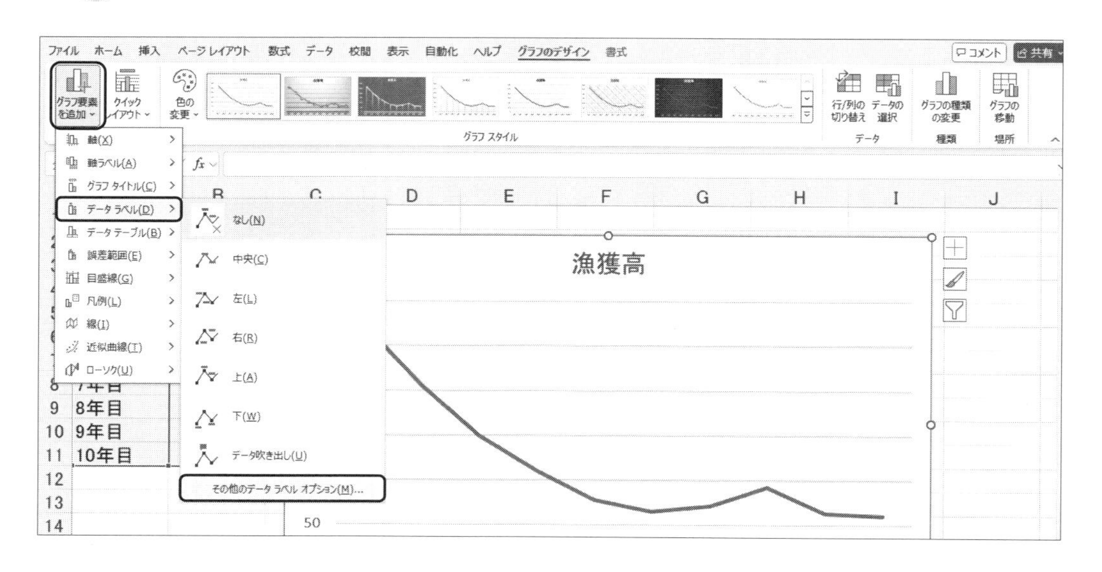

手順4　次の２ヶ所を選びます.

手順5　グラフ上に値が入った折れ線グラフの完成です.

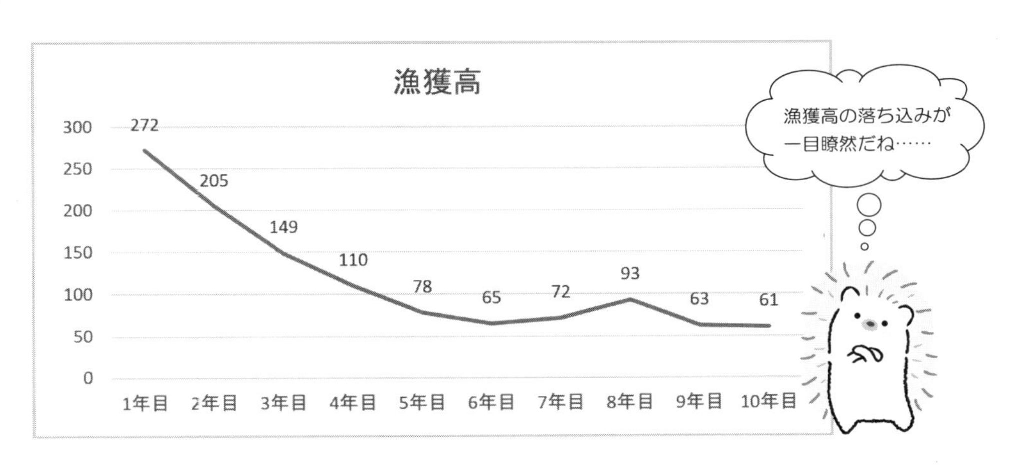

3.4 レーダーチャートを描いてみよう

次のデータは6つの地域について，“住みやすさ”を10段階で評価した結果です．このデータをレーダーチャートに表してみましょう．

表3.4　住みやすい町は？

地域	街の賑わい	自然環境	医療の充実	文化施設	交通が便利	情報が豊富
A	4.9	7.8	2.2	3.7	6.3	5.1
B	2.5	9.3	3.3	4.2	5.2	6.3
C	5.4	6.1	7.1	4.5	3.8	8.1
D	9.3	2.6	7.5	8.1	6.1	5.2
E	6.1	4.5	7.2	3.5	8.4	5.3
F	4.2	6.3	5.4	3.9	7.5	3.5
平均値	5.4	6.1	5.5	4.7	6.2	5.6

手順1　データを入力したら，調べたいデータの範囲を指定します．

	A	B	C	D	E	F	G	H
1	地域	街の賑わい	自然環境	医療の充実	文化施設	交通が便利	情報が豊富	
2	A	4.9	7.8	2.2	3.7	6.3	5.1	
3	B	2.5	9.3	3.3	4.2	5.2	6.3	
4	C	5.4	6.1	7.1	4.5	3.8	8.1	
5	D	9.3	2.6	7.5	8.1	6.1	5.2	
6	E	6.1	4.5	7.2	3.5	8.4	5.3	
7	F	4.2	6.3	5.4	3.9	7.5	3.5	
8	平均値	5.4	6.1	5.5	4.7	6.2	5.6	
9								
10								
11								
12								
13								

地域Bと平均値のデータでレーダーチャートを作ってみるよ

データの一部だけを使うときは Ctrl キーを押しながら範囲指定をしよう

手順 2　続いて，**挿入** から次の **レーダー** を選択.

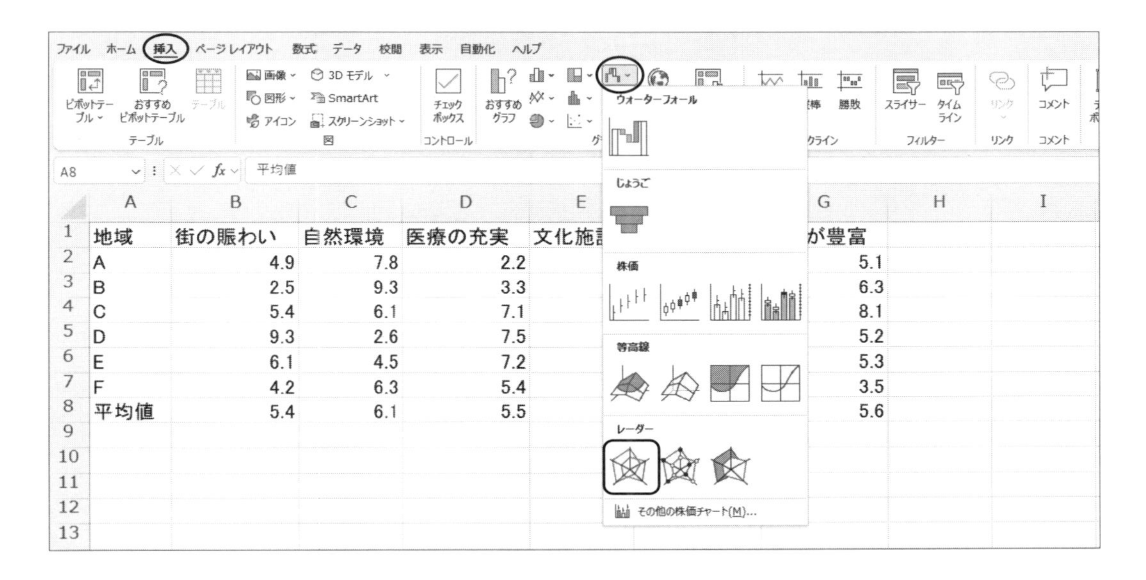

手順 3　すると，次のようにレーダーチャートが描けます.

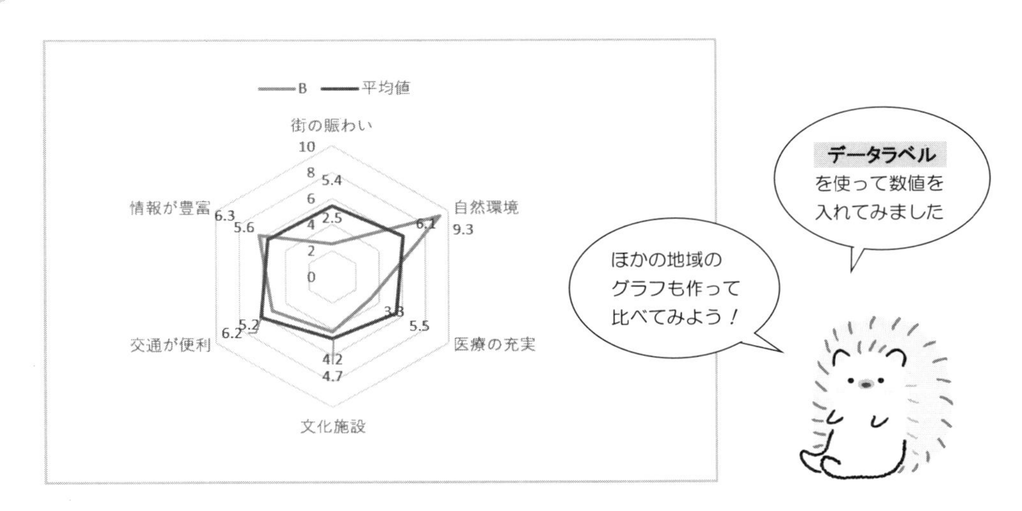

4章 1 変数の統計量

◉平均値・分散・標準偏差

次のデータを使って，身長の基礎統計量を求めてみましょう.

表 4.1　10人の学生の調査結果です！

No.	身長	体重	タンパク質	炭水化物	カルシウム
1	151	48	62	269	494
2	154	44	48	196	473
3	160	48	48	191	361
4	160	52	89	230	838
5	163	58	52	203	268
6	156	58	77	279	615
7	158	62	58	247	573
8	156	52	49	196	346
9	154	45	57	351	607
10	160	55	63	207	494

［食物摂取頻度調査の結果から計算］

基礎統計量には，“データを代表する値”と“データのバラツキを示す値”があります.

- データを代表する値
  - 平均値・中央値・最頻値
  - 四分位数
- データのバラツキを示す値
  - 分散・標準偏差
  - 四分位範囲

4.1 平均値を求めてみよう

平均値の求め方には，次の２通りがあります．

❶ 定義式から求める方法

$$\text{平均値 } \bar{x} = \frac{x_1 + x_2 + \cdots + x_N}{N} = \frac{\sum_{i=1}^{N} x_i}{N}$$

❷ Excel 関数を利用する方法

平均値 $\bar{x}$ = AVERAGE

ここでは，２通りの方法で，平均値を求めてみましょう．

❶ 定義式から平均値 $\bar{x}$ を求める方法

手順 1 次のように入力しておきます．はじめにデータの合計を求めます．

B12 のセルをクリックして，**数式** ⇨ **f_x 関数の挿入** を選択すると……

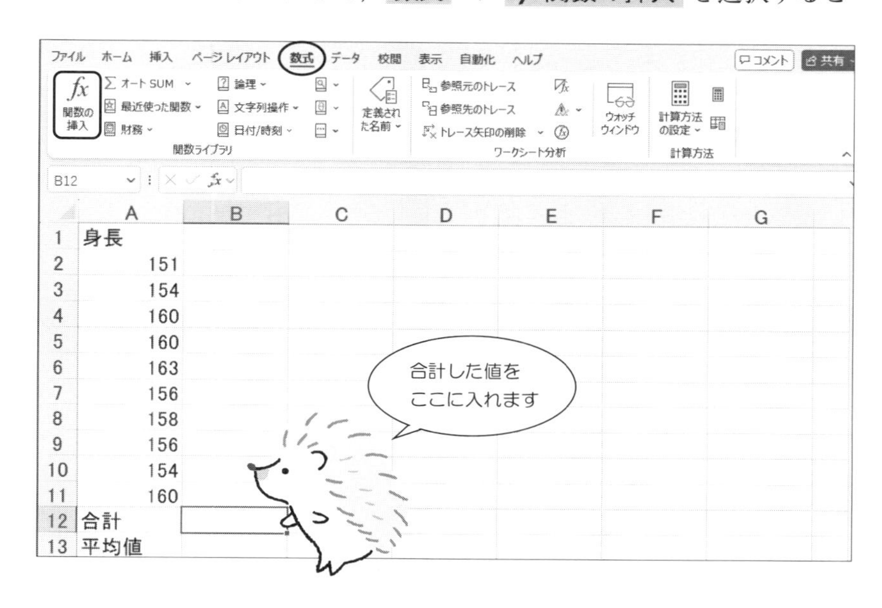

	A	B	C	D	E	F	G
1	身長						
2	151						
3	154						
4	160						
5	160						
6	163						
7	156						
8	158						
9	156						
10	154						
11	160						
12	合計						
13	平均値						

手順 2 次の画面が現れるので，数学/三角 ⇨ SUM を選択して，[OK].

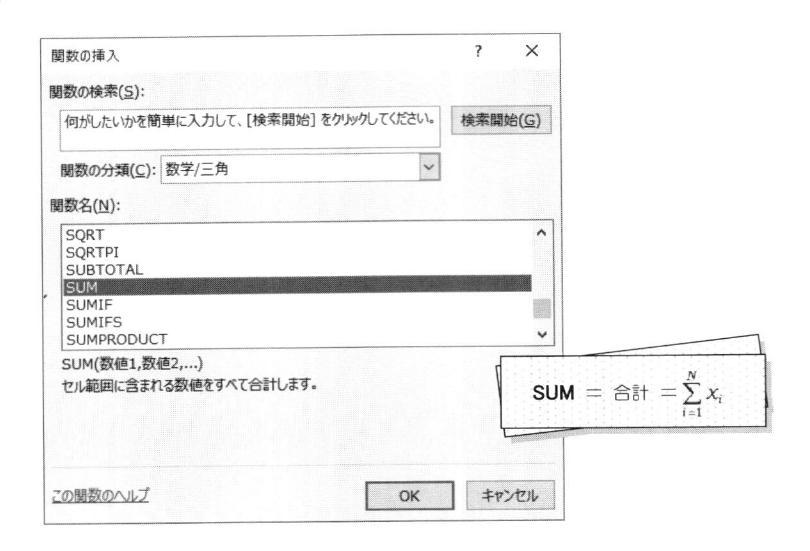

$$\text{SUM} = \text{合計} = \sum_{i=1}^{N} x_i$$

手順 3 次のように A2:A11 と入力して，[OK] をクリック．
ここでは，合計するデータの範囲を指定しています．

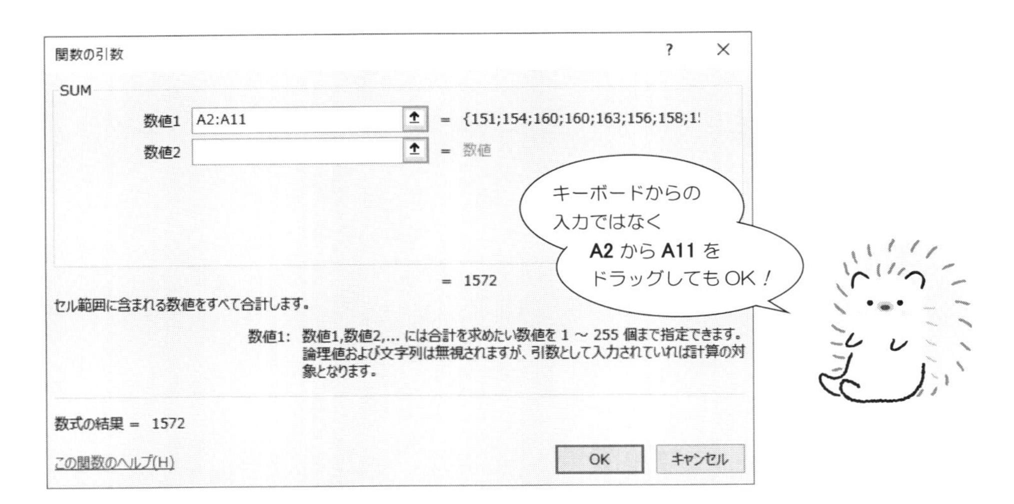

手順4　すると，B12のセルの値が 1572 となります．これがA2からA11までの合計です．データの個数が10個なので，B13に ＝B12/10 と入力して，⏎ を押します．

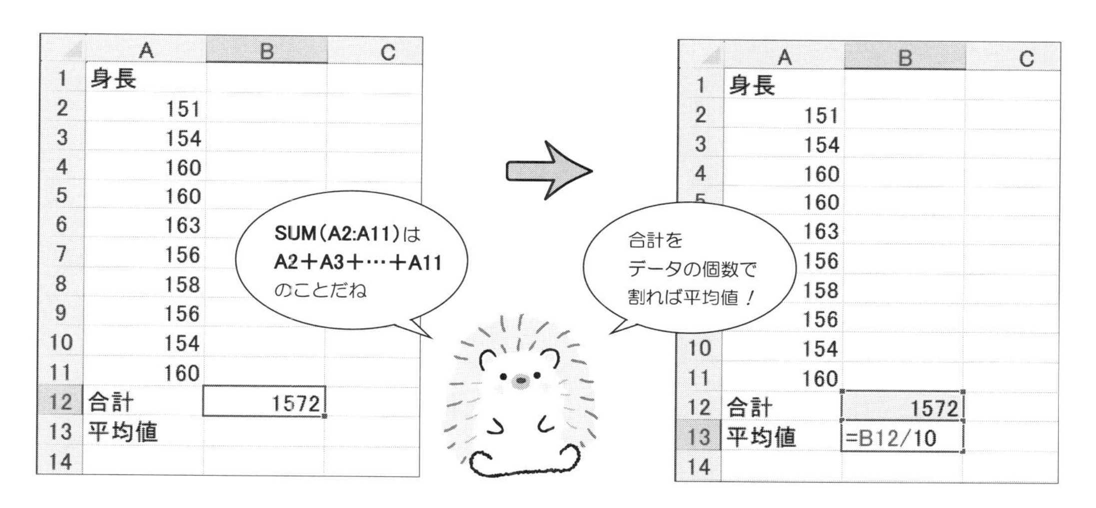

	A	B	C
1	身長		
2	151		
3	154		
4	160		
5	160		
6	163		
7	156		
8	158		
9	156		
10	154		
11	160		
12	合計	1572	
13	平均値		
14			

	A	B	C
1	身長		
2	151		
3	154		
4	160		
5	160		
6	163		
7	156		
8	158		
9	156		
10	154		
11	160		
12	合計	1572	
13	平均値	=B12/10	
14			

手順5　B13のセルの値が 157.2 となります．これが求める身長の平均値 $\bar{x}$ です．

	A	B	C	D	E	F	G
1	身長						
2	151						
3	154						
4	160						
5	160						
6	163						
7	156						
8	158						
9	156						
10	154						
11	160						
12	合計	1572					
13	平均値	157.2					
14							

$$\sum_{i=1}^{N} x_i = x_1 + x_2 + \cdots + x_N = 1572$$

$$\bar{x} = \frac{\sum_{i=1}^{N} x_i}{N} = \frac{1572}{10} = 157.2$$

❷ Excel 関数を利用して平均値 $\bar{x}$ を求める方法

手順 1 B12 をクリックし，数式 ⇨ f_x 関数の挿入 ⇨ 統計 ⇨ AVERAGE を選択して，OK .

手順 2 次の画面が現れます．ここで，平均値を求めるときのデータの範囲を指定します．A2:A11 と入力して，OK をクリック．

関数の引数

AVERAGE

数値1 A2:A11 = {151;154;160;160;163;156;158;1!

数値2 = 数値

手順 3 すると，B12 のセルの値が 157.2 となります．

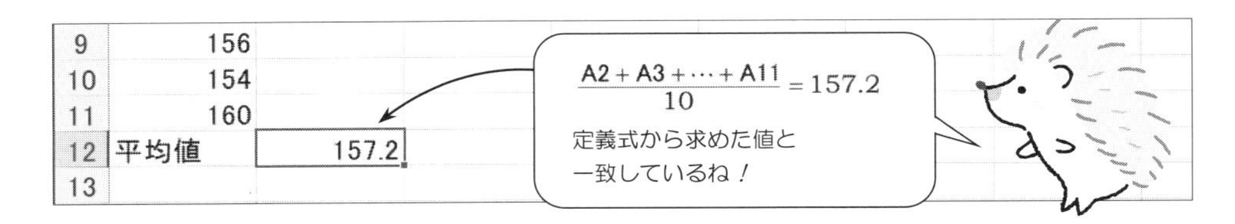

4.2 分散・標準偏差を求めてみよう

分散や標準偏差は“データの散らばりぐあい”を示す統計量です．
“平均値 $\overline{x}$ からデータがどの程度散らばっているか”を調べています．
したがって，データ x_i と平均値 $\overline{x}$ との差 $x_i - \overline{x}$ がとても大切になります．

分散・標準偏差の求め方は，次の３通りです．

❶ 定義式から求める方法

- 分散 $s^2 = \dfrac{(x_1-\overline{x})^2 + (x_2-\overline{x})^2 + \cdots + (x_N-\overline{x})^2}{N-1}$ ⬅平均値との差の平方和です
- 標準偏差 $s = \sqrt{分散}$ ⬅ $\sqrt{分散}$ = SQRT（分散）

❷ 公式から求める方法

- 分散 $s^2 = \dfrac{N\times(x_1{}^2 + x_2{}^2 + \cdots + x_N{}^2) - (x_1 + x_2 + \cdots + x_N)^2}{N\times(N-1)}$
- 標準偏差 $s = \sqrt{分散}$

定義式を
書き換えました！

❸ Excel 関数を利用する方法

- 分散 s^2 = VAR.S
- 標準偏差 s = STDEV.S

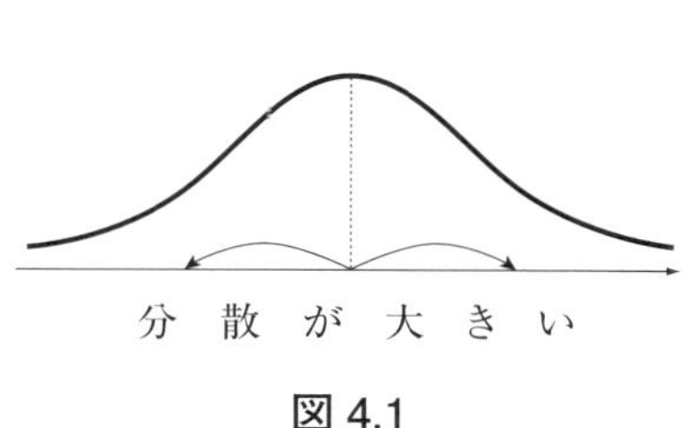

図 4.1

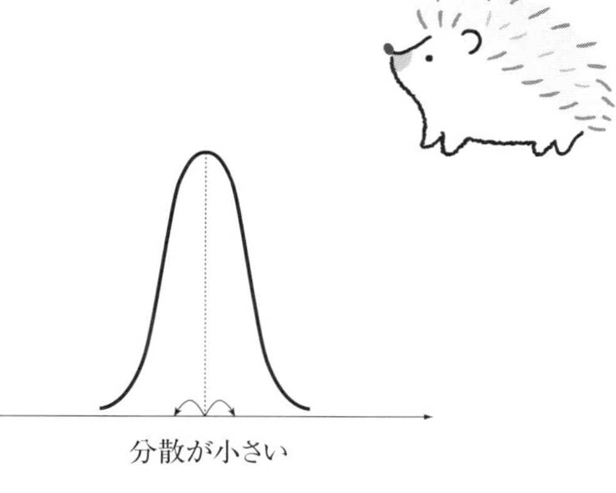

図 4.2

❶ 定義式から分散 s^2 を求める方法

次の手順で，分散 s^2 を求めてみましょう．

手順 1　次のように，平均値との差，差の平方和，分散 を入力しておきます．

	A	B	C	D	E	F	G
1	身長	平均値との差					
2	151						
3	154						
4	160						
5	160						
6	163						
7	156						
8	158						
9	156						
10	154						
11	160						
12	差の2乗和						
13	分散						

分散の定義式は

$$s^2 = \frac{\sum_{i=1}^{N}(x_i - \bar{x})^2}{N-1}$$

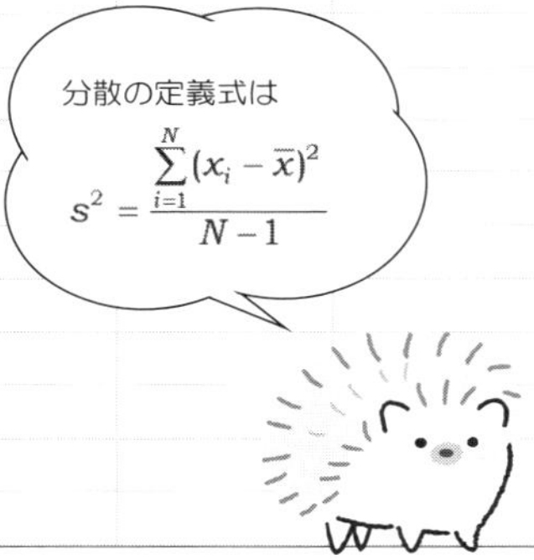

手順 2　はじめに，身長のデータと平均値 $\bar{x}$ = 157.2 との差を求めます．

B2 のセルに ＝A2−157.2 と入力して，⏎．

	A	B	C
1	身長	平均値との差	
2	151	=A2-157.2	
3	154		
4	160		
5	160		
6	163		
7	156		
8	158		
9	156		
13			

$x_1 - \bar{x}$

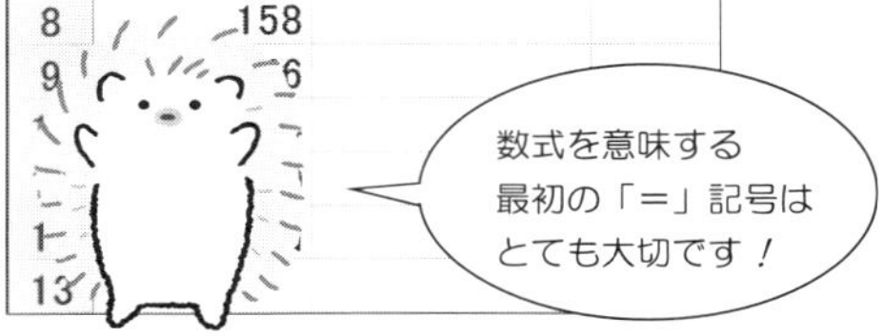

数式を意味する
最初の「＝」記号は
とても大切です！

⇨

	A	B	C
1	身長	平均値との差	
2	151	-6.2	
3	154		
4	160		
5	160		
6	163		
7	156		
8	158		
9	156		
10	154		
11	160		
12	差の2乗和		
13	分散		

⇨ B2 のセルをクリックして，ホーム ⇨ コピー．

	A	B
1	身長	平均値との差
2	151	−6.2
3	154	
4	160	
5	160	
6	163	

B2 のセル

	A	B
1	身長	平均値との差
2	151	−6.2
3	154	
4	160	
5	160	
6	163	

⇨ B3 から B11 までドラッグして，ホーム ⇨ 貼り付け．

	A	B
1	身長	平均値との差
2	151	−6.2
3	154	
4	160	
5	160	
6	163	
7	156	
8	158	
9	156	
10	154	
11	160	
12	差の2乗和	
13	分散	

	A	B
1	身長	平均値との差
2	151	−6.2
3	154	−3.2
4	160	2.8
5	160	2.8
6	163	5.8
7	156	−1.2
8	158	0.8
9	156	−1.2
10	154	−3.2
11	160	2.8

B3 のセル ⇒ $x_2 - \bar{x}$

B11 のセル ⇒ $x_{10} - \bar{x}$

手順 **3** 次に，差の平方和を計算します．B12 をクリック．

数式 ⇨ *fx* 関数の挿入 ⇨ 数学/三角 ⇨ SUMSQ を選択して，OK．

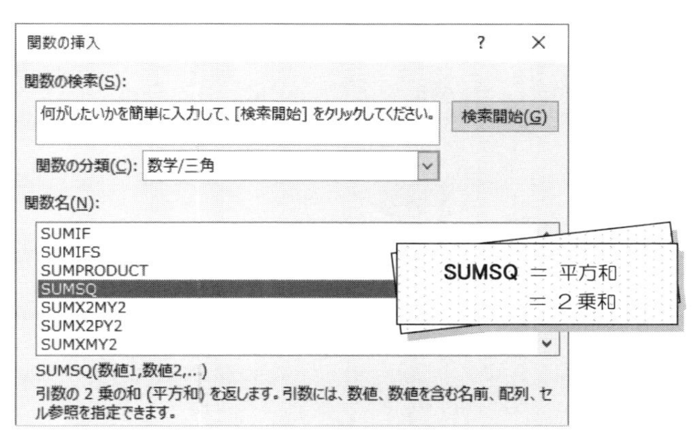

手順 4　ワクの中へ次のように入力して，OK．

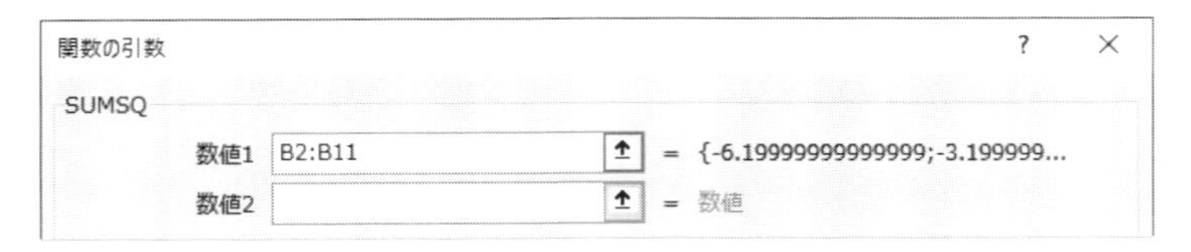

すると，２乗和が求まります．

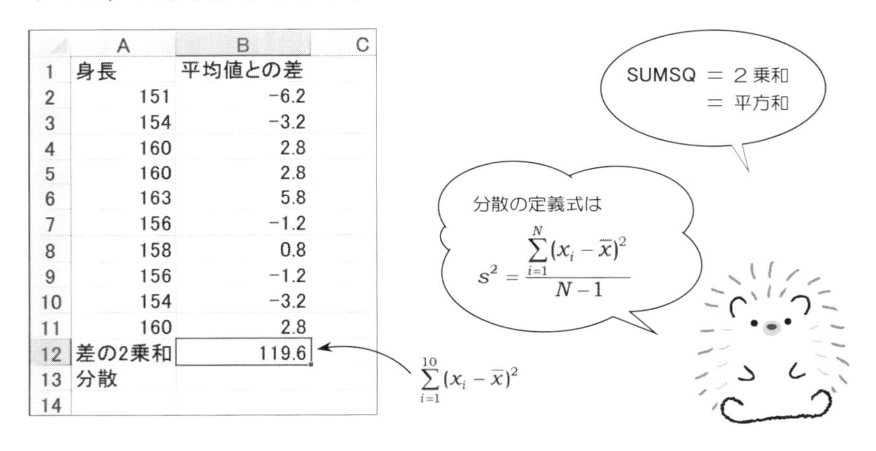

	A	B	C
1	身長	平均値との差	
2	151	−6.2	
3	154	−3.2	
4	160	2.8	
5	160	2.8	
6	163	5.8	
7	156	−1.2	
8	158	0.8	
9	156	−1.2	
10	154	−3.2	
11	160	2.8	
12	差の2乗和	119.6	
13	分散		
14			

手順 5　あとは，9（＝10−1）で割れば，分散 s^2 が求まるので

B13 のセルに ＝B12/9 と入力して，⏎．

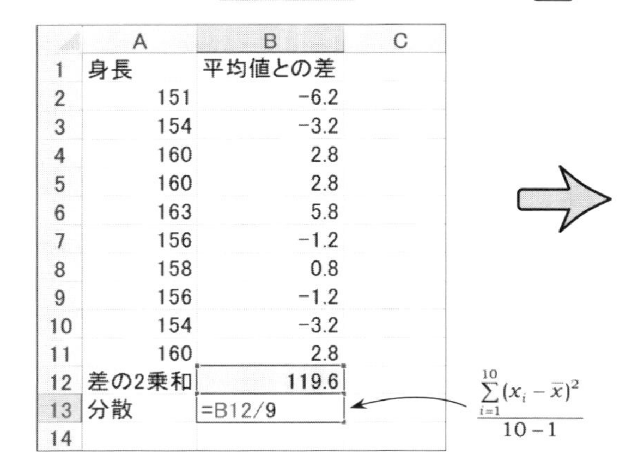

	A	B	C
1	身長	平均値との差	
2	151	−6.2	
3	154	−3.2	
4	160	2.8	
5	160	2.8	
6	163	5.8	
7	156	−1.2	
8	158	0.8	
9	156	−1.2	
10	154	−3.2	
11	160	2.8	
12	差の2乗和	119.6	
13	分散	=B12/9	
14			

	A	B	C
1	身長	平均値との差	
2	151	−6.2	
3	154	−3.2	
4	160	2.8	
5	160	2.8	
6	163	5.8	
7	156	−1.2	
8	158	0.8	
9	156	−1.2	
10	154	−3.2	
11	160	2.8	
12	差の2乗和	119.6	
13	分散	13.2888889	
14			

❷ 公式から分散 s^2 を求める方法

次の手順で，分散 s^2 を求めてみましょう．

手順 1 次のように，合計，平方和，分散 を入力します．

まず，合計を求めるために，

D2 のセルに ＝SUM(A2:A11) と入力して，⏎．

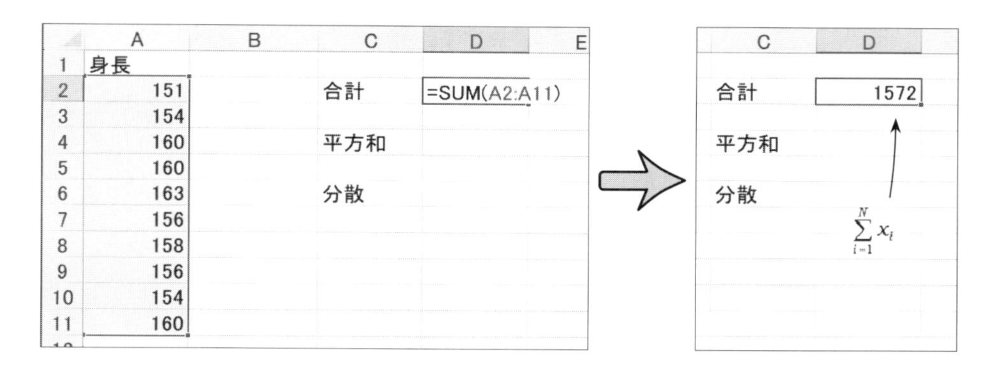

手順 2 D4 のセルをクリックして，数式 ⇨ f_x 関数の挿入

⇨ 数学/三角 ⇨ SUMSQ を選択して，OK．

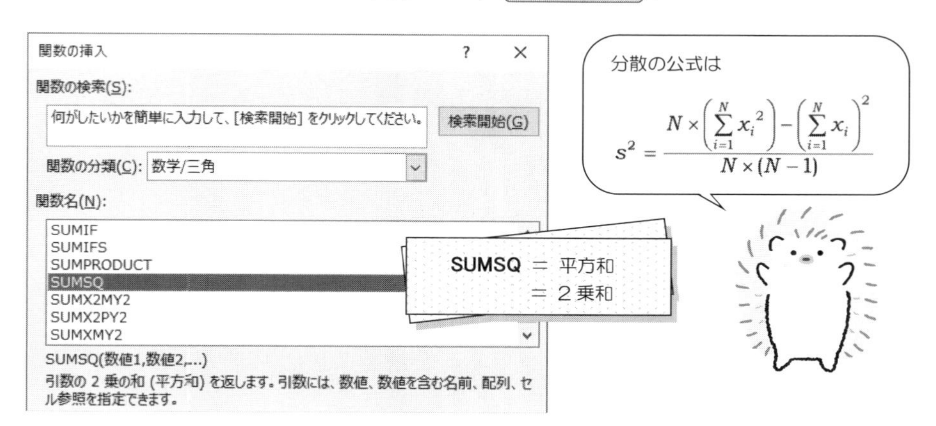

手順3 平方和の範囲を，次のように指定して， OK ．

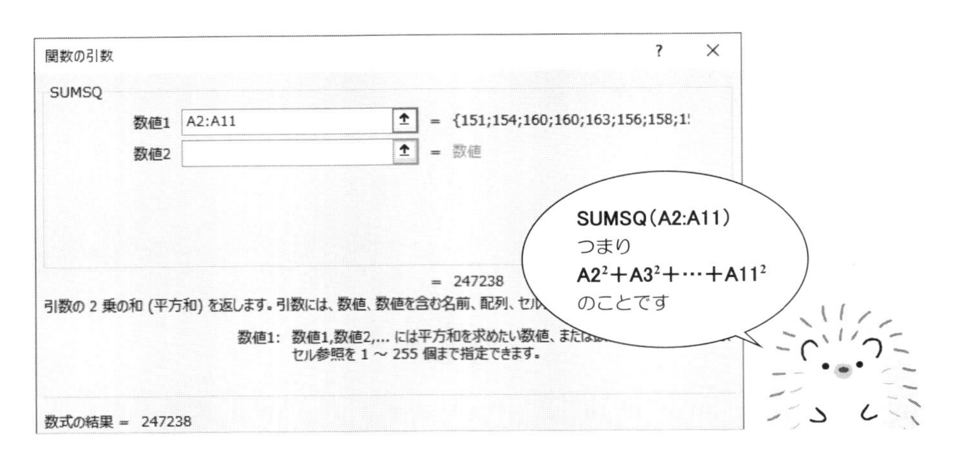

手順4 すると，D4 のセルの値が 247238 となります．

そこで，D6 のセルに ＝(10＊D4－D2^2)/(10＊(10－1))

を入力して，⏎ を押すと，分散 s^2 が求まります．

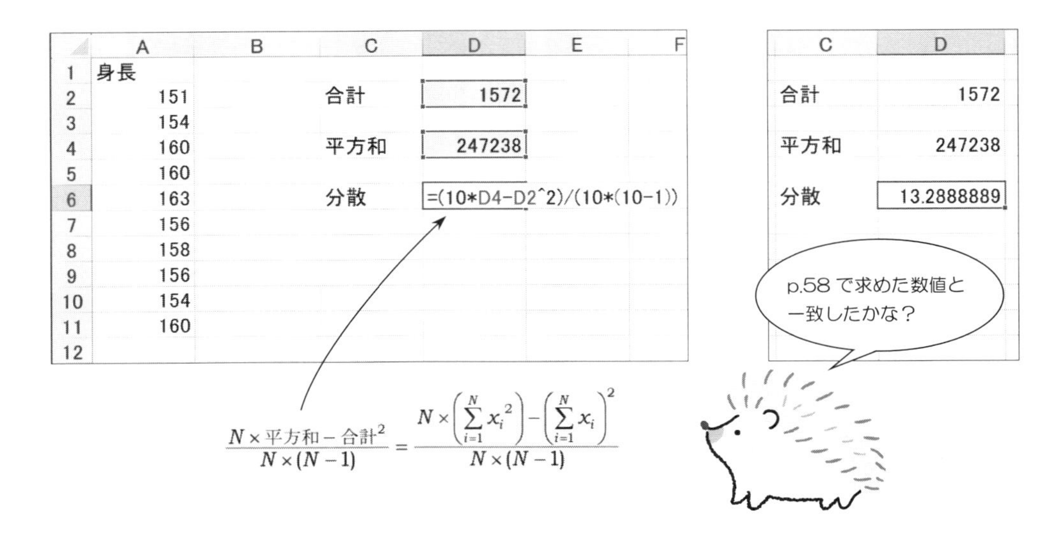

$$\frac{N\times\text{平方和}-\text{合計}^2}{N\times(N-1)}=\frac{N\times\left(\sum_{i=1}^{N}x_i{}^2\right)-\left(\sum_{i=1}^{N}x_i\right)^2}{N\times(N-1)}$$

❸ Excel 関数を利用して分散 s^2 を求める方法

手順 1　C2 をクリックし，数式 ⇨ f_x 関数の挿入 ⇨ 統計 ⇨ VAR.S ⇨ OK .

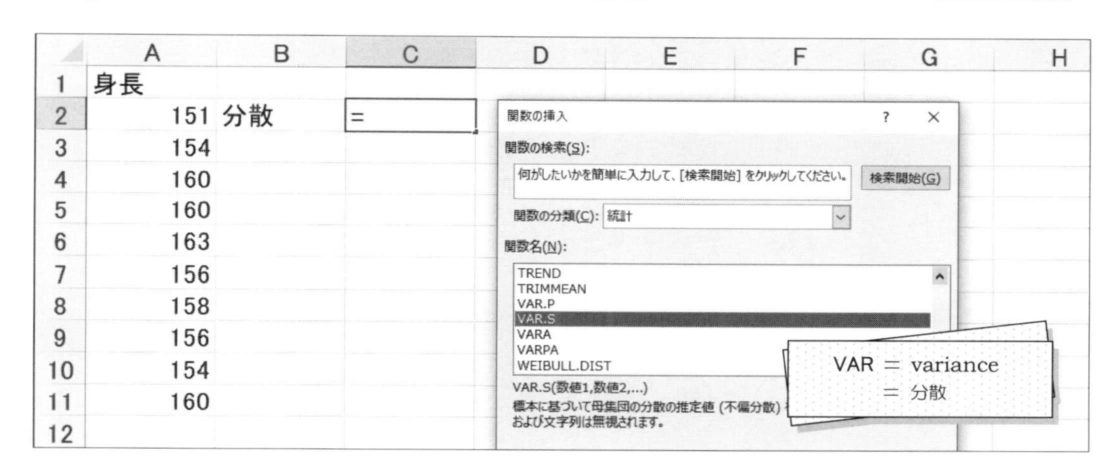

手順 2　すると，次の画面になるので，A2:A11 と入力して，OK .

関数の引数

VAR.S

数値1	A2:A11	= {151;154;160;160;163;156;158;1
数値2		= 数値

⇨　C2 のセルに，分散 s^2 = 13.2888889 が求まりました．

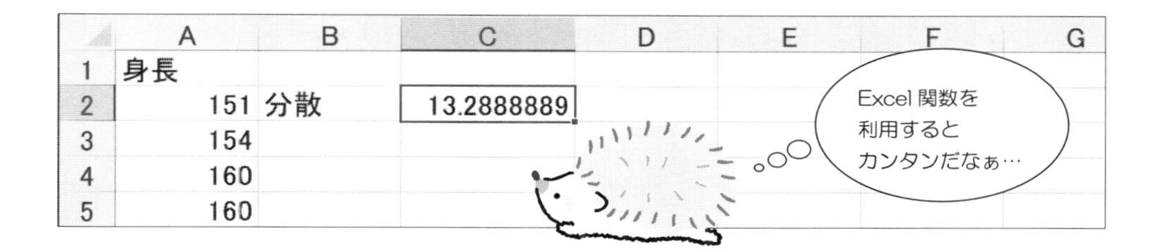

4.3 分析ツールの利用法〈基本統計量〉

手順 1 次のようにデータを入力します.

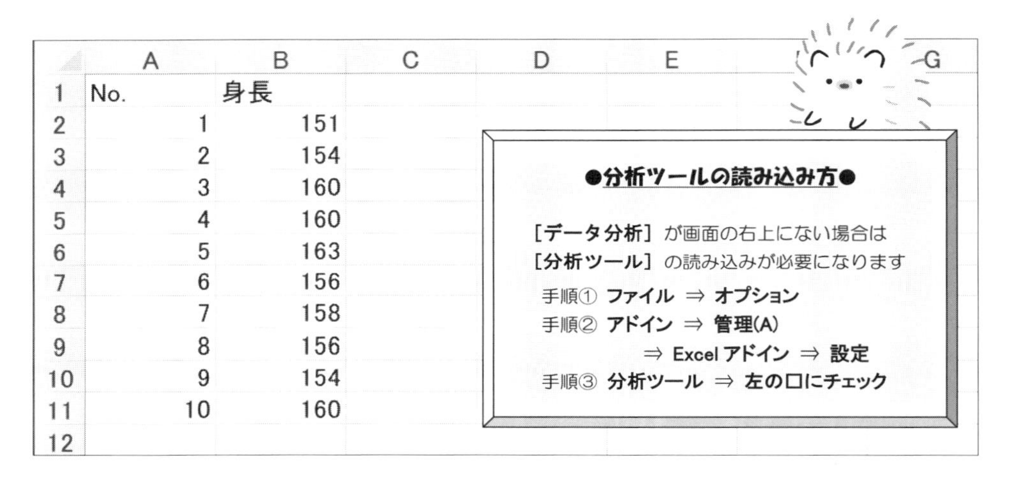

	A	B	C	D	E	F	G
1	No.	身長					
2	1	151					
3	2	154					
4	3	160					
5	4	160					
6	5	163					
7	6	156					
8	7	158					
9	8	156					
10	9	154					
11	10	160					
12							

手順 2 データ の中の データ分析 をクリックして, 分析ツール(A) の中から

基本統計量

を選択します. そして, OK .

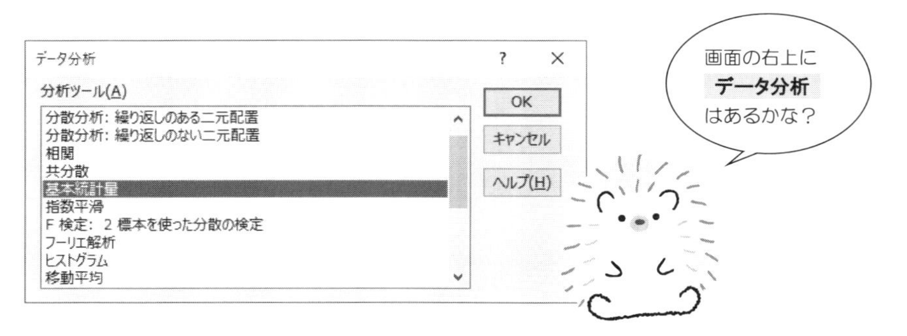

手順 3　入力範囲(I) のところに，身長のデータ B1:B11 と入力.
次のように２ケ所をクリックをして，OK .

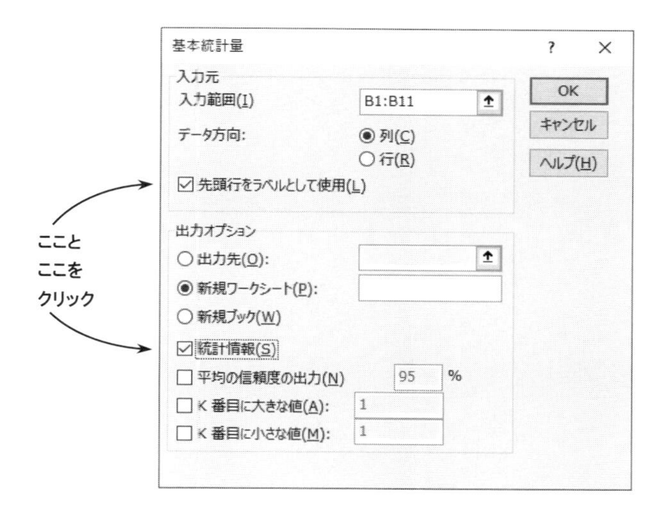

手順 4　次のように出力されたら，できあがり *!!*

	A	B	C	D	E	F	G
1	身長						
2							
3	平均	157.2					
4	標準誤差	1.15277443					
5	中央値（メジアン）	157					
6	最頻値（モード）	160					
7	標準偏差	3.64539283					
8	分散	13.2888889					
9	尖度	−0.6217452					
10	歪度	−0.1314253					
11	範囲	12					
12	最小	151					
13	最大	163					
14	合計	1572					
15	データの個数	10					
16		1					

p.58 で
求めた数値と
一致したかな？

分析ツールは
便利だね！

4.4 箱ひげ図を描いてみよう

箱ひげ図は，１変数の統計量

- 平均値と標準偏差
- 中央値と四分位範囲

などを，グラフで表現する手法です.

- 平均値 $\overline{x}$ と標準偏差 s による箱ひげ図

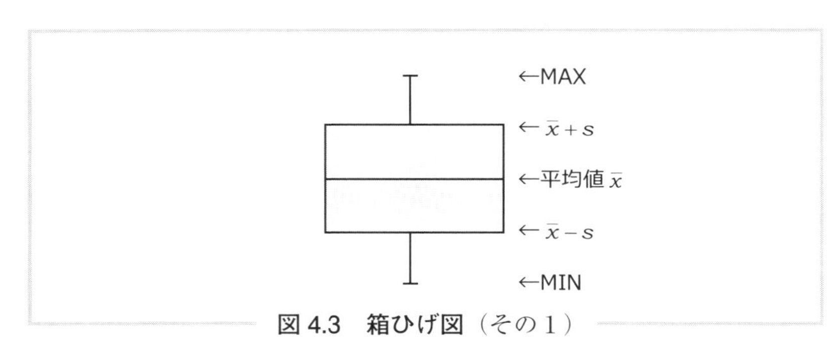

図 4.3　箱ひげ図（その１）

- 中央値と四分位範囲による箱ひげ図

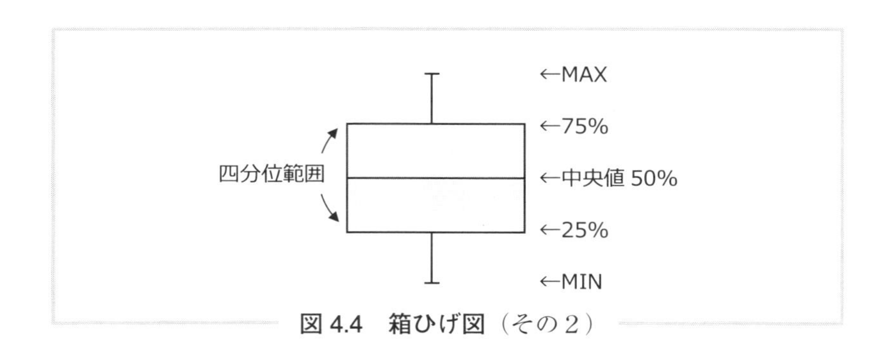

図 4.4　箱ひげ図（その２）

次のデータは，利根川と信濃川のイワナの体長のデータです．

表 4.2　イワナの体長

利根川のイワナ

No.	体長
1	165
2	194
3	212
4	130
5	206
6	165
7	182
8	160
9	247
10	178
11	122
12	195

信濃川のイワナ

No.	体長
1	180
2	240
3	180
4	285
5	235
6	164
7	270
8	152

Excel に入力

	A	B
1	利根川	信濃川
2	165	180
3	194	240
4	212	180
5	130	285
6	206	235
7	165	164
8	182	270
9	160	152
10	247	
11	178	
12	122	
13	195	

● 利根川のイワナ

平均値　$\bar{x} = 179.67$

標準偏差 $s = \ \ 34.81$

● 信濃川のイワナ

平均値　$\bar{x} = 213.25$

標準偏差 $s = \ \ 50.63$

Excel 関数による四分位数

利根川

中央値＝180.00

25%＝161.25　　75%＝203.25

信濃川

中央値＝180.00

25%＝161.25　　75%＝203.25

手順 1　データを入力したら，データ範囲を指定して，挿入 ⇨ 箱ひげ図 を選択．

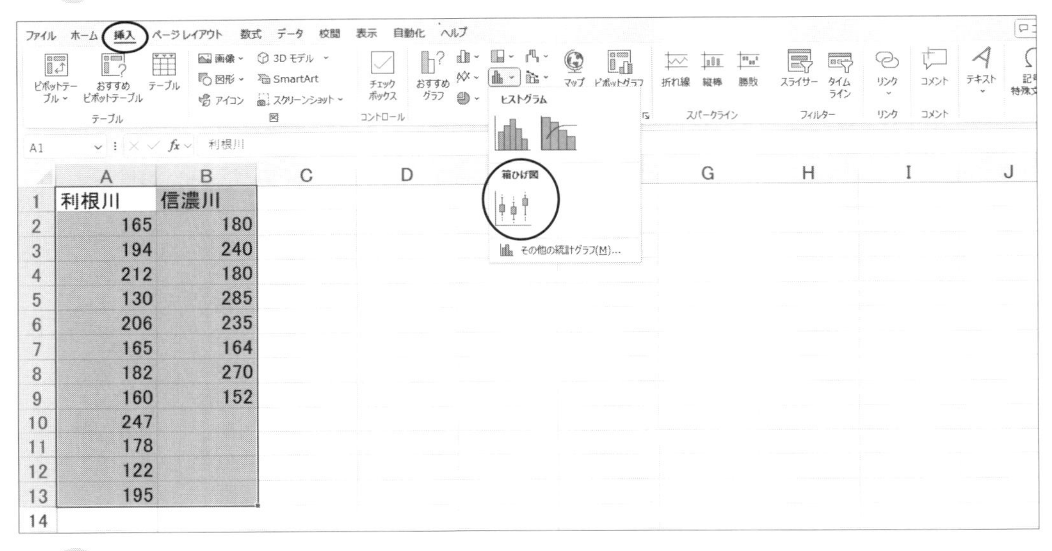

手順 2　箱ひげ図が表示されたら，デザイン から好きなデザインを選びます．

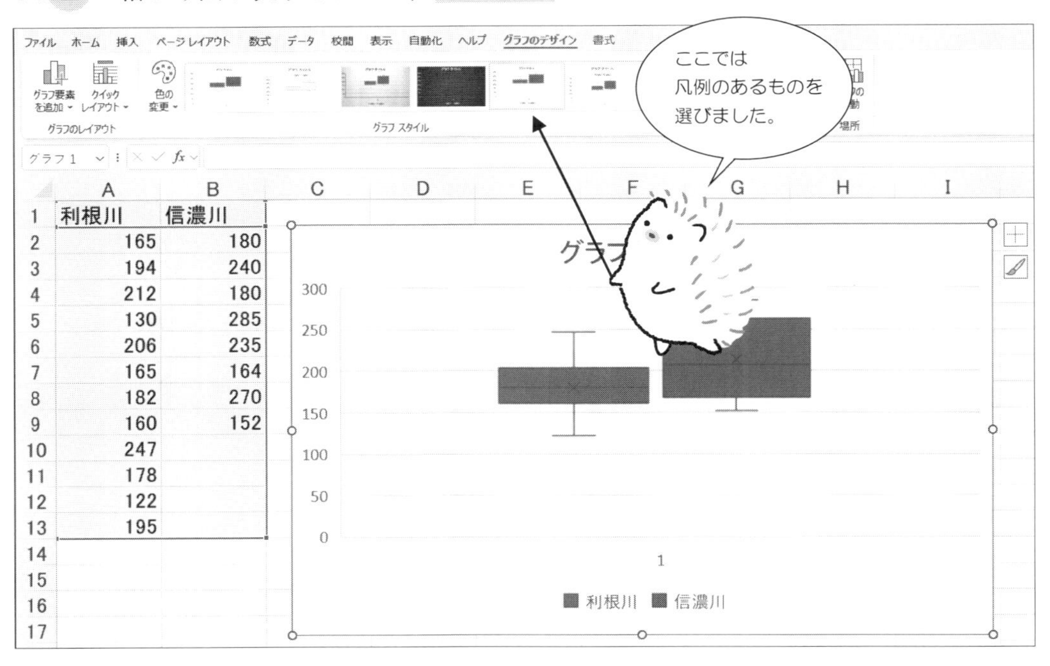

手順 3　グラフに関するいろいろな設定をするときは，
グラフ上で右クリックして，**グラフエリアの書式設定(F)** を選びます．
グラフにラベルをつけるときは，画面左上の **グラフ要素を追加** を選びます．

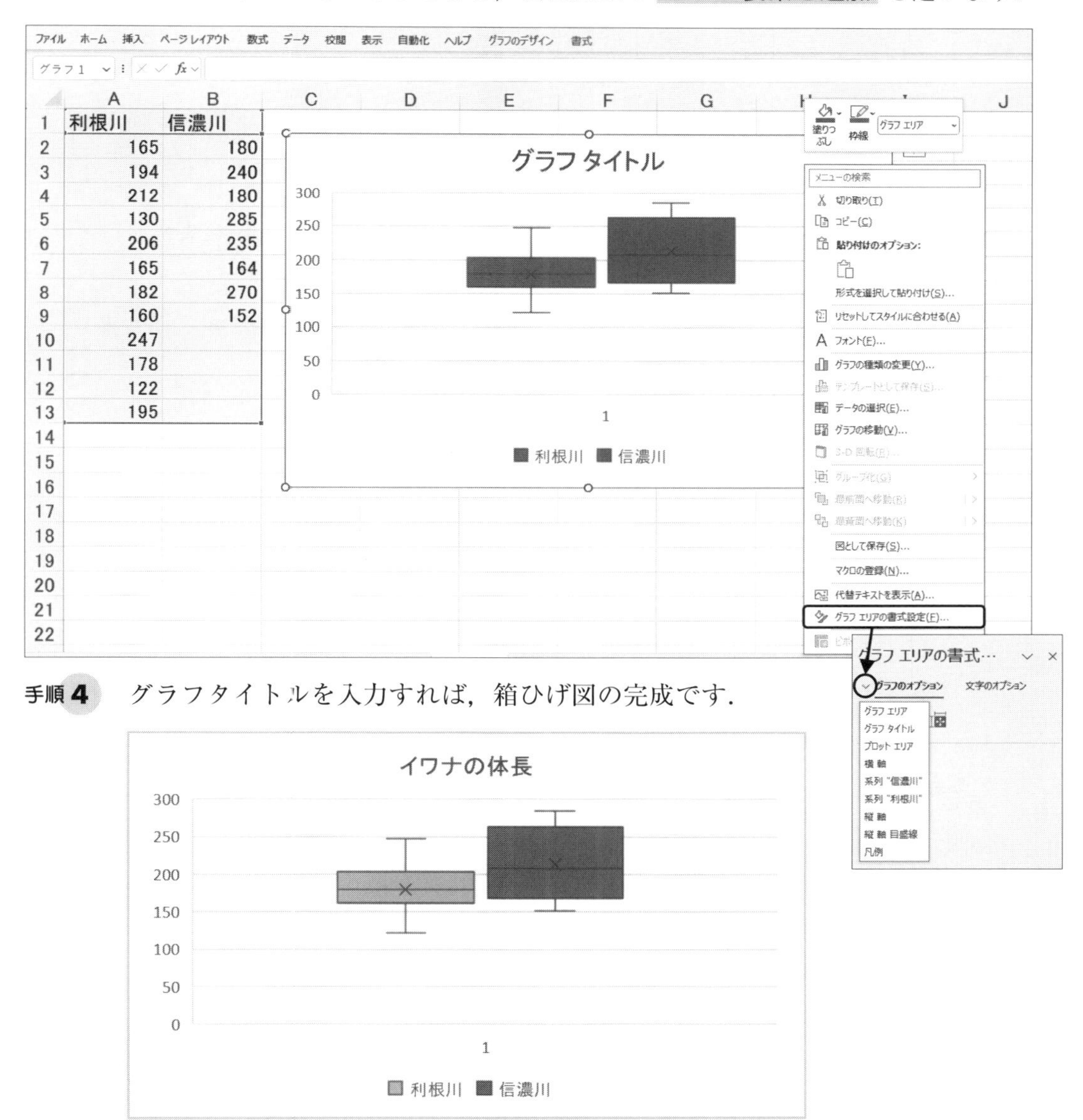

手順 4　グラフタイトルを入力すれば，箱ひげ図の完成です．

2変数のグラフ表現と統計量
◉散布図と相関係数

次のデータは，妊産婦の受診率と新生児の死亡率について調べたものです．

表 5.1　妊産婦受診率と新生児死亡率

地域名	受診率	死亡率
A	12.3	5.8
B	17.8	5.5
C	67.5	2.1
D	43.2	4.9
E	51.9	2.7
F	26.3	3.4
G	37.1	4.1
H	30.4	5.3
I	19.1	4.5
J	62.5	1.6
K	24.9	5.9
L	10.2	6.4

Excel に入力

	A	B	C
1	地域名	受診率	死亡率
2	A	12.3	5.8
3	B	17.8	5.5
4	C	67.5	2.1
5	D	43.2	4.9
6	E	51.9	2.7
7	F	26.3	3.4
8	G	37.1	4.1
9	H	30.4	5.3
10	I	19.1	4.5
11	J	62.5	1.6
12	K	24.9	5.9
13	L	10.2	6.4

これは
対応のあるデータだよ
受診率と死亡率が
対応しているよ！

データの型には
いろいろなパターンが
あるよ
付録２を見てね！

２つの変数の間の関係を調べる統計手法に

- グラフ表現 …… 散布図
- 基礎統計量 …… 相関係数

があります．

2つの変数の間の関係を視覚的にとらえるには，次の散布図が最適です!!

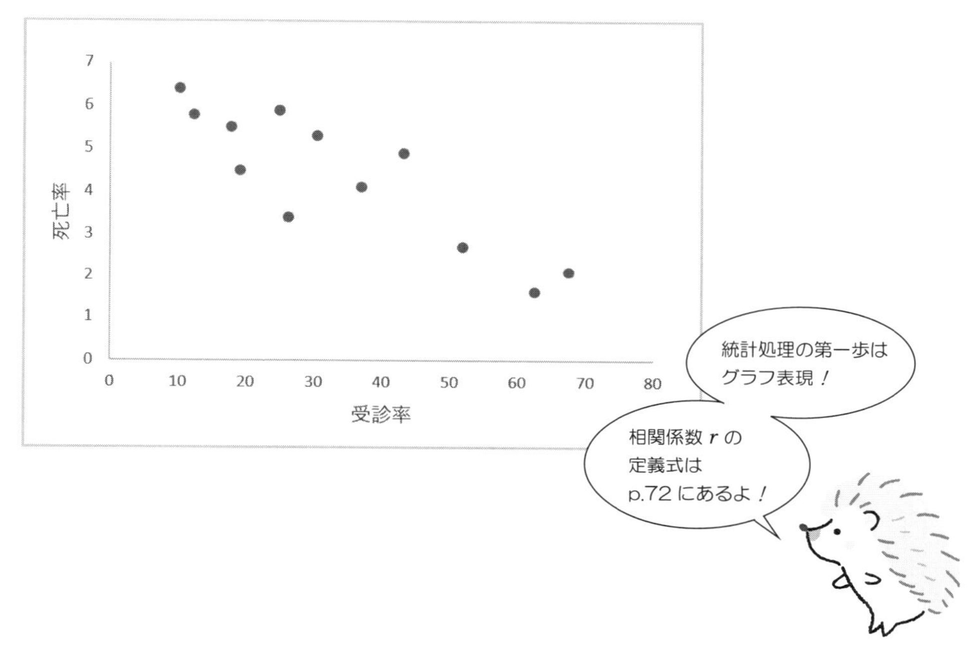

相関係数は，2つの変数の間の関係を数値で表す統計量です.

散布図と相関係数 r の間には，次のような関係があります.

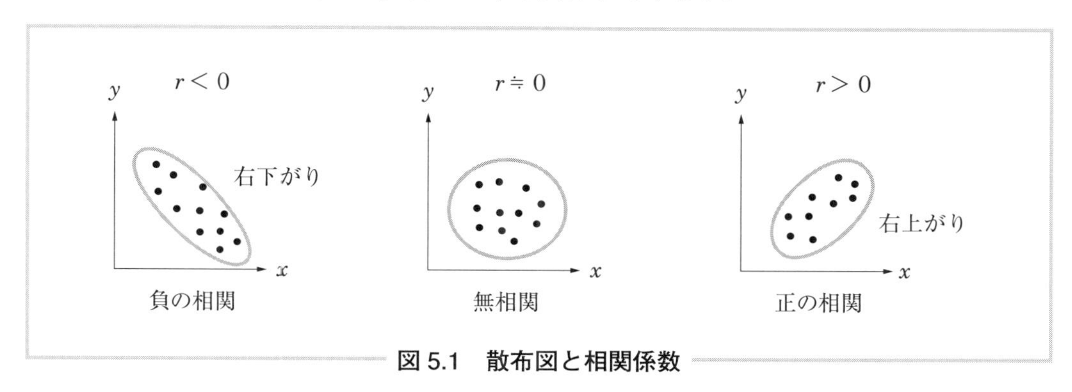

図 5.1　散布図と相関係数

5.1 散布図を描いてみよう

次の手順で散布図を描きます．

手順 1　はじめに，散布図で使うデータの範囲をドラッグして，

挿入 ⇨ 散布図 から，次のように選択します．

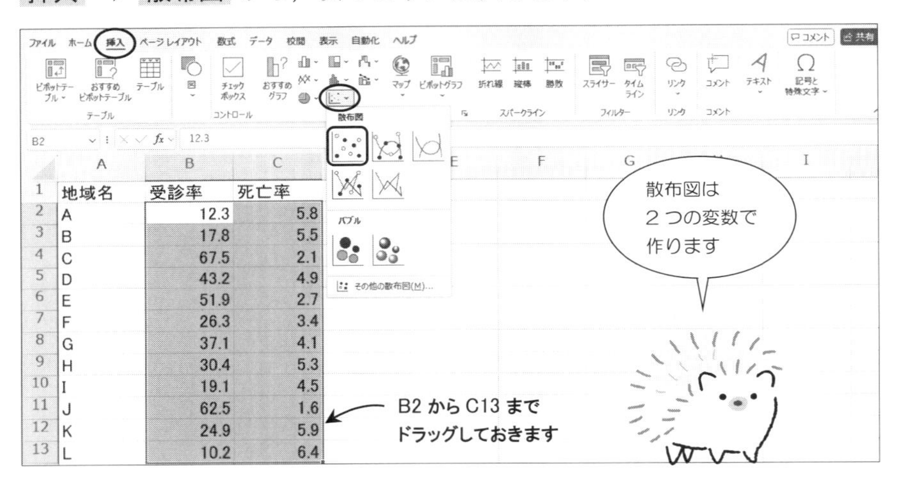

	A	B	C
1	地域名	受診率	死亡率
2	A	12.3	5.8
3	B	17.8	5.5
4	C	67.5	2.1
5	D	43.2	4.9
6	E	51.9	2.7
7	F	26.3	3.4
8	G	37.1	4.1
9	H	30.4	5.3
10	I	19.1	4.5
11	J	62.5	1.6
12	K	24.9	5.9
13	L	10.2	6.4

手順 2　散布図は描けましたが，もっと見やすくするために……

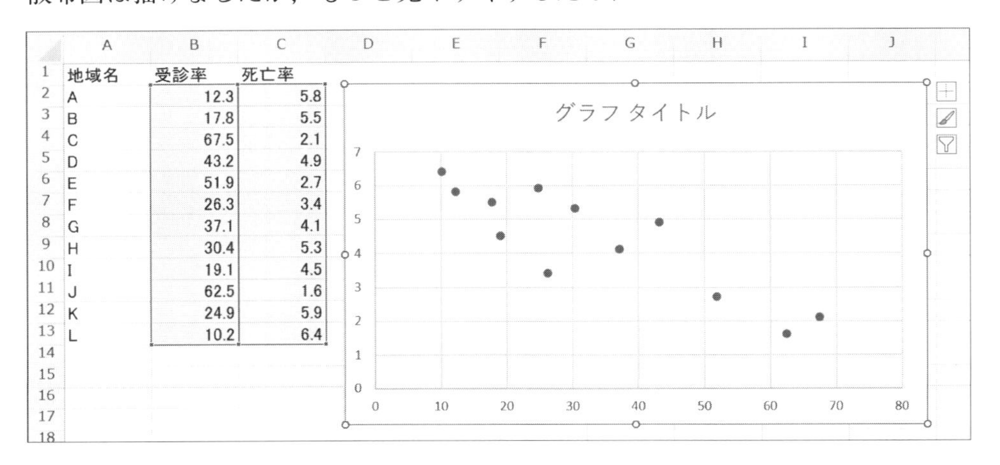

手順 3　グラフタイトルや軸タイトルを入れたり，目盛線を工夫してみましょう．

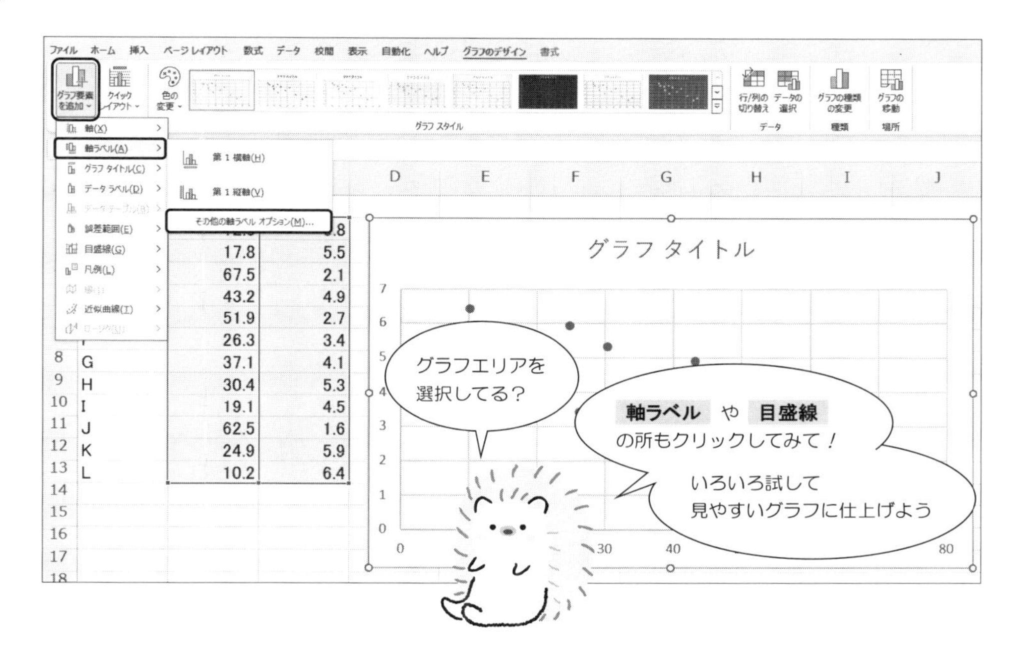

手順 4　散布図のできあがりです．

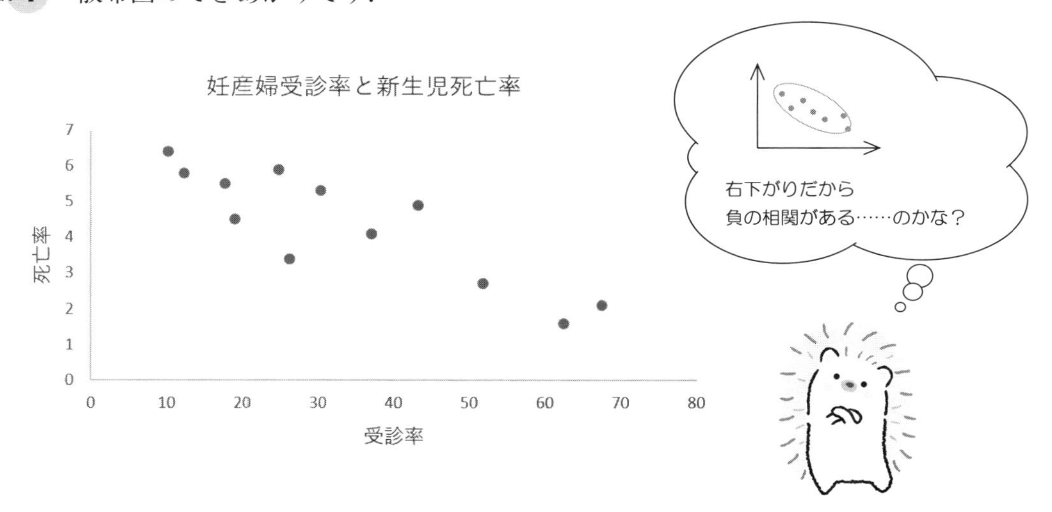

5.2 相関係数を求めてみよう

相関係数 r の求め方には，次の３通りがあります．

❶ 定義式から求める方法

$$相関係数\ r = \frac{(x_1-\overline{x})\times(y_1-\overline{y})+\cdots+(x_N-\overline{x})\times(y_N-\overline{y})}{\sqrt{(x_1-\overline{x})^2+\cdots+(x_N-\overline{x})^2}\times\sqrt{(y_1-\overline{y})^2+\cdots+(y_N-\overline{y})^2}}$$

❷ 公式から求める方法

$$相関係数\ r = \frac{N\times\left(\sum_{i=1}^{N} x_i \times y_1\right) - \left(\sum_{i=1}^{N} x_i\right)\times\left(\sum_{i=1}^{N} y_i\right)}{\sqrt{N\times\left(\sum_{i=1}^{N} x_i^2\right) - \left(\sum_{i=1}^{N} x_i\right)^2}\times\sqrt{N\times\left(\sum_{i=1}^{N} y_i^2\right) - \left(\sum_{i=1}^{N} y_i\right)^2}}$$

❸ Excel 関数を利用する方法

相関係数 r = CORREL

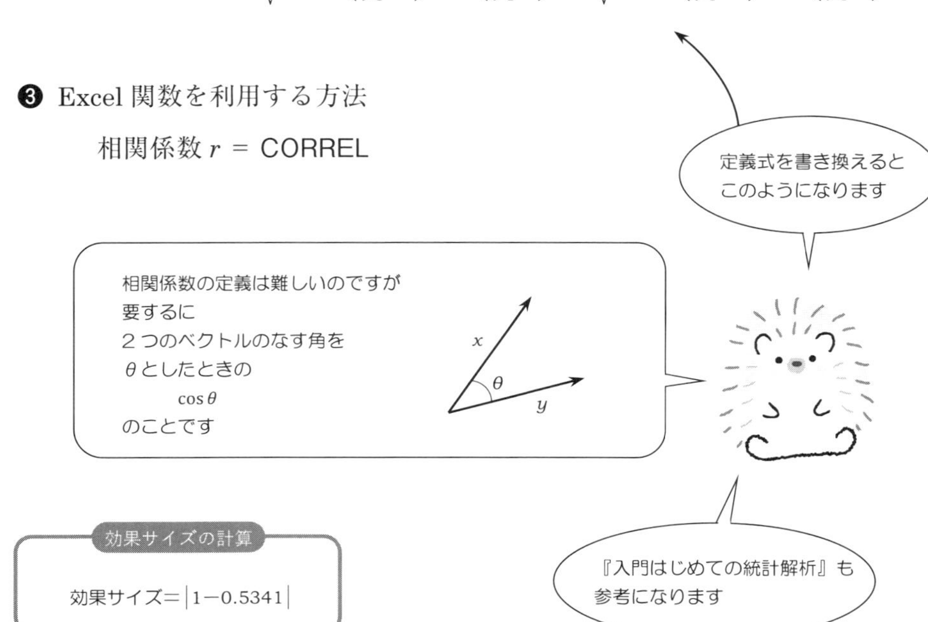

効果サイズの計算

効果サイズ＝$|1-0.5341|$

❶ 定義式から相関係数 r を求める方法

手順 1　はじめに，２つの変数の平均値 $\bar{x}$，$\bar{y}$ を求めます．

	A	B	C	D	E	F	G
1	地域名	受診率	死亡率	受診率の平均値との差	死亡率の平均値との差		
2	A	12.3	5.8				
3	B	17.8	5.5				
4	C	67.5	2.1				
5	D	43.2	4.9				
6	E	51.9	2.7				
7	F	26.3	3.4				
8	G	37.1	4.1				
9	H	30.4	5.3				
10	I	19.1	4.5				
11	J	62.5	1.6				
12	K	24.9	5.9				
13	L	10.2	6.4				
14	平均値	33.6	4.35				
15	平方和						
16	積和						
17	相関係数						
18							

平均値は関数の
AVERAGE
を使うんだったね

手順 2　次に，平均値との差を求めます．D2 のセルに ［＝B2−33.6］ と入力して，［↵］．
E2 のセルに ［＝C2−4.35］ と入力して，［↵］．

	A	B	C	D	E	F
1	地域名	受診率	死亡率	受診率の平均値との差	死亡率の平均値との差	
2	A	12.3	5.8	−21.3	1.45	
3	B	17.8	5.5			
4	C	67.5	2.1			
5	D	43.2	4.9			
6	E	51.9	2.7			
7	F	26.3	3.4			
8	G	37.1	4.1			
9	H	30.4	5.3			
10	I	19.1	4.5			
11	J	62.5	1.6			
12	K	24.9	5.9			
13	L	10.2	6.4			
14	平均値	33.6	4.35			
15	平方和					
16	積和					
17	相関係数					

どちらも平均値との差だよ！

$$-21.3 = \mathrm{B2} - 33.6$$
$$= x_1 - \bar{x}$$

$$1.45 = \mathrm{C2} - 4.35$$
$$= y_1 - \bar{y}$$

手順 3　２つの数式をコピーして，残りのセルに貼り付けます．

まず，D2 と E2 をドラッグして，**コピー**．

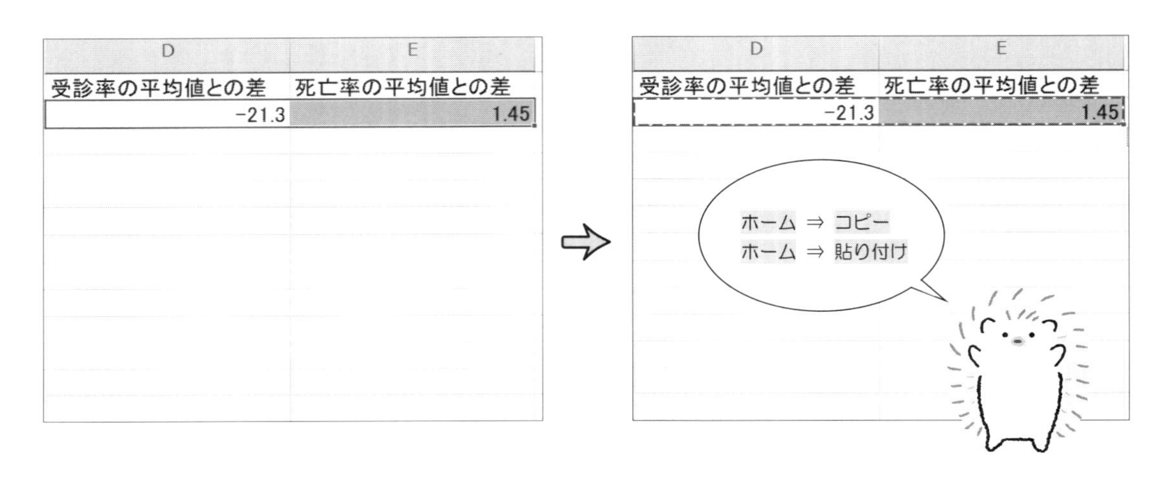

⇨　続いて，D3 から E13 までドラッグして，**貼り付け**．

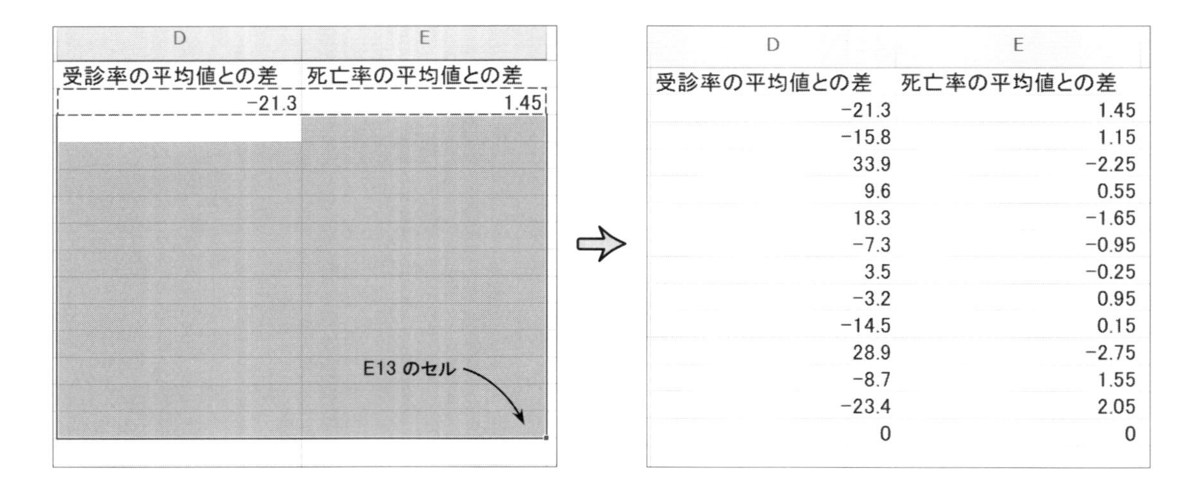

受診率の平均値との差	死亡率の平均値との差
−21.3	1.45
−15.8	1.15
33.9	−2.25
9.6	0.55
18.3	−1.65
−7.3	−0.95
3.5	−0.25
−3.2	0.95
−14.5	0.15
28.9	−2.75
−8.7	1.55
−23.4	2.05
0	0

手順 4　次に，D2 から D13 までの平方和 ＝SUMSQ(D2:D13) を求めて D15 に！
E2 から E13 までの平方和を ＝SUMSQ(E2:E13) 求めて E15 に！

	A	B	C	D	E	F
1	地域名	受診率	死亡率	受診率の平均値との差	死亡率の平均値との差	
2	A	12.3	5.8	−21.3	1.45	
3	B	17.8	5.5	−15.8	1.15	
4	C	[illegible]	2.1	33.9	−2.25	
5	D	[illegible]	4.9	9.6	0.55	
6	E	[illegible]	2.7	18.3	−1.65	
7	F	[illegible]	3.4	−7.3	−0.95	
8	G	[illegible]	4.1	3.5	−0.25	
9	H	[illegible]	5.3	−3.2	0.95	
10	I	[illegible]	4.5	−14.5	0.15	
11	J	62.5	1.6	28.9	−2.75	
12	K	24.9	5.9	−8.7	1.55	
13	L	10.2	6.4	−23.4	2.05	
14	平均値	[illegible]	4.35	0	0	
15	平方和			4024.08	27.57	
16	積和					
17	相関係数					

$\sum_{i=1}^{N}(x_i-\bar{x})^2$ → 4024.08　　$\sum_{i=1}^{N}(y_i-\bar{y})^2$ → 27.57

２乗和（＝平方和）の求め方は
f_x ⇒ **数学/三角** ⇒ **SUMSQ**

手順 5　次に，B16 をクリック．D 列と E 列の積和を求めます．
数式 ⇨ f_x 関数の挿入 ⇨ 数学/三角 ⇨ SUMPRODUCT ⇨ OK .

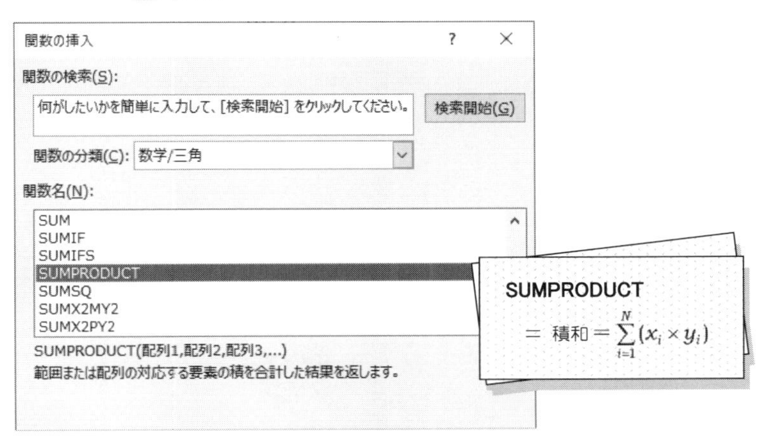

手順 6 次のように，２つのワクの中に入力して，［OK］．

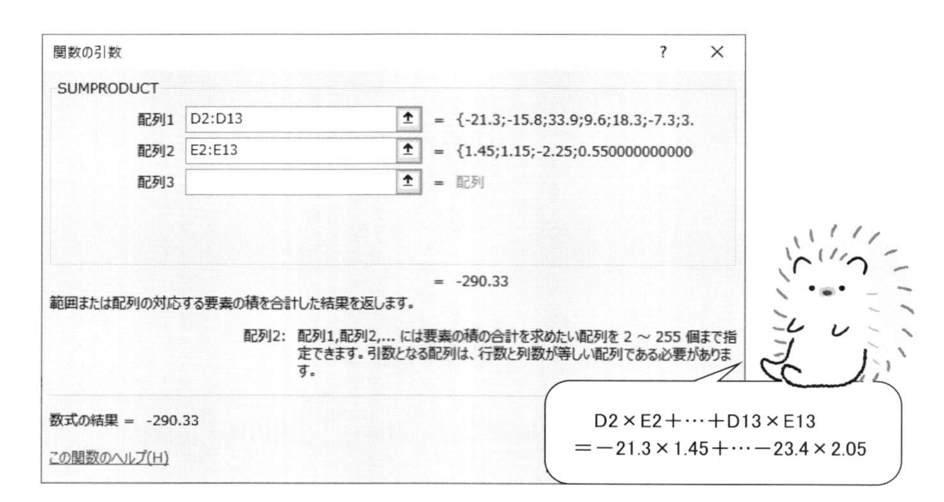

⇒ これが積和です！

	A	B	C	D	E	F	G
1	地域名	受診率	死亡率	受診率の平均値との差	死亡率の平均値との差		
2	A	12.3	5.8	−21.3	1.45		
3	B	17.8	5.5	−15.8	1.15		
4	C	67.5	2.1	33.9	−2.25		
5	D	43.2	4.9	9.6	0.55		
6	E	51.9	2.7	18.3	−1.65		
7	F	26.3	3.4	−7.3	−0.95		
8	G	37.1	4.1	3.5	−0.25		
9	H	30.4	5.3	−3.2	0.95		
10	I	19.1	4.5	−14.5	0.15		
11	J	62.5	1.6	28.9	−2.75		
12	K	24.9	5.9	−8.7	1.55		
13	L	10.2	6.4	−23.4	2.05		
14	平均値	33.6	4.35	0	0		
15	平方和			4024.08	27.57		
16	積和	−290.33					
17	相関係数						
18							

← $=\sum_{i=1}^{N}(x_i-\bar{x})\times(y_i-\bar{y})$

手順 7　B17 のセルに ＝B16/SQRT(D15＊E15) と入力して……

	A	B	C	D	E	F
1	地域名	受診率	死亡率	受診率の平均値との差	死亡率の平均値との差	
2	A	12.3	5.8	−21.3	1.4[illegible]	
3	B	17.8	5.5	−15.8	1.15	
4	C	67.5	2.1	33.9	−2.25	
5	D	43.2	4.9	9.6	0.55	
6	E	51.9	2.7	18.3	[illegible]	
7	F	26.3	3.4	−7.3	[illegible]	
8	G	37.1	4.1	3.5	[illegible]	
9	H	30.4	5.3	−3.2	[illegible]	
10	I	19.1	4.5	−14.5	[illegible]	
11	J	62.5	1.6	28.9	[illegible]	
12	K	24.9	5.9	−8.7	[illegible]	
13	L	10.2	6.4	−23.4	2.05	
14	平均値	33.6	4.35	0	0	
15	平方和			4024.08	27.57	
16	積和	−290.33				
17	相関係数	=B16/SQRT(D15*E15)				
18						

$$\frac{\text{B16}}{\sqrt{\text{D15}\times\text{E15}}}=\frac{\text{B16}}{\sqrt{\text{D15}}\times\sqrt{\text{E15}}}$$

SQRT ＝ 平方根
＝ √
付録 1 も参照してね！

⇨ ⏎ を押せば，相関係数のできあがりです．

	A	B	C	D	E	F	G
1	地域名	受診率	死亡率	受診率の平均値との差	死亡率の平均値との差		
2	A	12.3	5.8	−21.3	1.45		
3	B	17.8	5.5	−15.8	1.15		
4	C	67.5	2.1	33.9	−2.25		
5	D	43.2	4.9	9.6	0.55		
6	E	51.9	2.7	18.3	−1.65		
7	F	26.3	3.4	−7.3	−0.95		
8	G	37.1	4.1	3.5	−0.25		
9	H	30.4	5.3	[illegible]	0.95		
10	I	19.1	4.5	[illegible]	0.15		
11	J	62.5	1.6	[illegible]	−2.75		
12	K	24.9	5.9	[illegible]	1.55		
13	L	10.2	6.4	[illegible]	2.05		
14	平均値	33.6	4.35	[illegible]	0		
15	平方和			4024.08	27.57		
16	積和	−290.33					
17	相関係数	−0.8716					
18							

ここが相関係数 r だよ
$r < 0$ だから負の相関だね
図 5.1 で確認しよう！

❷ 公式から相関係数 r を求める方法

次の手順で，相関係数 r を求めてみましょう．

手順 1　データと 合計，平方和，積和，相関係数 を入力しておきます．

B14 のセルをクリックして，数式 ⇨ Σオート SUM をダブルクリック．

すると，B2 から B13 までの合計が求まります．

同じようにして，C14 のセルに，C2 から C13 までの合計を求めます．

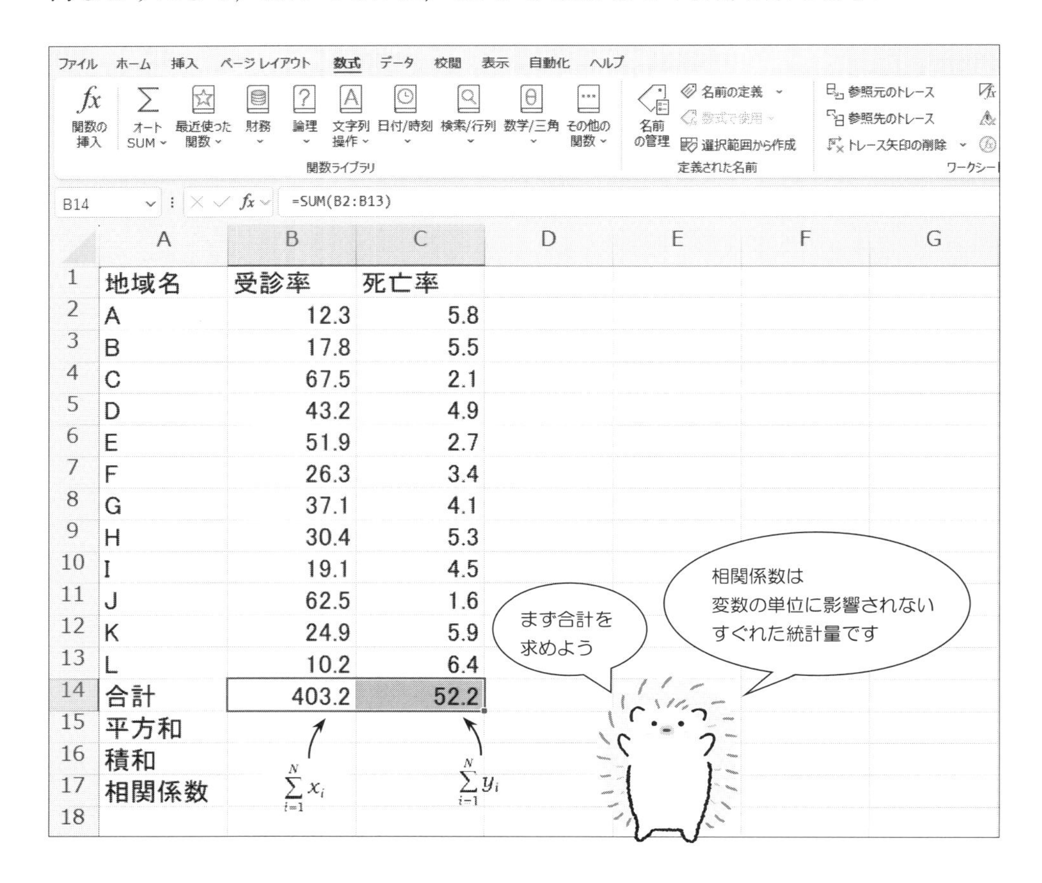

	A	B	C
1	地域名	受診率	死亡率
2	A	12.3	5.8
3	B	17.8	5.5
4	C	67.5	2.1
5	D	43.2	4.9
6	E	51.9	2.7
7	F	26.3	3.4
8	G	37.1	4.1
9	H	30.4	5.3
10	I	19.1	4.5
11	J	62.5	1.6
12	K	24.9	5.9
13	L	10.2	6.4
14	合計	403.2	52.2
15	平方和		
16	積和		
17	相関係数		
18			

手順 2 次に，B15 のセルをクリック．

f_x 関数の挿入 ⇨ 数学/三角 ⇨ SUMSQ ⇨ OK をクリックして，

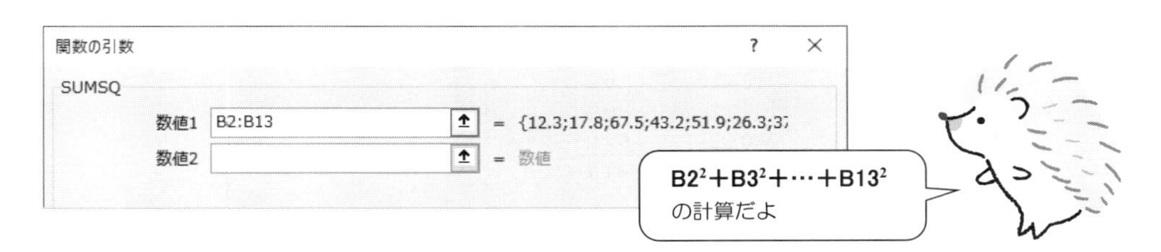

$B2^2+B3^2+\cdots+B13^2$
の計算だよ

⇨ と入力したら，OK．

10	I	19.1	4.5
11	J	62.5	1.6
12	K	24.9	5.9
13	L	10.2	6.4
14	合計	403.2	52.2
15	平方和	17571.6	
16	積和		
17	相関係数		
18			

$\sum_{i=1}^{N} x_i{}^2$

手順 3 次に，C15 のセルをクリック．

f_x 関数の挿入 ⇨ 数学/三角 ⇨ SUMSQ ⇨ OK をクリックして，
次のように入力します．

関数の引数
SUMSQ
数値1 C2:C13 = {5.8;5.5;2.1;4.9;2.7;3.4;4.1;5.3;4
数値2 = 数値

$C2^2+C3^2+\cdots+C13^2$
のことだね！

 OK をクリックすると……

9	H	30.4	5.3
10	I	19.1	4.5
11	J	62.5	1.6
12	K	24.9	5.9
13	L	10.2	6.4
14	合計	403.2	52.2
15	平方和	17571.6	254.64
16	積和		
17	相関係数		
18			

17571.6 ← $\sum_{i=1}^{N} x_i^2$

254.64 ← $\sum_{i=1}^{N} y_i^2$

手順 4 次に B16 のセルをクリック．

fx 関数の挿入 ⇨ 数学/三角 ⇨ SUMPRODUCT ⇨ OK をクリックして，次のように入力します．

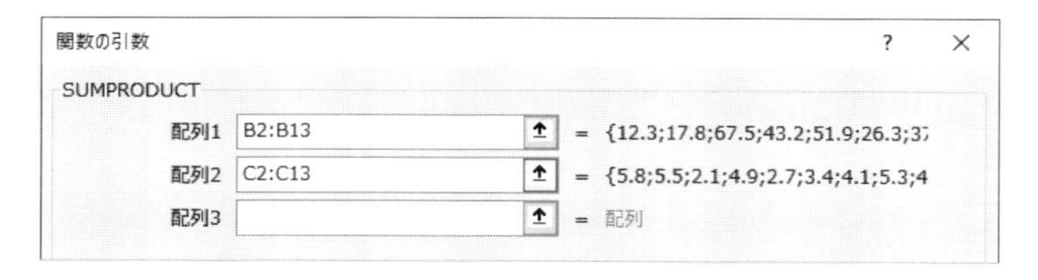

OK をクリックすると，積和が求められます．

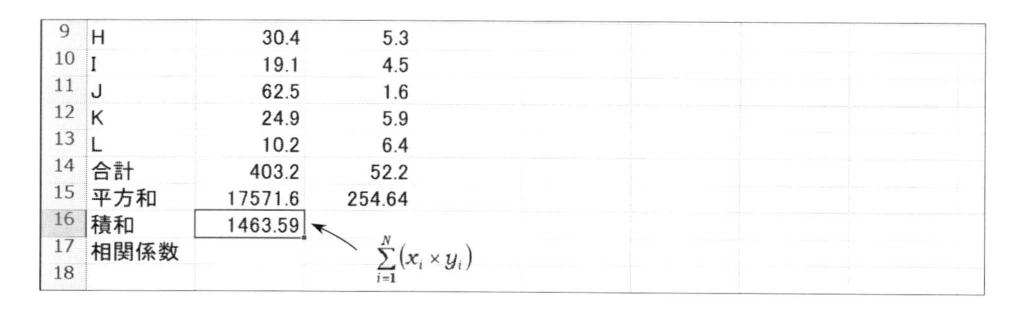

9	H	30.4	5.3
10	I	19.1	4.5
11	J	62.5	1.6
12	K	24.9	5.9
13	L	10.2	6.4
14	合計	403.2	52.2
15	平方和	17571.6	254.64
16	積和	1463.59	
17	相関係数		
18			

1463.59 ← $\sum_{i=1}^{N}(x_i \times y_i)$

手順 5 いろいろな合計が求まりました．最後に B17 のセルをクリックして，

次の長〜〜〜い式

```
=(12*B16-B14*C14)/SQRT((12*B15-B14^2)*(12*C15-C14^2))
```

を入力しましょう．

9	H	30.4	5.3
10	I	19.1	4.5
11	J	62.5	1.6
12	K	24.9	5.9
13	L	10.2	6.4
14	合計	403.2	52.2
15	平方和	17571.6	254.64
16	積和	1463.59	
17	相関係数	=(12*B16-B14*C14)/SQRT((12*B15-B14^2)*(12*C15-C14^2))	
18			

入力注意！

$N=12$

⇨ すると，相関係数 r が求まります．

定義式から求めた値と一致していますか？

	A	B	C	D	E	F	G	H	I
1	地域名	受診率	死亡率						
2	A	12.3	5.8						
3	B	17.8	5.5						
4	C	67.5	2.1						
5	D	43.2	4.9						
6	E	51.9	2.7						
7	F	26.3	3.4						
8	G	37.1	4.1						
9	H	30.4	5.3						
10	I	19.1	4.5						
11	J	62.5	1.6						
12	K	24.9	5.9						
13	L	10.2	6.4						
14	合計	403.2	52.2						
15	平方和	17571.6	254.64						
16	積和	1463.59							
17	相関係数	−0.8716							
18									

$$r=\frac{N\times\left(\sum_{i=1}^{N}x_i\times y_i\right)-\left(\sum_{i=1}^{N}x_i\right)\times\left(\sum_{i=1}^{N}y_i\right)}{\sqrt{N\times\left(\sum_{i=1}^{N}x_i^2\right)-\left(\sum_{i=1}^{N}x_i\right)^2}\times\sqrt{N\times\left(\sum_{i=1}^{N}y_i^2\right)-\left(\sum_{i=1}^{N}y_i\right)^2}}$$

❸ Excel 関数を利用して相関係数 r を求める方法

次の手順で，相関係数 r を求めてみましょう．

手順 1 B15 のセルをクリックしておきます．

数式 ⇨ *fx* 関数の挿入 ⇨ 統計 ⇨ CORREL を選択して，

OK をクリック．

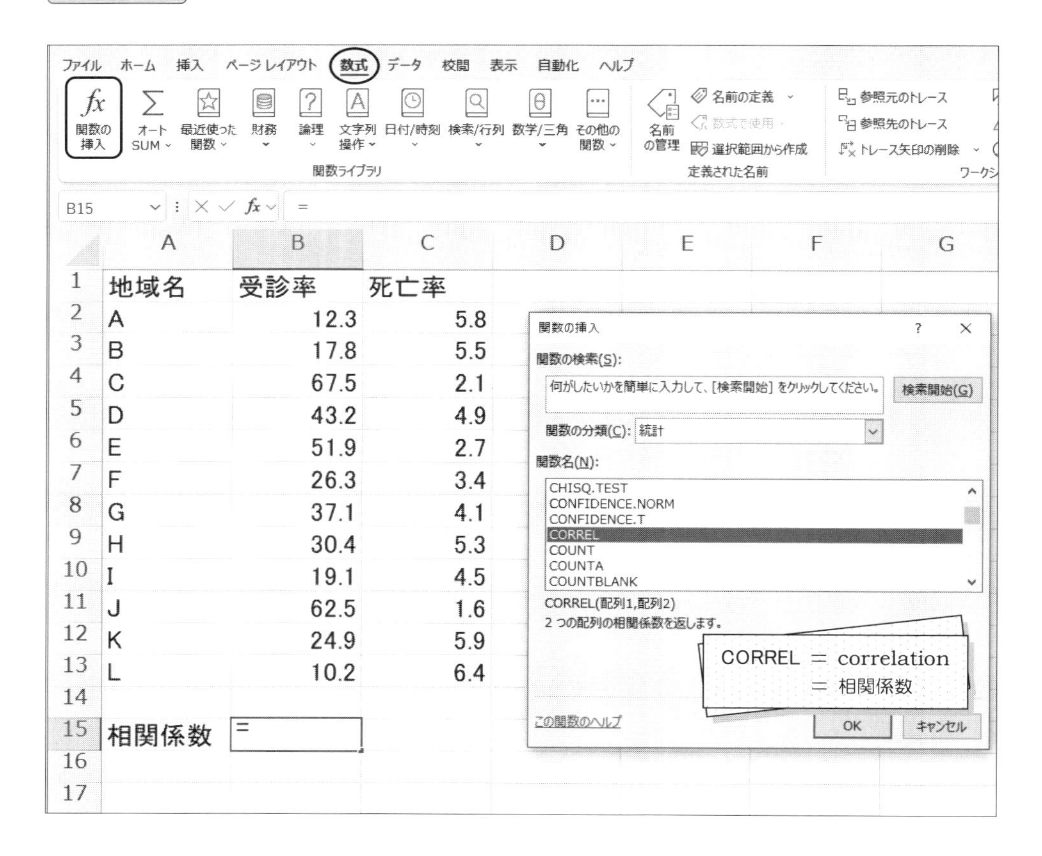

	A	B	C
1	地域名	受診率	死亡率
2	A	12.3	5.8
3	B	17.8	5.5
4	C	67.5	2.1
5	D	43.2	4.9
6	E	51.9	2.7
7	F	26.3	3.4
8	G	37.1	4.1
9	H	30.4	5.3
10	I	19.1	4.5
11	J	62.5	1.6
12	K	24.9	5.9
13	L	10.2	6.4
14			
15	相関係数	=	

手順 2 次のように入力して，OK をクリック．

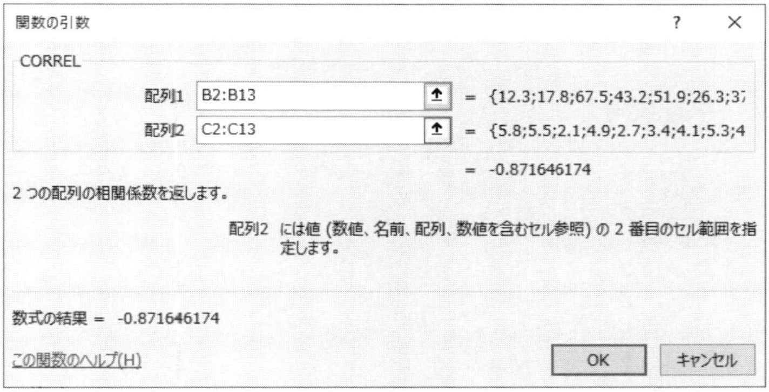

関数の引数

CORREL

配列1 B2:B13 = {12.3;17.8;67.5;43.2;51.9;26.3;3

配列2 C2:C13 = {5.8;5.5;2.1;4.9;2.7;3.4;4.1;5.3;4

= -0.871646174

2 つの配列の相関係数を返します。

配列2 には値 (数値、名前、配列、数値を含むセル参照) の 2 番目のセル範囲を指定します。

数式の結果 = -0.871646174

この関数のヘルプ(H)　OK　キャンセル

手順 3 すると，B15 のセルの値が －0.8716 となります．

	A	B	C	D	E	F	G
1	地域名	受診率	死亡率				
2	A	12.3	5.8				
3	B	17.8	5.5				
4	C	67.5	2.1				
5	D	43.2	4.9				
6	E	51.9	2.7				
7	F	26.3	3.4				
8	G	37.1	4.1				
9	H	30.4	5.3				
10	I	19.1	4.5				
11	J	62.5	1.6				
12	K	24.9	5.9				
13	L	10.2	6.4				
14							
15	相関係数	−0.8716					
16							

相関係数 r が求まりました！

Excel 関数は便利だね！

5.3 分析ツールの利用法〈相関〉

手順 1 次のようにデータを入力します.

	A	B	C	D	E	F	G	H
1	地域名	受診率	死亡率					
2	A	12.3	5.8					
3	B	17.8	5.5					
4	C	67.5	2.1					
5	D	43.2	4.9					
6	E	51.9	2.7					
7	F	26.3	3.4					
8	G	37.1	4.1					
9	H	30.4	5.3					
10	I	19.1	4.5					
11	J	62.5	1.6					
12	K	24.9	5.9					
13	L	10.2	6.4					
14								

このデータは
対応のある２変数データ
だったよね
受診率 ⇔ 死亡率

手順 2 データ の中の データ分析 をクリック. 分析ツール(A) の中から

相関

を選択したら, OK .

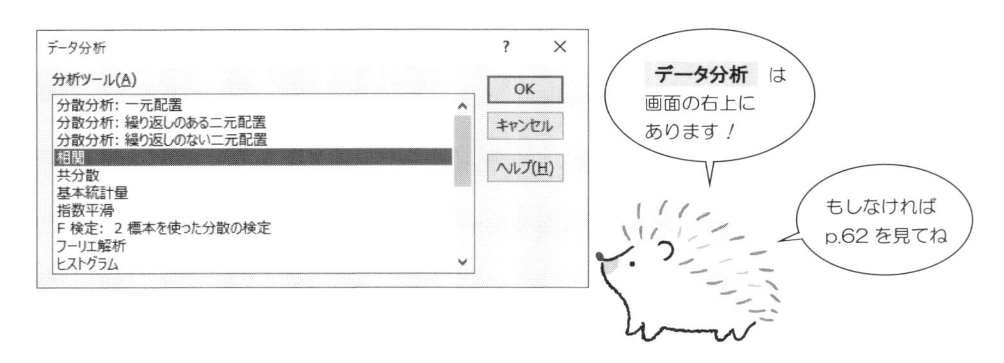

手順 3　入力範囲(I) のところに，受診率と死亡率のデータ B1:C13 を入力．
次のようにクリックをしたら， OK ．

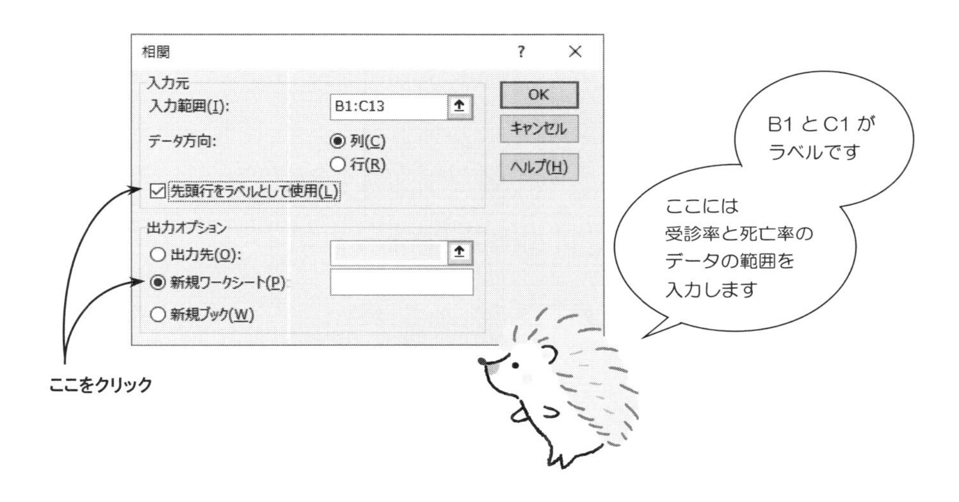

手順 4　次のように出力されたら，できあがりです！

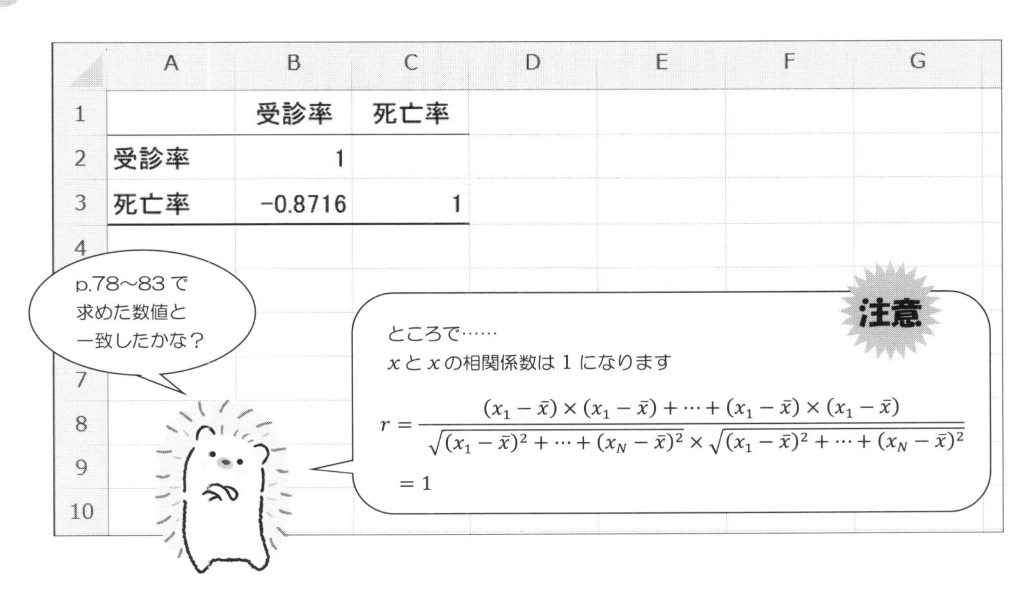

	A	B	C	D	E	F	G
1		受診率	死亡率				
2	受診率	1					
3	死亡率	−0.8716	1				
4							

$$r = \frac{(x_1 - \bar{x}) \times (x_1 - \bar{x}) + \cdots + (x_1 - \bar{x}) \times (x_1 - \bar{x})}{\sqrt{(x_1 - \bar{x})^2 + \cdots + (x_N - \bar{x})^2} \times \sqrt{(x_1 - \bar{x})^2 + \cdots + (x_N - \bar{x})^2}}$$

$$= 1$$

6章 回帰直線とその予測

◉はじめての回帰分析入門

次のデータは，一流企業 10 社における宣伝広告費と売上高を調査した結果です.

表 6.1　企業の戦略

No.	宣伝広告費 x	売上高 y
1	107	286
2	336	851
3	233	589
4	82	389
5	61	158
6	378	1037
7	129	463
8	313	563
9	142	372
10	428	1020

Excel に入力

	A	B
1	宣伝広告費	売上高
2	107	286
3	336	851
4	233	589
5	82	389
6	61	158
7	378	1037
8	129	463
9	313	563
10	142	372
11	428	1020
12		

2つの変数の関係を，次の1次式

$$Y = a + b \times x$$

の形で求めてみましょう.

この1次式 $Y = a + b \times x$ が求まると，

x の値から y の値を予測することができます.

x を独立変数，y を従属変数

といいます.

散布図と回帰直線 $Y = a + b \times x$ の関係は，図 6.1 のようになります.

6.1 回帰直線を求めてみよう

散布図と回帰直線 $Y = a + b \times x$ を同時に描くと……

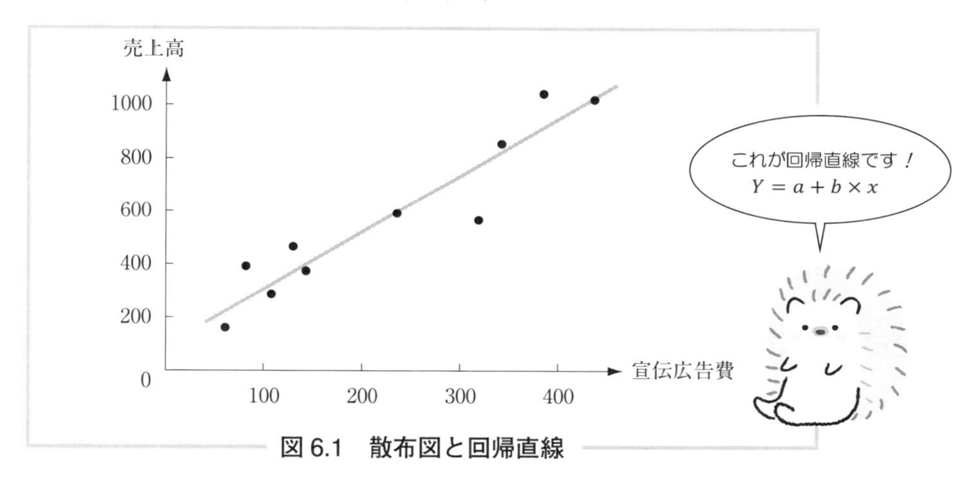

図 6.1　散布図と回帰直線

この回帰直線 $Y = a + b \times x$ の求め方には，次の２通りがあります.

❶ 公式を利用して求める方法

$$傾き\ b = \frac{N \times \left(\sum_{i=1}^{N} x_i \times y_i\right) - \left(\sum_{i=1}^{N} x_i\right) \times \left(\sum_{i=1}^{N} y_i\right)}{N \times \left(\sum_{i=1}^{N} x_i^2\right) - \left(\sum_{i=1}^{N} x_i\right)^2}$$

$$切片\ a = \frac{\left(\sum_{i=1}^{N} x_i^2\right) \times \left(\sum_{i=1}^{N} y_i\right) - \left(\sum_{i=1}^{N} x_i \times y_i\right) \times \left(\sum_{i=1}^{N} x_i\right)}{N \times \left(\sum_{i=1}^{N} x_i^2\right) - \left(\sum_{i=1}^{N} x_i\right)^2}$$

❷ Excel 関数を利用して求める方法

直線の傾き b = SLOPE

直線の切片 a = INTERCEPT

❶ 公式を利用して回帰直線を求める方法

手順 1 データを入力したら

E2 のセルに ＝SUM(A2:A11)

E3 のセルに ＝SUM(B2:B11)

と入力して，⏎．

	A	B	C	D	E	F	G	H
1	宣伝広告費	売上高						
2	107	286		広告費の合計	2209			
3	336	851		売上高の合計	5728			
4	233	589						
5	82	389		平方和				
6	61	158		積和				
7	378	1037						
8	129	463		傾き				
9	313	563		切片				
10	142	372						
11	428	1020						
12								

$\sum_{i=1}^{N} x_i$ ← 2209

$\sum_{i=1}^{N} y_i$ ← 5728

つまり
合計ってこと

手順 2 次に，E5 のセルをクリック．

数式 ⇨ f_x 関数の挿入 ⇨ 数学/三角 ⇨ SUMSQ ⇨ OK．

すると，次の画面が現れるので，A2:A11 と入力して，OK．

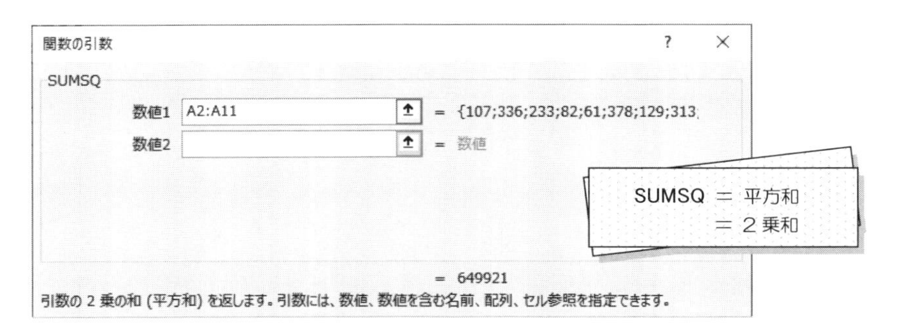
関数の引数 ? ×

SUMSQ

数値1 A2:A11 = {107;336;233;82;61;378;129;313;

数値2 = 数値

= 649921

引数の 2 乗の和 (平方和) を返します。引数には、数値、数値を含む名前、配列、セル参照を指定できます。

⇨ 次のように，平方和が求まりました．

	A	B	C	D	E	F	G
1	宣伝広告費	売上高					
2	107	286		広告費の合計	2209		
3	336	851		売上高の合計	5728		
4	233	589					
5	82	389		平方和	649921		
6	61	158		積和			
7	378	1037					
8	129	463		傾き			
9	313	563		切片			
10	142	372					
11	428	1020					

$\sum_{i=1}^{N} x_i^2$

手順 3 続いて，E6 のセルをクリック．

fx 関数の挿入 ⇨ 数学/三角 ⇨ SUMPRODUCT ⇨ OK .

次のように入力したら， OK .

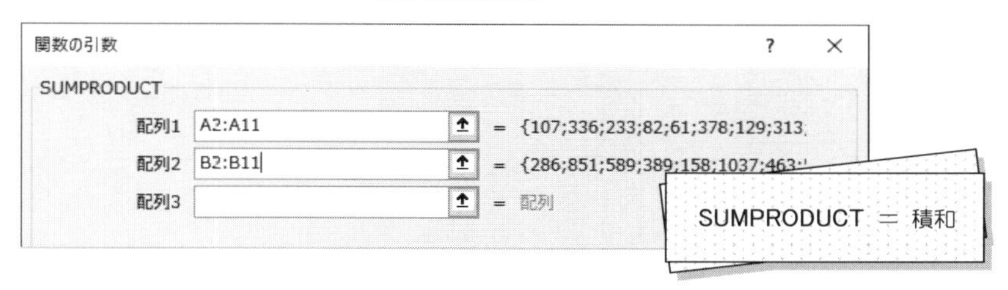

⇨ すると，積和が求まりました．

	A	B	C	D	E	F	G	H
1	宣伝広告費	売上高						
2	107	286		広告費の合計	2209			
3	336	851		売上高の合計	5728			
4	233	589						
5	82	389		平方和	649921			
6	61	158		積和	1612627			
7	378	1037						
8	129	463		傾き				
9	313	563		切片				
10	142	372						
11	428	1020						

$\sum_{i=1}^{N} x_i \times y_i$

A2×B2＋…＋A11×B11
積和のことだよ

手順 4　回帰直線の傾き b を求めます.

E8 のセルに　＝(10＊E6－E2＊E3)/(10＊E5－E2^2)

と入力して ⏎.

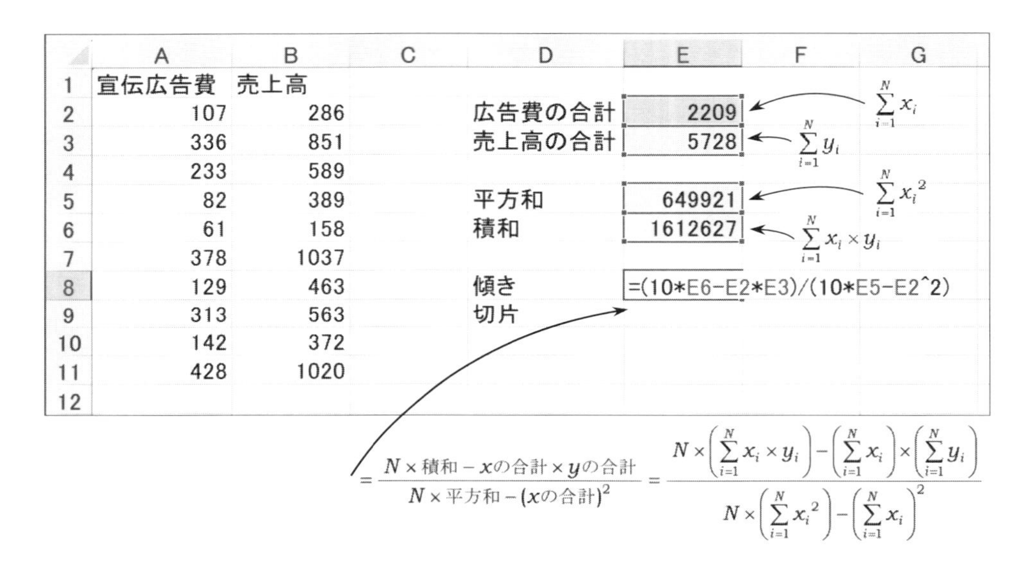

	A	B	C	D	E	F	G
1	宣伝広告費	売上高					
2	107	286		広告費の合計	2209		
3	336	851		売上高の合計	5728		
4	233	589					
5	82	389		平方和	649921		
6	61	158		積和	1612627		
7	378	1037					
8	129	463		傾き	=(10*E6-E2*E3)/(10*E5-E2^2)		
9	313	563		切片			
10	142	372					
11	428	1020					
12							

$$=\frac{N\times\text{積和}-x\text{の合計}\times y\text{の合計}}{N\times\text{平方和}-(x\text{の合計})^2}=\frac{N\times\left(\sum_{i=1}^{N}x_i\times y_i\right)-\left(\sum_{i=1}^{N}x_i\right)\times\left(\sum_{i=1}^{N}y_i\right)}{N\times\left(\sum_{i=1}^{N}x_i^2\right)-\left(\sum_{i=1}^{N}x_i\right)^2}$$

⇨　次のように，傾きが b が求まりました.

	A	B	C	D	E	F	G
1	宣伝広告費	売上高					
2	107	286		広告費の合計	2209		
3	336	851		売上高の合計	5728		
4	233	589					
5	82	389		平方和	649921		
6	61	158		積和	1612627		
7	378	1037					
8	129	463		傾き	2.144524		
9	313	563		切片			
10	142	372					
11	428	1020					
12							

これが
回帰直線の
傾き b だよ

手順 5　回帰直線の切片 a を求めます．

E9 のセルに ＝(E5＊E3－E6＊E2)/(10＊E5－E2^2)

と入力して ⏎．

	A	B	C	D	E	F
1	宣伝広告費	売上高				
2	107	286		広告費の合計	2209	
3	336	851		売上高の合計	5728	
4	233	589				
5	82	389		平方和	649921	
6	61	158		積和	1612627	
7	378	1037				
8	129	463		傾き	2.144524	
9	313	563		切片	=(E5*E3-E6*E2)/(10*E5-E2^2)	
10	142	372				
11	428	1020				

切片 a を
求めています

$$= \frac{\left(\sum_{i=1}^{N} x_i^2\right)\times\left(\sum_{i=1}^{N} y_i\right)-\left(\sum_{i=1}^{N} x_i \times y_i\right)\times\left(\sum_{i=1}^{N} x_i\right)}{N\times\left(\sum_{i=1}^{N} x_i^2\right)-\left(\sum_{i=1}^{N} x_i\right)^2}$$

⇨　すると，次のようになります．

	A	B	C	D	E	F	G
1	宣伝広告費	売上高					
2	107	286		広告費の合計	2209		
3	336	851		売上高の合計	5728		
4	233	589					
5	82	389		平方和	649921		
6	61	158		積和	1612627		
7	378	1037					
8	129	463		傾き	2.144524		
9	313	563		切片	99.07476		
10	142	372					
11	428	1020					

x に値を代入すると
Y の値を予測する
ことができます

したがって，回帰直線の式は

$$Y = 99.07476 + 2.144524 \times x$$

となります．

❷ Excel 関数を利用して回帰直線を求める方法

手順 1　次のようにデータを入力しておきます．そして，E2 をクリック．

続いて， 数式 ⇨ f_x ⇨ 統計 ⇨ SLOPE を選択して， OK ．

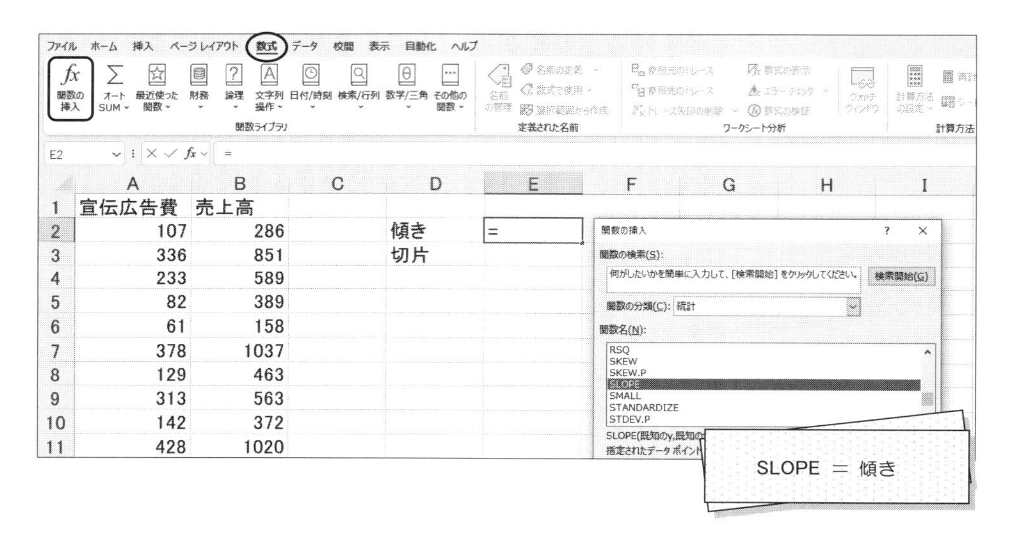

手順 2　次のように入力して， OK ．

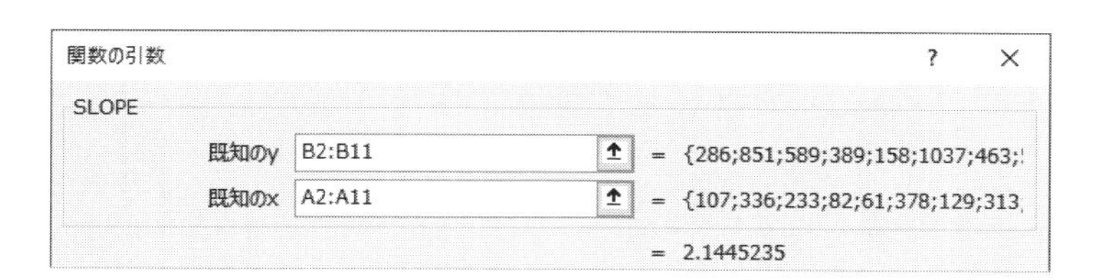

すると，E2 のセルに傾き $b=$ 2.144524 が求まります．

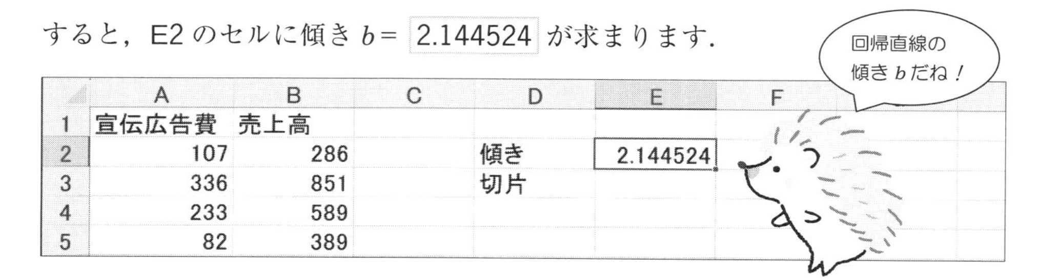

手順 3　E3 をクリック．f_x ⇨ 統計 ⇨ INTERCEPT を選択して，OK．

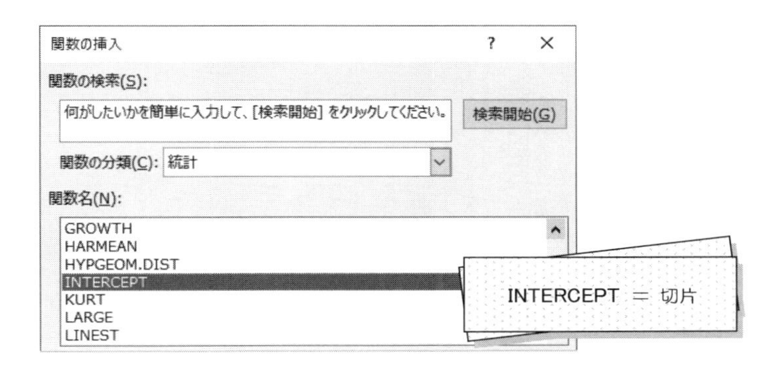

手順 4　次のように入力したら，OK．

関数の引数

INTERCEPT

既知のy　B2:B11　= {286;851;589;389;158;1037;463;

既知のx　A2:A11　= {107;336;233;82;61;378;129;313,

= 99.07475877

⇨　すると，E3 のセルに，切片 $a=$ 99.07476 が求まります．

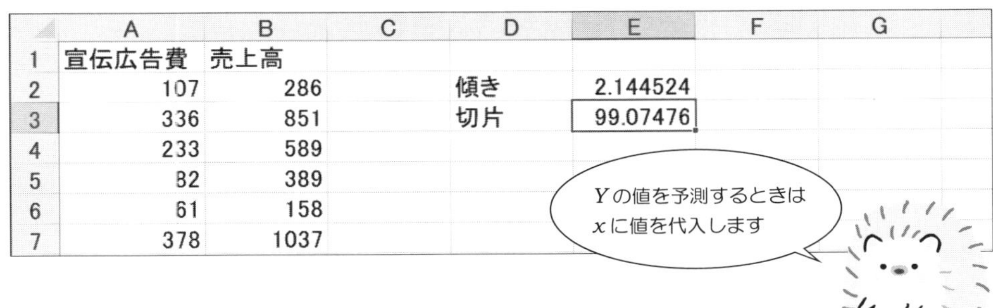

	A	B	C	D	E	F	G
1	宣伝広告費	売上高					
2	107	286		傾き	2.144524		
3	336	851		切片	99.07476		
4	233	589					
5	82	389					
6	61	158					
7	378	1037					

したがって，回帰直線の式は

$$Y=99.07476+2.144524\times x$$

となることがわかりました．

6.2 分析ツールの利用法〈回帰分析〉

手順 1 次のようにデータを入力します.

	A	B	C	D	E	F	G
1	No.	宣伝広告費	売上高				
2	1	107	286				
3	2	336	851				
4	3	233	589				
5	4	82	389				
6	5	61	158				
7	6	378	1037				
8	7	129	463				
9	8	313	563				
10	9	142	372				
11	10	428	1020				
12							

宣伝広告費 ＝ 原因 x
＝ 独立変数 x
売上高 ＝ 結果 y
＝ 従属変数 y

x が原因で
y が結果……

手順 2 データ の中の データ分析 をクリックしたら, 分析ツール(A) の中から

回帰分析

を選択. そして, OK .

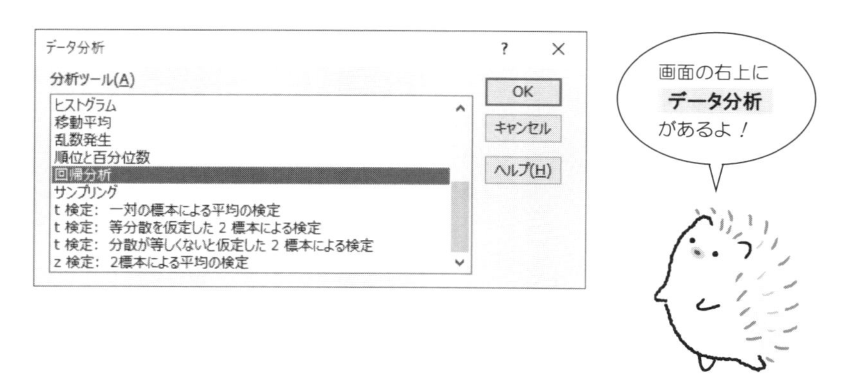

手順 3　入力 Y 範囲(Y) のところに，売上高のデータ C2:C11 を入力.

入力 X 範囲(X) のところに，宣伝広告費のデータ B2:B11 を入力.

次のようにクリックをしたら，OK .

回帰分析　?　×

入力元

入力 Y 範囲(Y):　C1:C11

入力 X 範囲(X):　B1:B11

☑ ラベル(L)　☐ 定数に 0 を使用(Z)

☐ 有意水準(O)　95 %

出力オプション

○ 一覧の出力先(S):

◉ 新規ワークシート(P):

○ 新規ブック(W)

OK　キャンセル　ヘルプ(H)

ここをクリック

手順 4　次のように出力されたら，できあがりです.

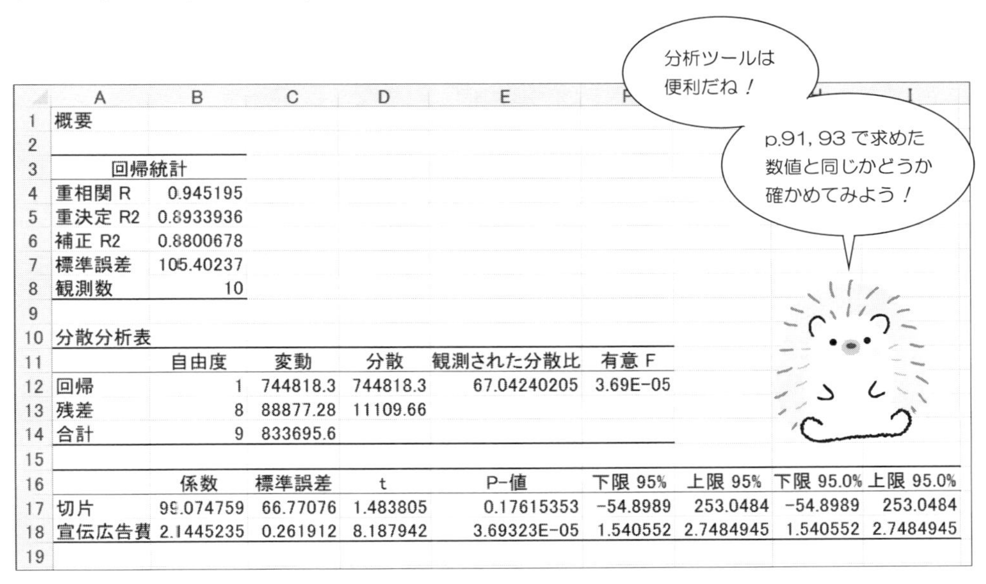

	A	B	C	D	E	F	G	H	I
1	概要								
2									
3	回帰統計								
4	重相関 R	0.945195							
5	重決定 R2	0.8933936							
6	補正 R2	0.8800678							
7	標準誤差	105.40237							
8	観測数	10							
9									
10	分散分析表								
11		自由度	変動	分散	観測された分散比	有意 F			
12	回帰	1	744818.3	744818.3	67.04240205	3.69E-05			
13	残差	8	88877.28	11109.66					
14	合計	9	833695.6						
15									
16		係数	標準誤差	t	P-値	下限 95%	上限 95%	下限 95.0%	上限 95.0%
17	切片	99.074759	66.77076	1.483805	0.17615353	-54.8989	253.0484	-54.8989	253.0484
18	宣伝広告費	2.1445235	0.261912	8.187942	3.69323E-05	1.540552	2.7484945	1.540552	2.7484945
19									

時系列データと明日の予測
◉移動平均と指数平滑化

次のデータは，あるテレビ番組の視聴率（２年おき）の推移を調べたものです．

表 7.1　テレビ番組の視聴率

年	視聴率	年	視聴率	年	視聴率
1968 年	80.4	1988 年	69.9	2008 年	47.3
1970 年	72.0	1990 年	78.1	2010 年	39.3
1972 年	74.0	1992 年	59.4	2012 年	39.8
1974 年	76.9	1994 年	53.9	2014 年	42.1
1976 年	77.0	1996 年	51.5	2016 年	41.7
1978 年	80.6	1998 年	55.2	2018 年	42.5
1980 年	74.8	2000 年	51.5	2020 年	42.2
1982 年	74.6	2002 年	53.9	2022 年	40.2
1984 年	72.2	2004 年	57.2	2024 年	41.5
1986 年	71.1	2006 年	48.4		

この時系列データを Excel に入力して，折れ線グラフを描いてみると……．

折れ線グラフは，次のようになります．

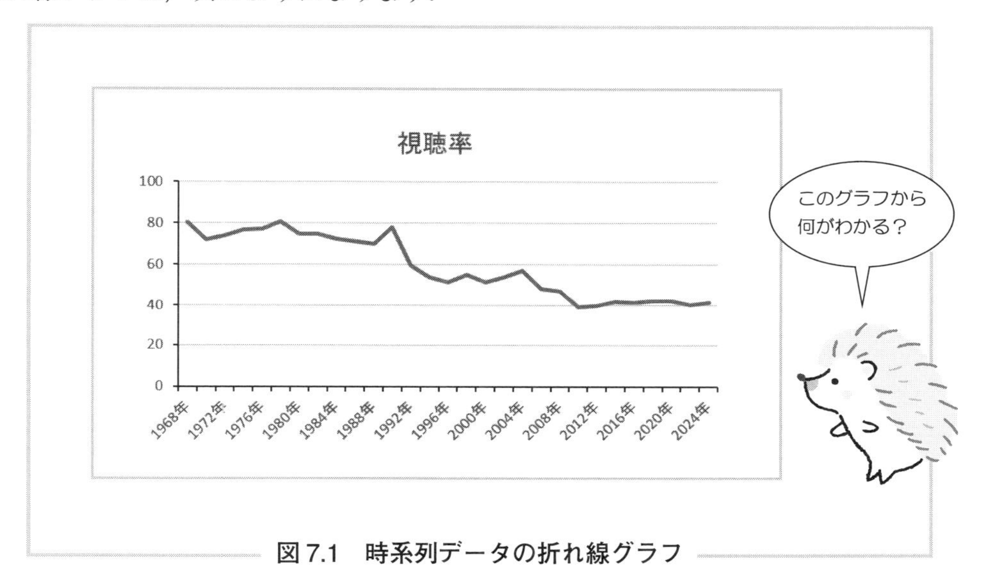

図 7.1　時系列データの折れ線グラフ

この時系列データの特徴を取り出すために，折れ線をもっと滑らかにしてみましょう．

折れ線グラフを，よりナメラカにする統計手法として

- ３項移動平均
- ５項移動平均
- 指数平滑化

などがあります．

7.1 3項移動平均をしてみよう

3項移動平均はとても簡単です．隣りあう3つのデータの平均値をとり，その平均値の折れ線グラフを描けばできあがりです．

手順 1　C1のセルに3項移動平均と入力したら，C3のセルをクリックします．

数式 ⇨ f_x 関数の挿入 ⇨ 統計 ⇨ AVERAGE を選択して， OK ．

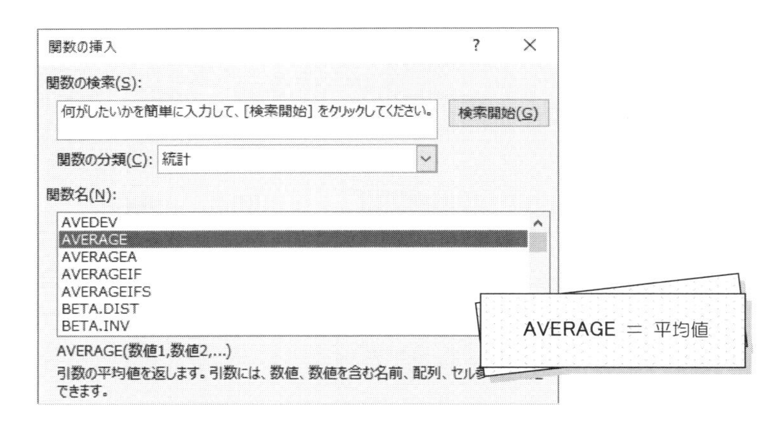

手順 2　次の画面が現れたら， B2:B4 と入力して， OK ．

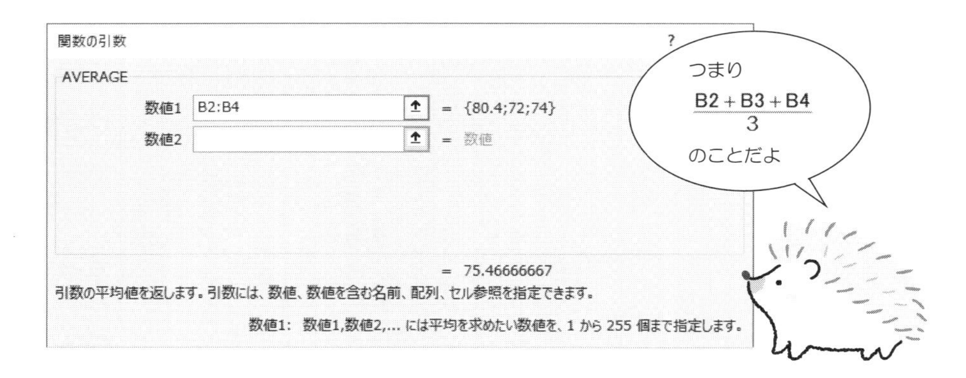

手順 3 C3 の数式を C4 から C30 までコピーします．そこで……

C3 のセルをクリックして，ホーム ⇨ コピー ．

	A	B	C
1	年	視聴率	3項移動平均
2	1968年	80.4	
3	1970年	72	75.4666667
4	1972年	74	
5	1974年	76.9	
6	1976年	77	

B	C
視聴率	3項移動平均
80.4	
72	75.4666667
74	
76.9	
77	

⇨ C4 から C29 までドラッグして，ホーム ⇨ 貼り付け ．

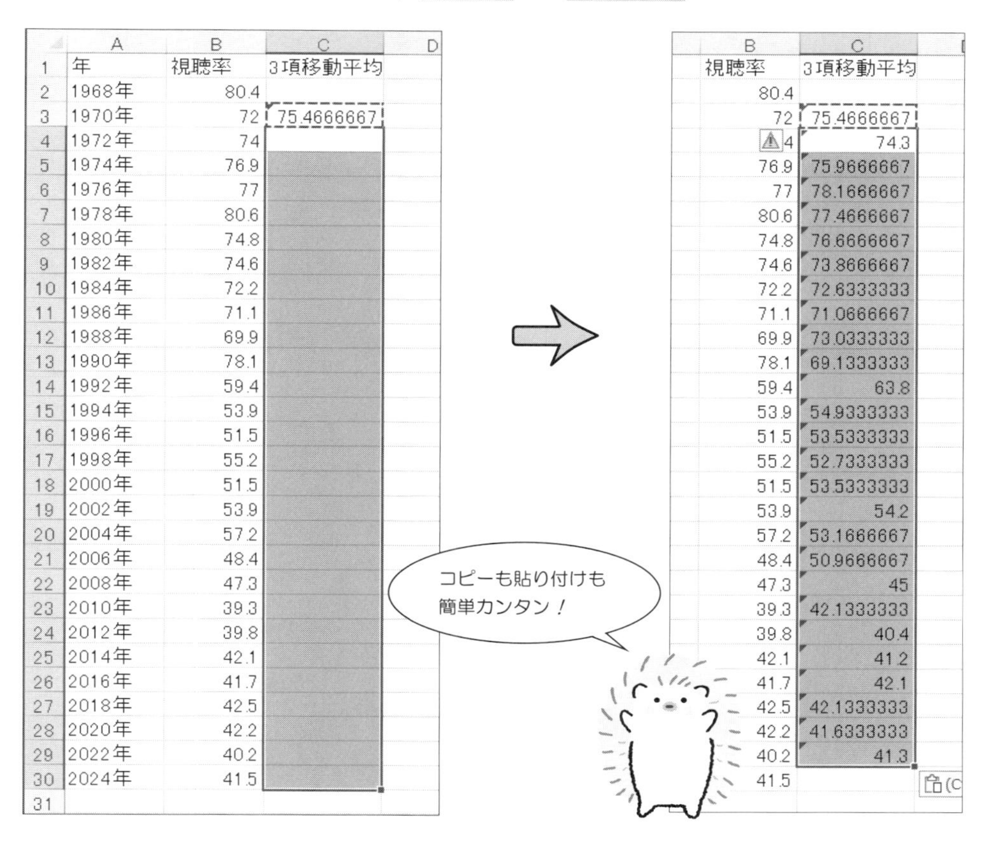

	A	B	C
1	年	視聴率	3項移動平均
2	1968年	80.4	
3	1970年	72	75.4666667
4	1972年	74	
5	1974年	76.9	
6	1976年	77	
7	1978年	80.6	
8	1980年	74.8	
9	1982年	74.6	
10	1984年	72.2	
11	1986年	71.1	
12	1988年	69.9	
13	1990年	78.1	
14	1992年	59.4	
15	1994年	53.9	
16	1996年	51.5	
17	1998年	55.2	
18	2000年	51.5	
19	2002年	53.9	
20	2004年	57.2	
21	2006年	48.4	
22	2008年	47.3	
23	2010年	39.3	
24	2012年	39.8	
25	2014年	42.1	
26	2016年	41.7	
27	2018年	42.5	
28	2020年	42.2	
29	2022年	40.2	
30	2024年	41.5	
31			

B	C
視聴率	3項移動平均
80.4	
72	75.4666667
74	74.3
76.9	75.9666667
77	78.1666667
80.6	77.4666667
74.8	76.6666667
74.6	73.8666667
72.2	72.6333333
71.1	71.0666667
69.9	73.0333333
78.1	69.1333333
59.4	63.8
53.9	54.9333333
51.5	53.5333333
55.2	52.7333333
51.5	53.5333333
53.9	54.2
57.2	53.1666667
48.4	50.9666667
47.3	45
39.3	42.1333333
39.8	40.4
42.1	41.2
41.7	42.1
42.5	42.1333333
42.2	41.6333333
40.2	41.3
41.5	

手順 4 次に，折れ線グラフを描きます．

C3 から C29 までドラッグして，データの範囲を指定しておきます．

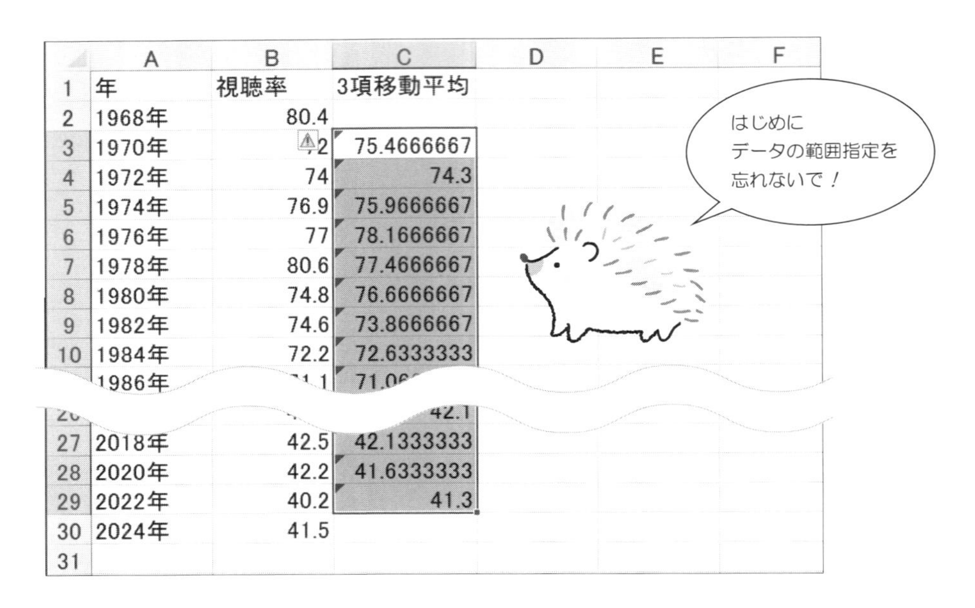

	A	B	C
1	年	視聴率	3項移動平均
2	1968年	80.4	
3	1970年	72	75.4666667
4	1972年	74	74.3
5	1974年	76.9	75.9666667
6	1976年	77	78.1666667
7	1978年	80.6	77.4666667
8	1980年	74.8	76.6666667
9	1982年	74.6	73.8666667
10	1984年	72.2	72.6333333
27	2018年	42.5	42.1333333
28	2020年	42.2	41.6333333
29	2022年	40.2	41.3
30	2024年	41.5	
31			

手順 5 挿入 ⇨ 折れ線 ⇨ 2−D 折れ線 から選択します．

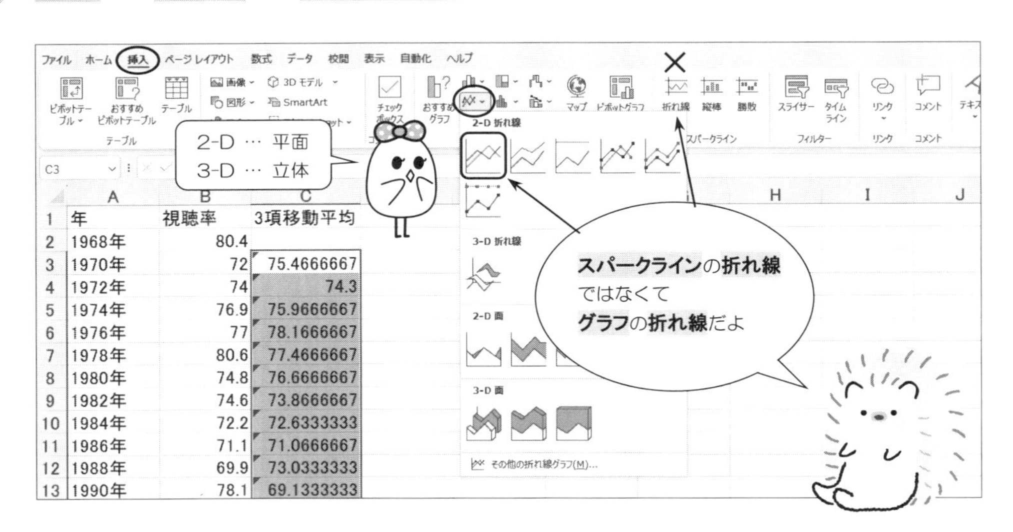

	A	B	C
1	年	視聴率	3項移動平均
2	1968年	80.4	
3	1970年	72	75.4666667
4	1972年	74	74.3
5	1974年	76.9	75.9666667
6	1976年	77	78.1666667
7	1978年	80.6	77.4666667
8	1980年	74.8	76.6666667
9	1982年	74.6	73.8666667
10	1984年	72.2	72.6333333
11	1986年	71.1	71.0666667
12	1988年	69.9	73.0333333
13	1990年	78.1	69.1333333

手順 6　次のようになりましたか？

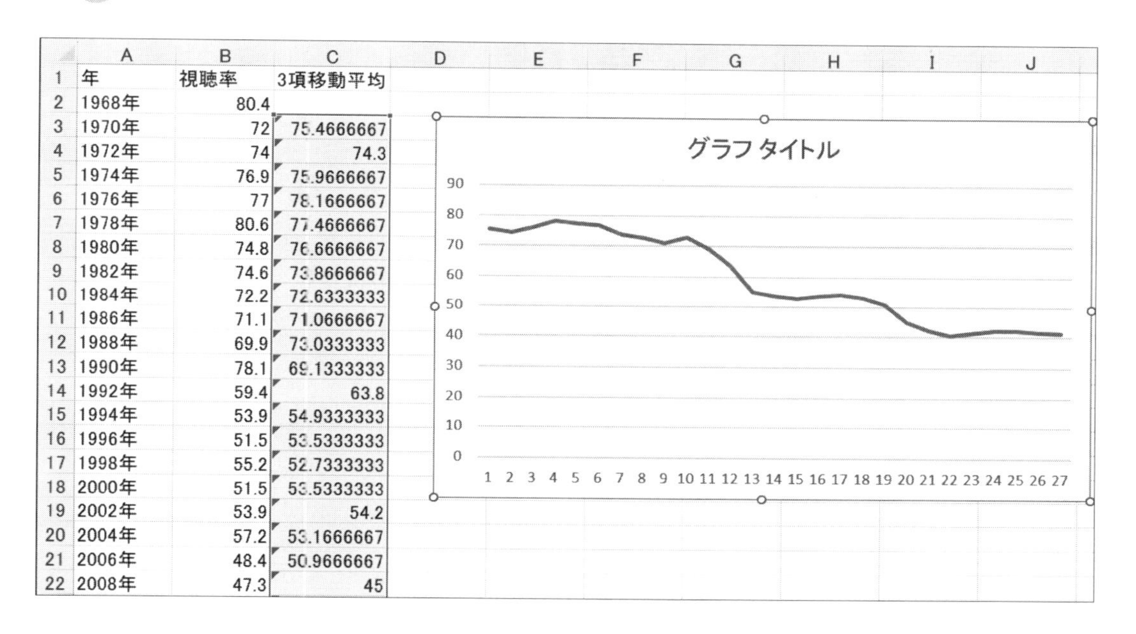

	A	B	C
1	年	視聴率	3項移動平均
2	1968年	80.4	
3	1970年	72	75.4666667
4	1972年	74	74.3
5	1974年	76.9	75.9666667
6	1976年	77	78.1666667
7	1978年	80.6	77.4666667
8	1980年	74.8	76.6666667
9	1982年	74.6	73.8666667
10	1984年	72.2	72.6333333
11	1986年	71.1	71.0666667
12	1988年	69.9	73.0333333
13	1990年	78.1	69.1333333
14	1992年	59.4	63.8
15	1994年	53.9	54.9333333
16	1996年	51.5	53.5333333
17	1998年	55.2	52.7333333
18	2000年	51.5	53.5333333
19	2002年	53.9	54.2
20	2004年	57.2	53.1666667
21	2006年	48.4	50.9666667
22	2008年	47.3	45

手順 7　まず，グラフに名前を付けます．

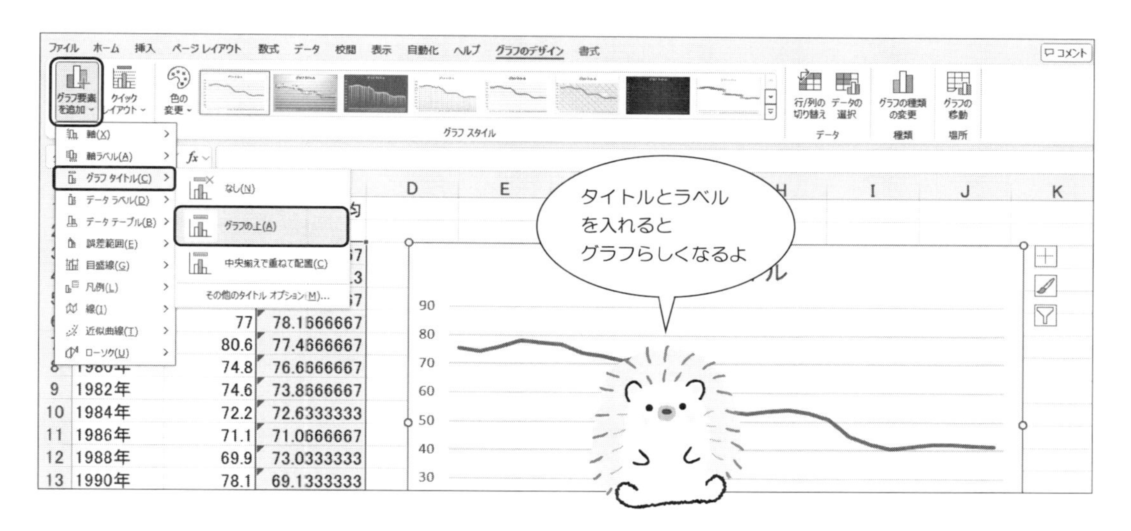

手順 8　続いて，軸ラベルに名前を付けます．

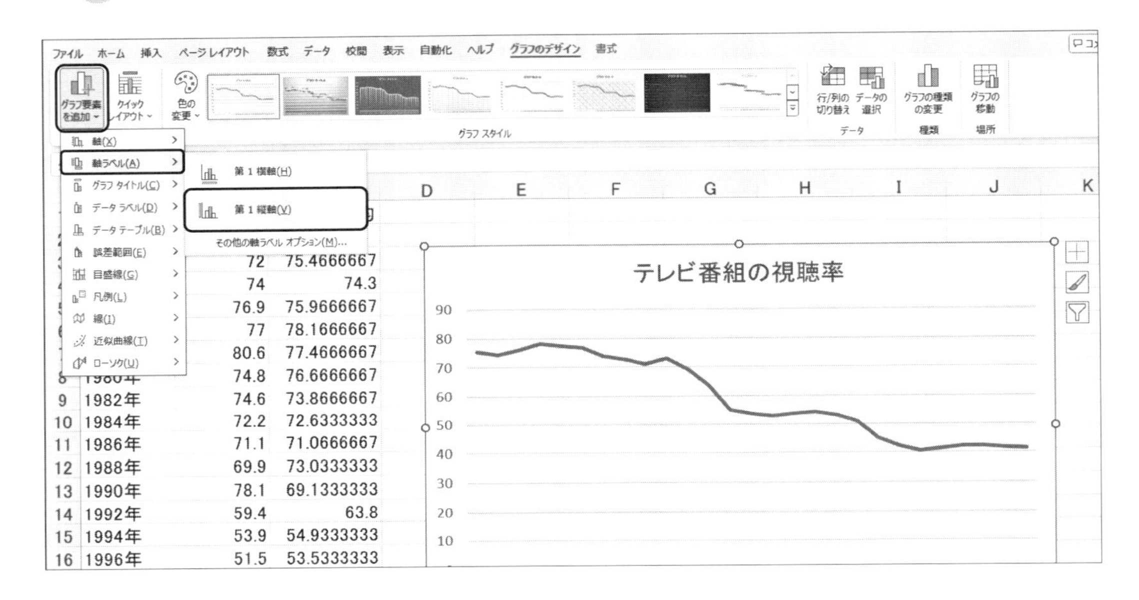

手順 9　すると，次のように３項移動平均のグラフができあがります．

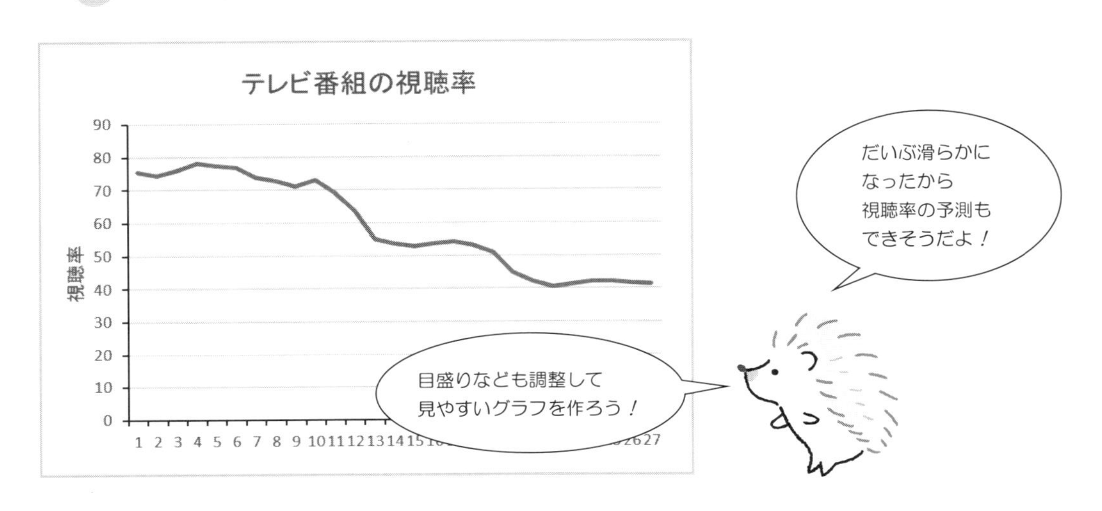

視聴率のデータと３項移動平均を一緒にグラフ表現したいときには……

B1 から C30 までドラッグしてから，折れ線グラフを作ります．

すると，次のようになります．

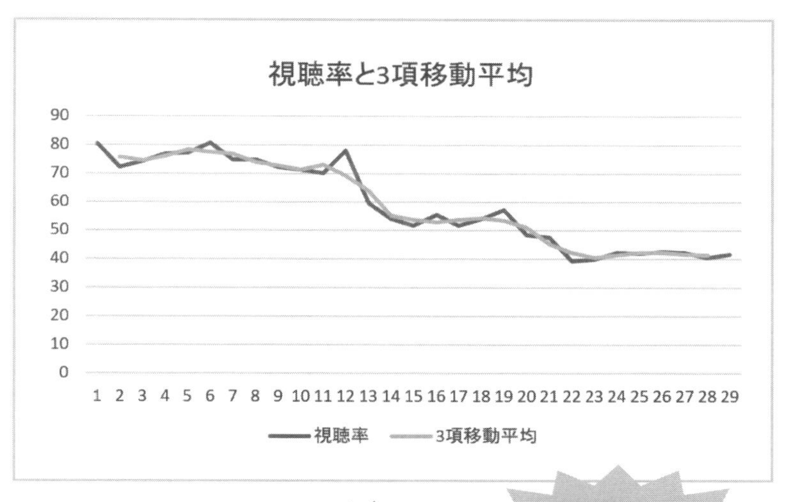

7.2 分析ツールの利用法〈移動平均〉

手順 1 表7.1をもとにデータを入力します.

	A	B	C	D	E	F	G
1	年	視聴率					
2	1968年	80.4					
3	1970年	72					
4	1972年	74					
5	1974年	76.9					
6	1976年	77					
7	1978年	80.6					
8	1980年	74.8					
9	1982年	[illegible]					
27	[illegible]	42.5					
28	2020年	42.2					
29	2022年	40.2					
30	2024年	41.5					
31							

手順 2 データ の中の データ分析 をクリック. 分析ツール(A) の中から

移動平均

を選択したら, OK .

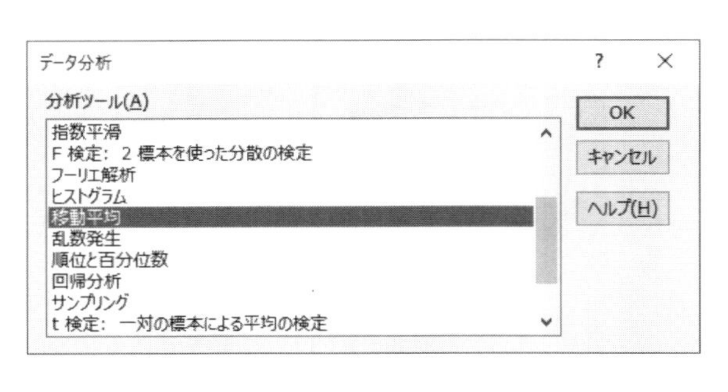

手順3 入力範囲(I) のところに，視聴率のデータ B1:B30 を入力．

区間(N) のところに 3 ，出力先(O) には C1 を入力します．

次のようにクリックしたら， OK ．

手順4 次のように出力されたら，できあがりです．

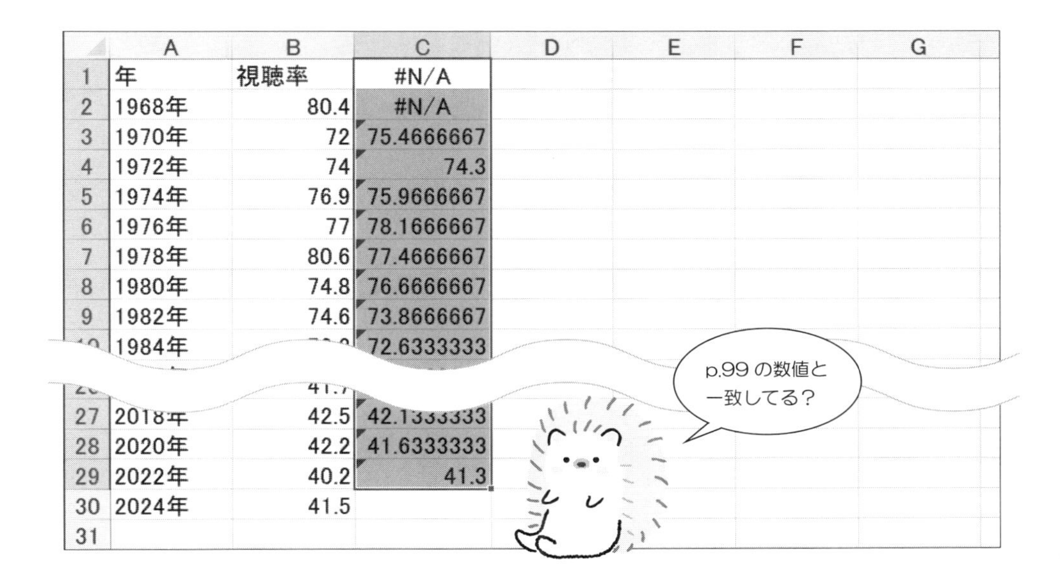

	A	B	C
1	年	視聴率	#N/A
2	1968年	80.4	#N/A
3	1970年	72	75.4666667
4	1972年	74	74.3
5	1974年	76.9	75.9666667
6	1976年	77	78.1666667
7	1978年	80.6	77.4666667
8	1980年	74.8	76.6666667
9	1982年	74.6	73.8666667
	1984年		72.6333333
		41.7	
27	2018年	42.5	42.1333333
28	2020年	42.2	41.6333333
29	2022年	40.2	41.3
30	2024年	41.5	
31			

7.3 分析ツールの利用法〈指数平滑〉

手順 1　表 7.1 をもとにデータを入力します.

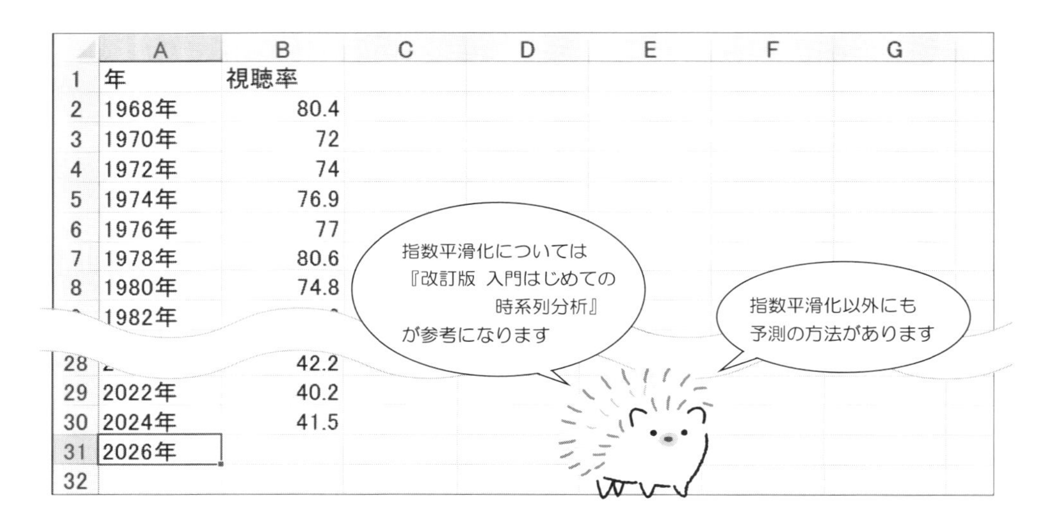

	A	B	C	D	E	F	G
1	年	視聴率					
2	1968年	80.4					
3	1970年	72					
4	1972年	74					
5	1974年	76.9					
6	1976年	77					
7	1978年	80.6					
8	1980年	74.8					
	1982年						
28		42.2					
29	2022年	40.2					
30	2024年	41.5					
31	2026年						
32							

手順 2　C1 のセルに，予測値 と入力します.

	A	B	C	D	E	F	G
1	年	視聴率	予測値				
2	1968年	80.4					
3	1970年	72					
4	1972年	74					
5	1974年	76.9					
6	1976年	77					
7	1978年	80.6					
8	1980年	74.8					
9	1982年	74.6					
10	1984年	72.2					
11	1986年	71.1					
12	1988年	69.9					

手順 3 データ の中の データ分析 をクリックして，分析ツール(A) の中から

指数平滑

を選択．そして，OK ．

データ分析 ? ×

分析ツール(A)

分散分析: 繰り返しのない二元配置
相関
共分散
基本統計量
指数平滑
F 検定: 2 標本を使った分散の検定
フーリエ解析
ヒストグラム
移動平均
乱数発生

OK
キャンセル
ヘルプ(H)

ホーム メニューにも
データ分析 ☞
があるけど
データ を使おう
データ分析

手順 4 入力範囲(I) のところに，視聴率のデータ B1:B30 を入力．

減衰率(D) のところに 0.7，出力先(O) には C2 と入力します．

次のようにクリックしたら， OK ．

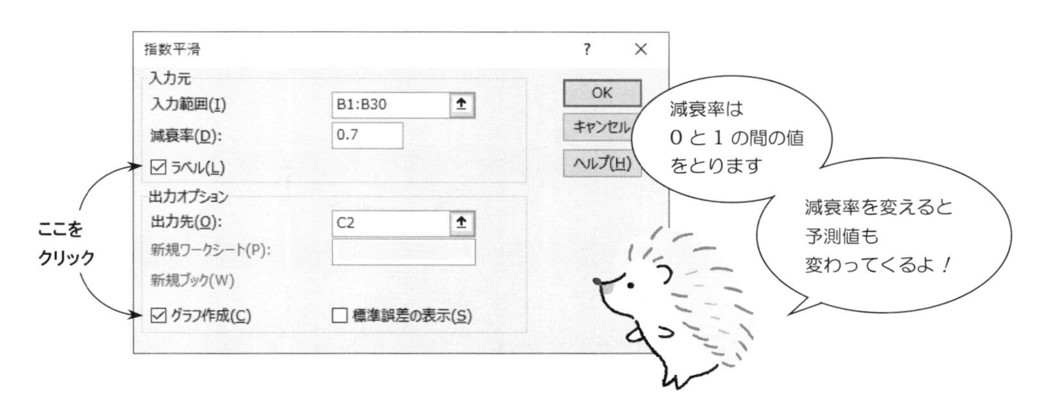

手順 5　次のように出力されます.

	A	B	C	D	E	F	G
1	年	視聴率	予測値				
2	1968年	80.4	#N/A				
3	1970年	72	80.4				
4	1972年	74	77.88				
5	1974年	76.9	76.716				
6	1976年	[illegible]	76.7712				
25	[illegible]	42.1	[illegible]				
26	2016年	41.7	44.59311				
27	2018年	42.5	43.72518				
28	2020年	42.2	43.35763				
29	2022年	40.2	43.01034				
30	2024年	41.5	42.16724				
31	2026年						
32							

手順 6　指数平滑のグラフは，次のようになります.

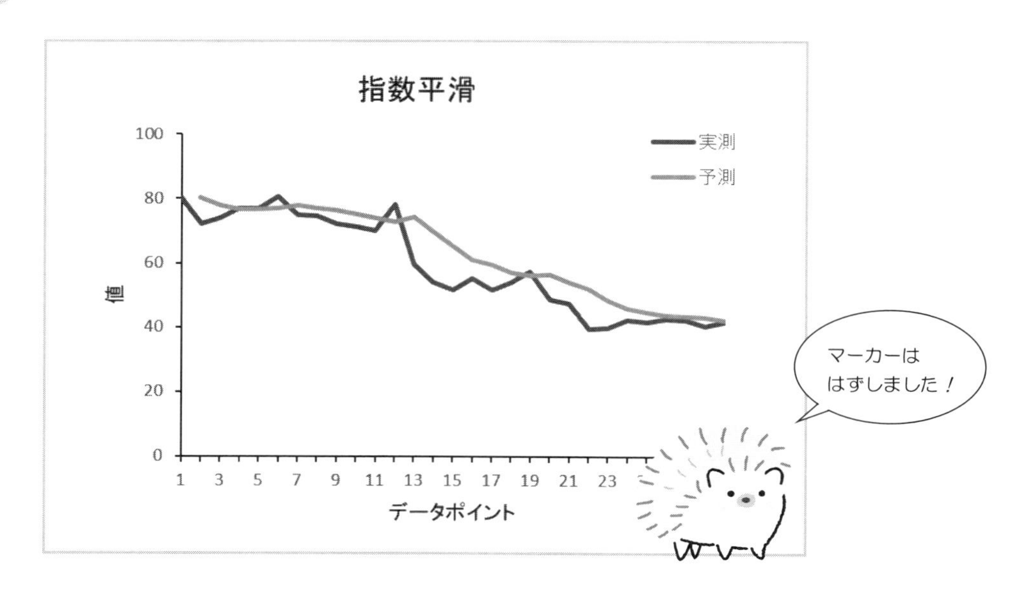

手順 7　2026 年の予測値を求めたいときは，

C30 のセルをコピーして，C31 に貼り付けます．

	A	B	C	D	E	F	G	H
18	2000年	51.5	59.25188					
19	2002年	53.9	56.92631					
20	2004年	57.2	56.01842					
21	2006年	48.4	56.37289					
22	2008年	47.3	53.98103					
23	2010年	39.3	51.97672					
24	2012年	39.8	48.1737					
25	2014年	42.1	45.66159					
26	2016年	41.7	44.59311					
27	2018年	42.5	43.72518					
28	2020年	42.2	43.35763					
29	2022年	40.2	43.01034					
30	2024年	41.5	42.16724					
31	2026年		41.96707					
32								

これが 2026 年の予測値だよ！

指数平滑化とは，次の式のことです．

時系列データ $x(t)$ の 1 期先の予測値を $\hat{x}(t, 1)$ とすると

$$\hat{x}(t, 1) = \alpha \times x(t) \quad + (1 - \alpha) \times \hat{x}(t - 1, 1)$$

したがって，……

$$\hat{x}(2024, 1) = 0.3 \times x(2024) + (1 - 0.3) \times \hat{x}(2022, 1)$$

$$41.96707 = 0.3 \times 41.5 \quad + (1 - 0.3) \times 42.16724$$

となります．

統計分析力にチャレンジ part 1

問題 1

次のデータは，アメリカでおこなわれたアンケート調査の結果です．

アメリカ人の生活

No.	性別	人種	地域	年齢	教育歴
1	女性	黒人	西部	42	14
2	女性	黒人	西部	21	12
3	男性	白人	西部	41	15
4	女性	白人	西部	69	12
5	男性	白人	中部	47	20
6	女性	白人	中部	68	12
7	男性	白人	中部	22	15
8	男性	白人	中部	33	19
9	女性	白人	中部	72	12
10	女性	黒人	中部	21	13
11	女性	黒人	中部	36	12
12	女性	黒人	中部	22	12
13	女性	黒人	中部	35	13
14	男性	白人	東部	36	18
15	男性	白人	東部	28	12
16	女性	白人	東部	26	16
17	女性	白人	東部	20	12

回答はこちら

http://www.tokyo-tosho.co.jp/

【1.1】 このデータをワークシートに入力してください.

【1.2】 地域 と 年齢 の間に，新しい列を挿入してください.

【1.3】 次のデータを，新しい列に入力してください.

子供の数 1 0 1 5 0 2 0 0 2 0 2 1 1 1 0 4 1

【1.4】 No. 7 と No. 8 の間に，新しい行を挿入してください.

【1.5】 次のデータを，新しい行に入力してください.

女性	白人	西部	0	28	16

【1.6】 人種 の列を削除してください.

【1.7】 No. 13 の行を削除してください.

【1.8】 No. 4，No. 5，No. 6 のデータを，次のデータに替えてください.

男性	中部	1	69	13
女性	中部	3	52	14
男性	中部	2	50	16

【1.9】 このデータを“演習 1”の名前で保存してください.

【1.10】 このデータを印刷してください.

問題 2

右ページのデータは，アメリカでおこなわれたアンケート調査の結果です．ワークシートに入力しましょう．

【2.1】 安楽死に反対の人を抽出してください．

【2.2】 体罰に反対（＝支持しない，絶対支持しない）で，年齢が40歳以下の人を抽出してください．

【2.3】 就学年数の合計を求めてください．

【2.4】 年齢の高い人から低い人へ並べ替えてください．

【2.5】 拳銃所持賛成で死刑反対の人と，拳銃所持反対で死刑賛成の人とでは，どちらが何人多いですか？

アンケートの内容はこのようになっています

死刑	…… 1．賛成	2．反対		
拳銃所持	…… 1．賛成	2．反対		
体罰	…… 1．絶対支持	2．支持する	3．支持しない	4．絶対支持しない
安楽死	…… 1．賛成	2．反対		

アメリカ人の意識調査

No.	年齢	就学年数	性別	人種	死刑	拳銃所持	体罰	安楽死
1	60	14	女性	黒人	2	1	2	2
2	46	16	女性	黒人	2	1	2	1
3	43	16	男性	白人	1	1	1	1
4	77	15	女性	白人	2	1	4	1
5	47	18	女性	白人	1	1	2	2
6	27	9	女性	黒人	1	1	2	1
7	54	12	女性	白人	2	1	1	2
8	44	12	女性	白人	1	1	2	1
9	76	10	女性	白人	1	1	1	1
10	54	12	女性	白人	1	1	2	1
11	65	13	男性	白人	1	1	4	2
12	71	14	女性	白人	1	1	3	1
13	49	8	女性	白人	2	1	1	2
14	41	15	男性	黒人	1	1	4	2
15	33	16	男性	白人	1	1	3	1
16	62	14	男性	白人	1	2	2	1
17	19	11	男性	白人	2	1	3	1
18	19	11	女性	白人	1	1	2	1
19	58	14	女性	白人	1	1	1	2
20	44	12	女性	黒人	2	1	2	1
21	36	16	男性	白人	1	1	3	1
22	19	8	女性	黒人	1	2	2	1
23	52	12	男性	黒人	1	1	1	1
24	49	16	男性	白人	1	1	3	2
25	66	10	男性	白人	1	1	3	1
26	34	15	男性	黒人	1	1	4	2
27	63	12	女性	黒人	2	1	1	2
28	28	19	女性	白人	2	1	4	1
29	72	12	男性	白人	2	2	2	2
30	48	12	女性	白人	1	1	2	1
31	77	12	女性	白人	2	1	4	1
32	26	12	女性	黒人	1	1	2	1
33	39	16	女性	白人	2	1	4	1
34	29	18	男性	黒人	1	2	2	1
35	28	13	女性	黒人	1	1	2	1
36	50	14	男性	白人	1	2	2	1
37	66	12	女性	黒人	2	1	1	2
38	72	12	女性	白人	1	1	1	1
39	28	10	女性	白人	2	1	3	1
40	82	10	女性	黒人	1	1	1	2

グラフ表現の問題です.

【3.1】　次のデータを，棒グラフで表現してください.

農業総人口と年齢別農業人口

県名	農業総人口	〜29歳	30歳〜59歳	60歳〜
A	2659	1221	994	444
B	2320	981	893	446
C	2137	831	853	453
D	1984	704	802	478
E	1730	567	670	493

【3.2】　次のデータを，円グラフで表現してください.

歯学部と薬学部学生の親の職業別割合

親の職業	学生	
	歯学部	薬学部
医師・歯科医師	391	42
公務員	57	115
会社員	47	249
会社役員	105	40
自家営業	163	190
その他	49	68

いろいろなグラフを
作ってみよう！

【3.3】 次のデータを，レーダーチャートで表現してください.

バスケットボールチームの勝敗

チーム	勝数	勝率	得点	防御
ニューヨーク	55	67.1	98.2	95.1
ボストン	35	42.7	102.8	104.7
マイアミ	32	39.0	101.1	102.8
ワシントン	21	25.6	100.5	106.1
シカゴ	47	57.3	101.5	96.7
アトランタ	42	51.2	96.6	95.3
ミルウォーキー	34	41.5	99.3	103.7

【3.4】 次のデータを，折れ線グラフで表現してください.

月別住宅着工戸数

年	月	着工戸数
2010	1	77
2010	2	74
2010	3	105
2010	4	120
2010	5	132
2010	6	115
2010	7	115
2010	8	107
2010	9	85
2010	10	86
2010	11	70
2010	12	47

年	月	着工戸数
2011	1	43
2011	2	58
2011	3	77
2011	4	102
2011	5	96
2011	6	99
2011	7	91
2011	8	80
2011	9	73
2011	10	69
2011	11	58
2011	12	41

年	月	着工戸数
2012	1	40
2012	2	40
2012	3	62
2012	4	78
2012	5	93
2012	6	90
2012	7	93
2012	8	91
2012	9	85
2012	10	94
2012	11	72
2012	12	56

問題 4

次のデータは，プラスチックを製造したときの引裂抵抗，光沢，不透明度のデータです．

プラスチックの品質管理

No.	引裂抵抗	光沢	不透明度
1	6.5	9.5	4.4
2	6.2	9.9	6.4
3	5.8	9.6	3.0
4	6.5	9.6	4.1
5	6.5	9.2	0.8
6	6.9	9.1	5.7
7	7.2	10.0	2.0
8	6.9	9.9	3.9
9	6.1	9.5	1.9
10	6.3	9.4	5.7

No.	引裂抵抗	光沢	不透明度
11	6.7	9.1	2.8
12	6.6	9.3	4.1
13	7.2	8.3	3.8
14	7.1	8.4	1.6
15	6.8	8.5	3.4
16	7.1	9.2	8.4
17	7.0	8.8	5.2
18	7.2	9.7	6.9
19	7.5	10.1	2.7
20	7.6	9.2	1.9

【4.1】 引裂抵抗の平均値を，それぞれ，次の方法で求めてください．

1. 定義式から求める方法
2. 関数 AVERAGE から求める方法

【4.2】 不透明度の分散を，それぞれ，次の方法で求めてください．

1. 定義式から求める方法
2. 公式から求める方法
3. 関数 VAR.S から求める方法

問題 5

次のデータは，消防署から火災現場までの距離と，火災による損害金額を調査したものです．

火災保険調査

No.	距離	損害金額
1	3.4	26.2
2	1.8	17.8
3	4.6	31.3
4	2.3	23.1
5	3.1	27.5
6	5.5	36.0
7	0.7	14.1
8	3.0	22.3
9	2.6	19.6
10	4.3	31.3
11	2.1	24.0
12	1.1	17.3
13	6.1	43.2
14	4.8	36.4
15	3.8	26.1

	A	B	C
1	No.	距離	損害金額
2	1	3.4	26.2
3	2	1.8	17.8
4	3	4.6	31.3
5	4	2.3	23.1
6	5	3.1	27.5
7	6	5.5	36
8	7	0.7	14.1
9	8	3	22.3
10	9	2.6	19
11	10	4.3	3
12	11	2.1	24
13	12	1.1	17.3
14	13	6.1	43.2
15	14	4.8	36.4
16	15	3.8	26.1
17			

入力見本はこれだよ！

$N=15$

【5.1】 距離と損害金額の散布図を作ってください．

【5.2】 距離と損害金額の相関係数を，それぞれ，次の方法で求めてください．

1. 定義式から求める方法
2. 公式から求める方法
3. 関数 CORREL から求める方法

次のデータは，消防署から火災現場までの距離と，火災による損害金額を調査したものです．

火災保険調査

No.	距離	損害金額
1	3.4	26.2
2	1.8	17.8
3	4.6	31.3
4	2.3	23.1
5	3.1	27.5
6	5.5	36.0
7	0.7	14.1
8	3.0	22.3
9	2.6	19.6
10	4.3	31.3
11	2.1	24.0
12	1.1	17.3
13	6.1	43.2
14	4.8	36.4
15	3.8	26.1

Excel に入力

	A	B	C
1	距離	損害金額	
2	3.4	26.2	
3	1.8	17.8	
4	4.6	31.3	
5	2.3	23.1	
6	3.1	27.5	
7	5.5	36	
8	0.7	14.1	
9	3	22.3	
10	2.6	19.6	
11	4.3	31.3	
12	2.1	24	
13	1.1	17.3	
14	6.1	43.2	
15	4.8	36.4	
16	3.8	26.1	
17			

この場合は
こんなふうに
入力しよう！

【6.1】 このとき，距離と損害金額の回帰直線を，それぞれ，次の方法で求めてください．

1. 公式から求める方法
2. 関数 SLOPE，INTERCEPT から求める方法

次のデータは，ある企業の株価の変動を調べたものです．

企業の株価

No.	株価	No.	株価	No.	株価	No.	株価	No.	株価
1	353	21	317	41	290	61	323	81	335
2	347	22	320	42	295	62	327	82	332
3	345	23	325	43	296	63	328	83	331
4	335	24	323	44	291	64	325	84	341
5	325	25	330	45	282	65	332	85	342
6	326	26	326	46	286	66	335	86	342
7	322	27	317	47	288	67	330	87	336
8	325	28	295	48	282	68	330	88	331
9	308	29	298	49	282	69	318	89	333
10	315	30	300	50	285	70	318	90	326
11	306	31	300	51	286	71	326	91	317
12	310	32	300	52	286	72	330	92	323
13	310	33	305	53	292	73	335	93	327
14	321	34	307	54	298	74	332	94	327
15	326	35	301	55	305	75	333	95	325
16	321	36	296	56	310	76	337	96	320
17	327	37	300	57	313	77	340	97	312
18	322	38	295	58	315	78	341	98	306
19	322	39	291	59	317	79	343	99	313
20	317	40	290	60	323	80	341	100	307

【7.1】　このデータの折れ線グラフを作ってください．

【7.2】　3項移動平均の折れ線グラフを作ってください．

【7.3】　5項移動平均の折れ線グラフを作ってください．

8章 度数分布表とヒストグラム
◉階級・度数・相対度数

次のデータは，女子学生 80 人に対しておこなったアンケート調査の結果です．

タンパク質，炭水化物，カルシウムについては，食物摂取頻度調査法から計算しています．

男性の身長については，“あなたが結婚相手に望む身長は？”という質問項目の回答です．

表 8.1　女子学生 80 人の身長などなど

No.	身長	体重	タンパク質	炭水化物	カルシウム	男性の身長
1	151	48	62	269	494	175
2	154	44	48	196	473	176
3	160	48	48	191	361	178
4	160	52	89	230	838	180
5	163	58	52	203	268	172
6	156	58	77	279	615	175
7	158	62	58	247	573	172
8	156	52	49	196	346	170
9	154	45	57	351	607	170
10	160	55	63	207	494	180
11	154	54	55	184	319	170
12	162	47	72	213	545	175
13	156	43	54	249	471	180
14	162	53	73	209	726	180
15	157	54	44	181	249	175
16	162	64	55	183	647	175
17	162	47	50	168	372	178
18	169	61	36	189	196	185
19	150	38	54	240	449	178
20	162	48	49	182	363	178
21	154	47	46	207	356	180
22	152	58	71	226	568	170
23	161	46	57	199	522	175
24	160	47	47	201	403	172
25	160	45	51	235	487	170
26	153	40	53	243	421	170
27	155	40	49	194	375	171
28	163	55	47	189	286	170
29	160	62	39	203	401	176

No.	身長	体重	タンパク質	炭水化物	カルシウム	男性の身長
30	159	50	39	157	373	175
31	164	50	50	178	388	177
32	158	46	46	223	337	176
33	150	45	43	239	349	178
34	155	49	32	120	324	178
35	157	53	52	220	349	170
36	161	57	71	245	596	170
37	168	60	59	198	510	175
38	162	55	49	204	345	175
39	153	47	58	209	411	175
40	154	50	43	271	271	170
41	158	53	49	230	338	180
42	151	46	48	231	416	170
43	155	50	66	252	551	175
44	155	45	33	202	276	180
45	165	50	49	204	373	185
46	165	51	55	197	354	178
47	154	48	65	292	753	178
48	148	48	47	207	404	170
49	169	55	55	220	553	185
50	158	54	50	213	428	178
51	146	43	64	287	600	175
52	166	63	49	182	383	176
53	161	53	46	219	273	180
54	143	42	42	192	322	170
55	156	46	55	218	497	172
56	156	69	64	241	474	170
57	149	47	65	230	510	170
58	162	48	45	151	319	180
59	159	50	54	194	390	182
60	164	55	45	195	278	178
61	162	45	61	242	584	180
62	167	49	87	255	789	178
63	159	51	72	284	716	178
64	153	51	62	249	489	180
65	146	44	81	253	776	175
66	156	58	55	219	290	180
67	160	53	57	241	625	175
68	158	48	52	185	404	175
69	151	46	52	205	261	175
70	157	48	57	225	475	182
71	151	43	65	245	703	171
72	156	50	54	209	323	175
73	166	58	68	264	657	175
74	159	49	54	242	563	170
75	157	50	62	199	417	175
76	156	47	81	229	780	170
77	159	47	41	162	225	180
78	156	52	66	230	644	172
79	156	47	58	229	499	175
80	161	50	79	279	827	173

8.1 度数分布表を作ってみよう

身長の度数分布表を作ってみましょう．

度数 とは，階級に含まれるデータの個数のことです．

表 8.2　これが度数分布表です！

階級	階級値	度数	相対度数	累積度数	累積相対度数
$a_0 \sim a_1$	m_1	f_1	$\frac{f_1}{N}$	f_1	$\frac{f_1}{N}$
$a_1 \sim a_2$	m_2	f_2	$\frac{f_2}{N}$	f_1+f_2	$\frac{f_1+f_2}{N}$
⋮	⋮	⋮	⋮	⋮	⋮
$a_{n-1} \sim a_n$	m_n	f_n	$\frac{f_n}{N}$	$f_1+f_2+\cdots+f_n$	$\frac{f_1+\cdots+f_n}{N}$
合計		N	1		

↑
$N=f_1+f_2+\cdots+f_n$

Excel 関数を利用して度数分布表を作る方法

手順 1　はじめに，データとこれから求める統計量の名前を入力しておきます．

	A	B	C	D	E	F	G	H
1	身長							
2	151		最大値					
3	154		最小値					
4	160		範囲					
5	160							
6	163		階級		度数			
7	156							

手順 2 次に，最大値を求めます．

D2 のセルに ＝MAX(A2:A81) と入力．

	A	B	C	D	E	F	G	H
1	身長							
2	151		最大値	=MAX(A2:A81)				
3	154		最小値					
4	160		範囲					
5	160							
6	163		階級		度数			
7	156							
8	158							
9	156							
10	154							
11	160							
12	154							
13	162							

手順 3 続いて，最小値を求めます．

D3 のセルに ＝MIN(A2:A81) と入力．

	A	B	C	D	E	F	G	H	I
1	身長								
2	151		最大値	169					
3	154		最小値	=MIN(A2:A81)					
4	160		範囲						
5	160								
6	163		階級		度数				
7	156								
8	158								
9	156								
10	154								
11	160								
12	154								
13	162								

手順 4　次に，データの範囲を求めます．

D4 のセルに　＝D2－D3　と入力．

	A	B	C	D	E	F	G	H
1	身長							
2	151		最大値	169				
3	154		最小値	143				
4	160		範囲	26				
5	160							
6	163		階級		度数			
7	156							
8	158							
9	156							
10	154							
11	160							
12	154							
13	162							

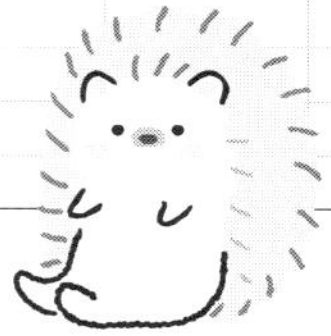

手順 5　続いて，次のように階級の値を入力します．

最小値が 143 なので，階級は 140 から 5 きざみで入力しましょう．

次に，度数 を求めます．そこで，E7 のセルをクリック．

	A	B	C	D	E	F	G	H
1	身長							
2	151		最大値	169				
3	154		最小値	143				
4	160		範囲	26				
5	160							
6	163		階級		度数			
7	156		140	145				
8	158		145	150				
9	156		150	155				
10	154		155	160				
11	160		160	165				
12	154		165	170				
13	162							

E7 のセル

この部分を入力

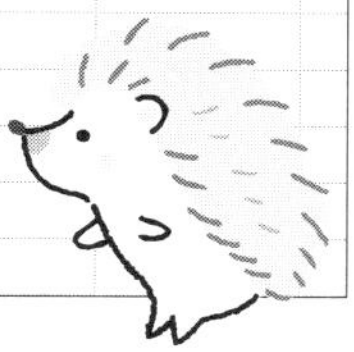

手順 6　次にそれぞれの階級の度数を求めます.

E7 から E12 までドラッグして……

	A	B	C	D	E	F	G	H
1	身長							
2	151		最大値	169				
3	154		最小値	143				
4	160		範囲	26				
5	160							
6	163		階級		度数			
7	156		140	145				
8	158		145	150				
9	156		150	155				
10	154		155	160				
11	160		160	165				
12	154		165	170				
13	162							
14	156							

↑ データ配列　　　↑ 区間配列

手順 7　数式 ⇨ f_x ⇨ 統計 ⇨ FREQUENCY を選択して,

次のように, データの範囲と階級の範囲を入力します.

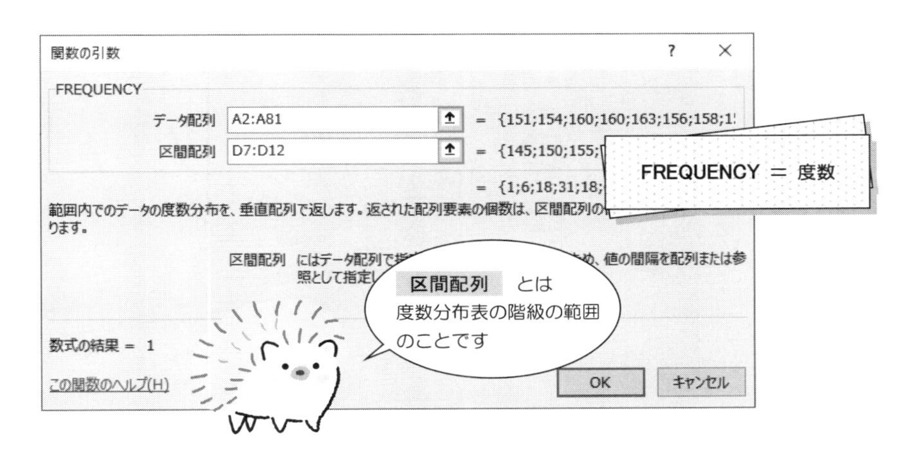

手順 8　最後に，[OK]をクリックしないで……

[Ctrl] + [Shift] + [↵]

を **同時に** 押します．

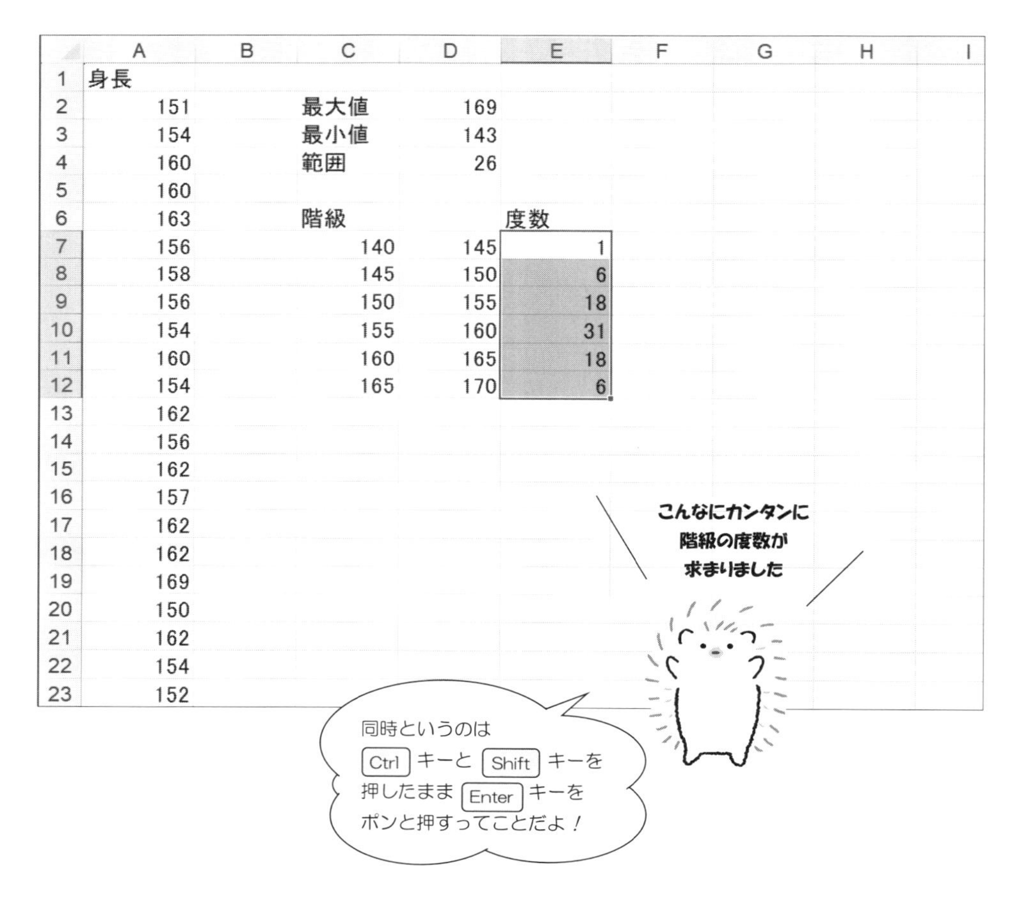

	A	B	C	D	E	F	G	H	I
1	身長								
2	151		最大値	169					
3	154		最小値	143					
4	160		範囲	26					
5	160								
6	163		階級		度数				
7	156		140	145	1				
8	158		145	150	6				
9	156		150	155	18				
10	154		155	160	31				
11	160		160	165	18				
12	154		165	170	6				
13	162								
14	156								
15	162								
16	157								
17	162								
18	162								
19	169								
20	150								
21	162								
22	154								
23	152								

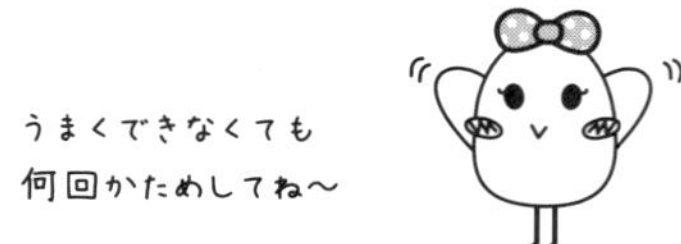

8.2 ヒストグラムを描いてみよう

ヒストグラムの作り方は２通りあります.

1. 分析ツール を利用する方法
2. 挿入 ⇨ 縦棒 を利用する方法

はじめに, 挿入 ⇨ 縦棒 を利用してみましょう.

手順 1 E7 から E12 までドラッグしたら, 挿入 ⇨ 縦棒 ⇨ 2-D 縦棒 から次のように選択します.

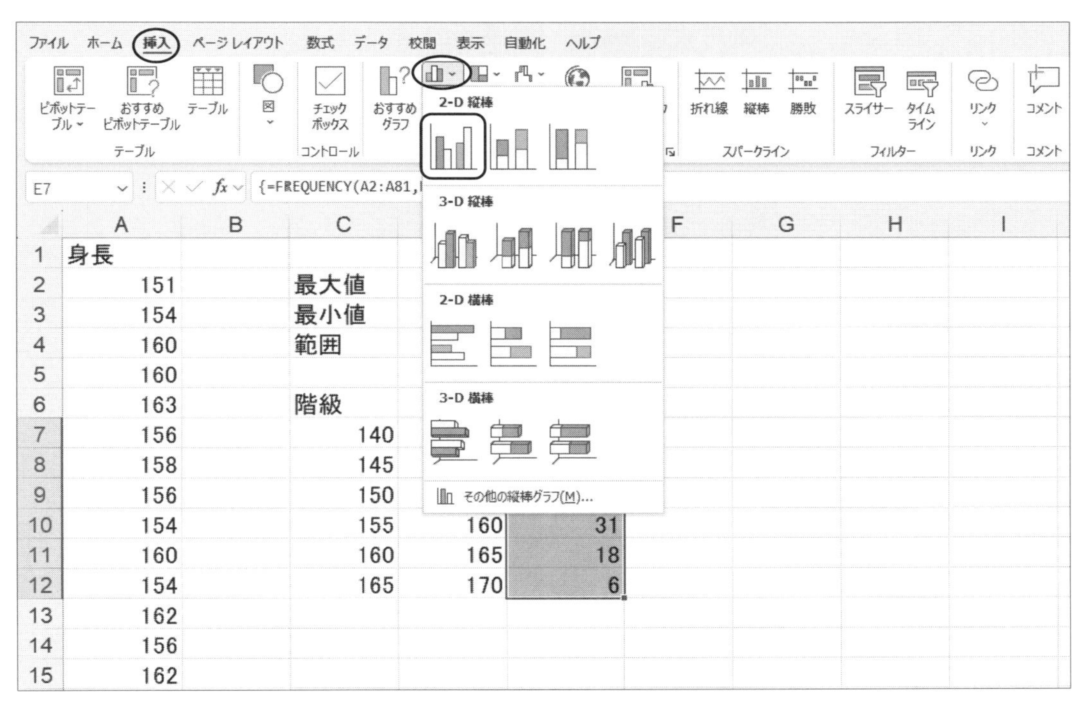

手順 2　次のようなグラフができあがりますが，……

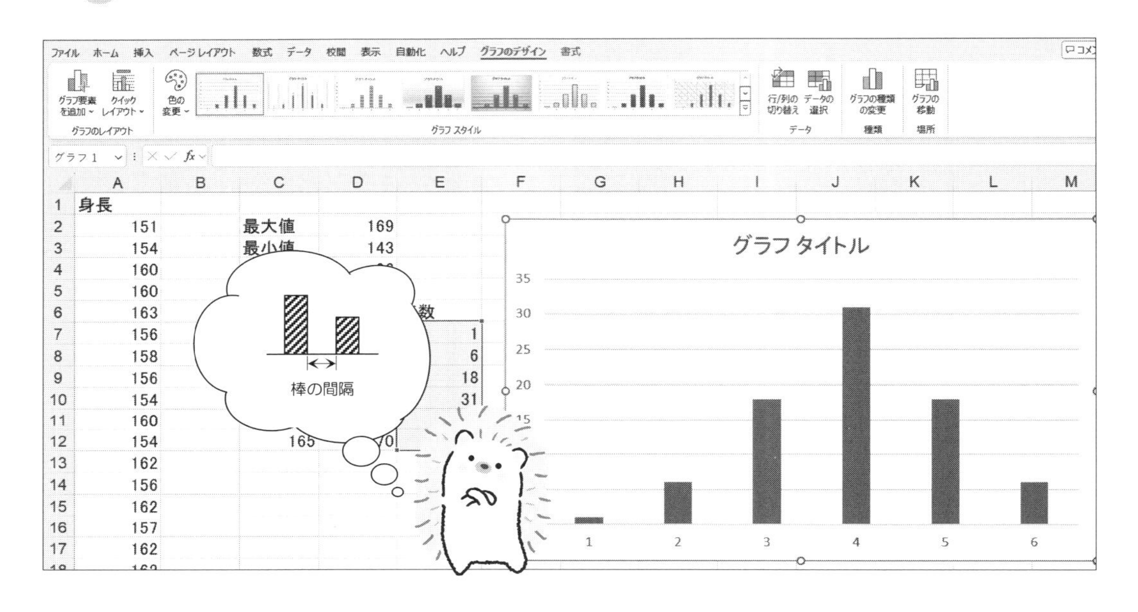

手順 3　クイックレイアウト の中から次のように選択すると……

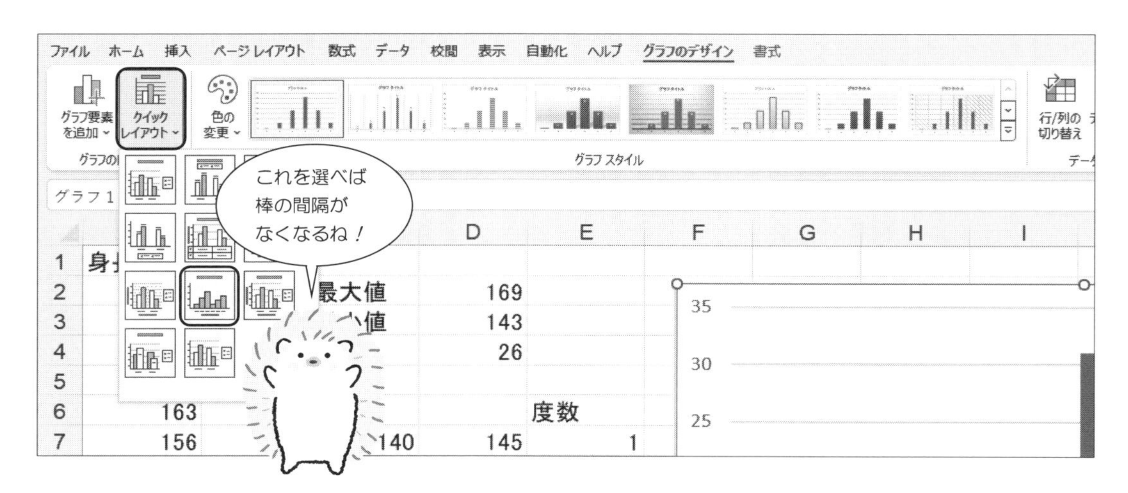

手順4 棒の間隔がなくなります.

これが正式なヒストグラムです！

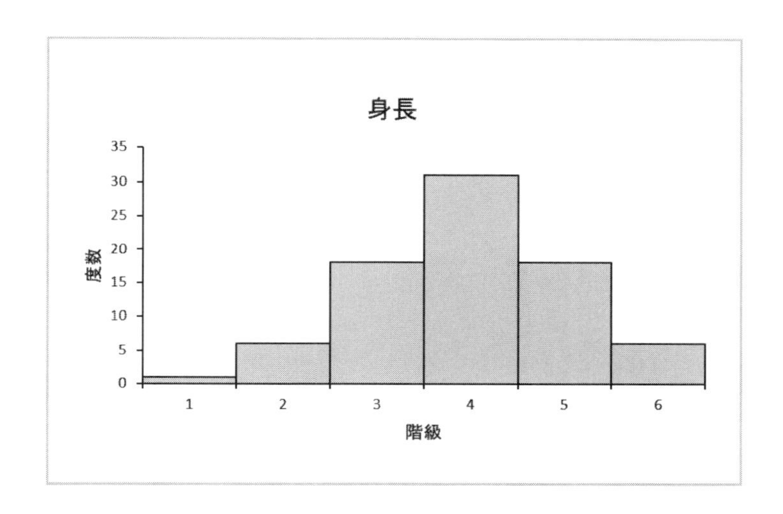

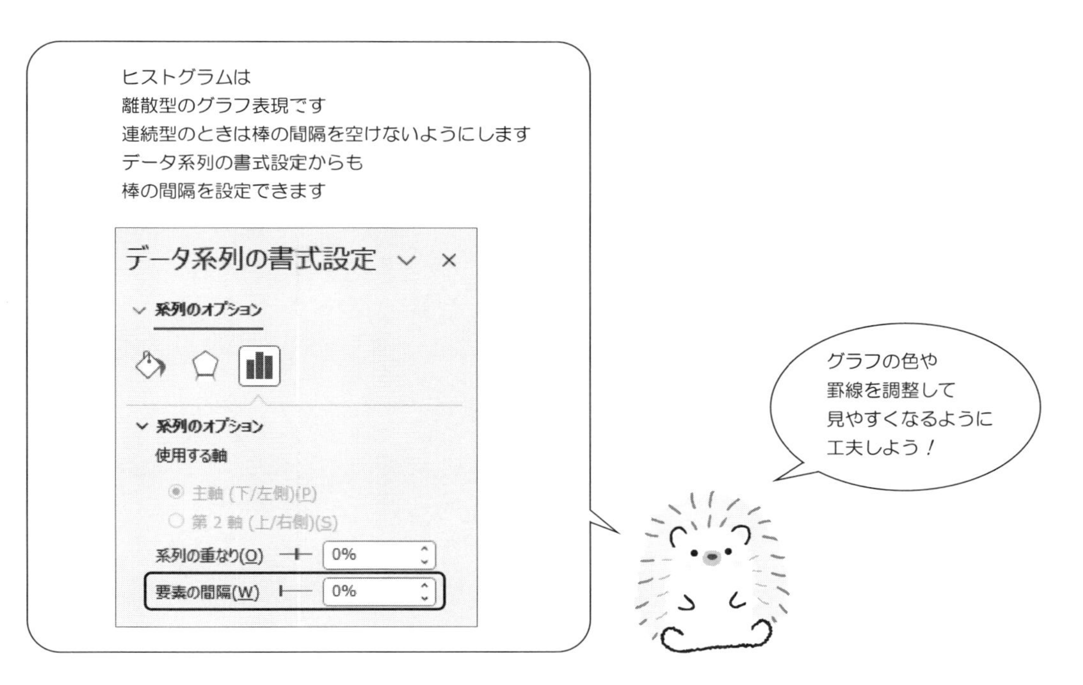

8.3 分析ツールの利用法〈ヒストグラム〉

手順 1 次のように入力しておきます.

	A	B	C	D	E	F	G	H
1	身長							
2	151		最大値	169				
3	154		最小値	143				
4	160		範囲	26				
5	160							
6	163		階級					
7	156		140	145				
8	158		145	150				
9	156		150	155				
10	154		155	160				
11	160		160	165				
12	154		165	170				
13	162							

$140 < x \leqq 145$
$145 < x \leqq 150$
⋮
$165 < x \leqq 170$

手順 2 データ から, データ分析 をクリック. 分析ツール(A) の中から

ヒストグラム

を選択します. そして OK .

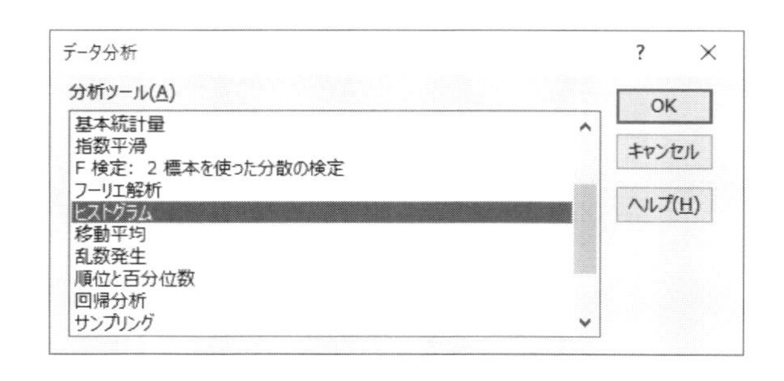

手順 **3**　入力範囲(I) にデータの範囲を，データ区間(B) に度数分布表の階級の範囲を入力し，出力先(O) を E6 としておきます．

次のようにクリックをして， OK ．

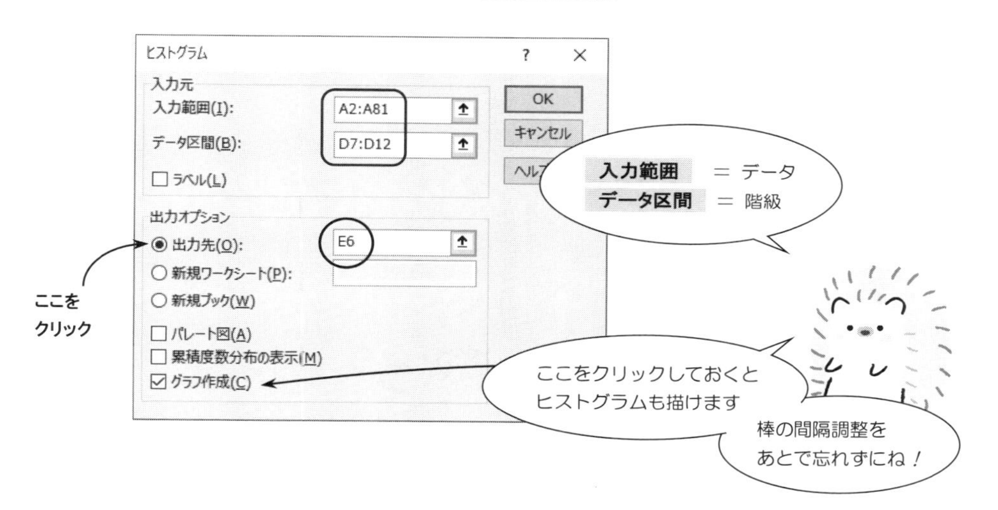

手順 **4**　次のような度数分布表とヒストグラムができあがります．

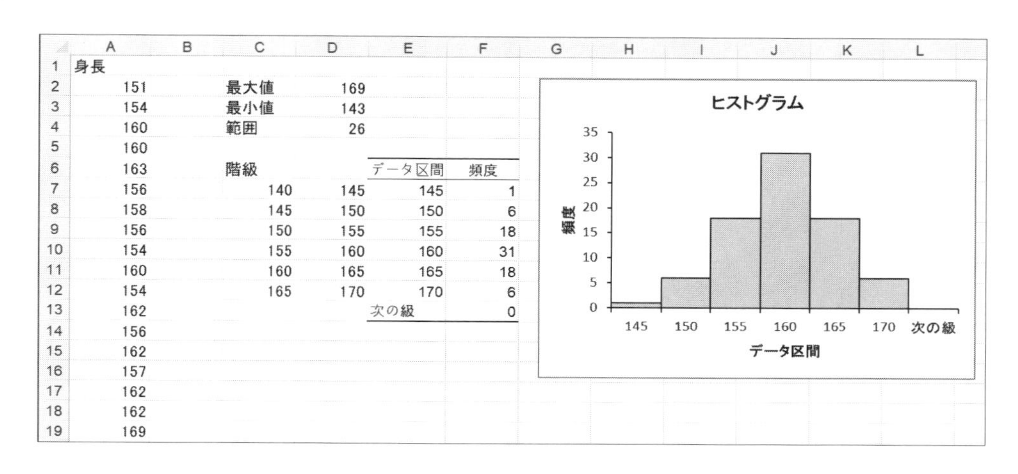

	A	B	C	D	E	F
1	身長					
2	151		最大値	169		
3	154		最小値	143		
4	160		範囲	26		
5	160					
6	163		階級		データ区間	頻度
7	156		140	145	145	1
8	158		145	150	150	6
9	156		150	155	155	18
10	154		155	160	160	31
11	160		160	165	165	18
12	154		165	170	170	6
13	162				次の級	0
14	156					
15	162					
16	157					
17	162					
18	162					
19	169					

9章 いろいろな確率分布とその数表
◉標準正規分布・カイ2乗分布・t分布・F分布

いろいろな確率分布のなかで，特に重要なものは

標準正規分布　　カイ２乗分布　　t 分布　　F 分布

の４つです．

9.1 標準正規分布の数表を作ってみよう

標準正規分布 $N(0, 1^2)$ のグラフは，右のようになっています．

標準正規分布のグラフ

0　z

このとき，標準正規分布の数表は，z の値が与えられたときの の部分の確率を求めたものです．

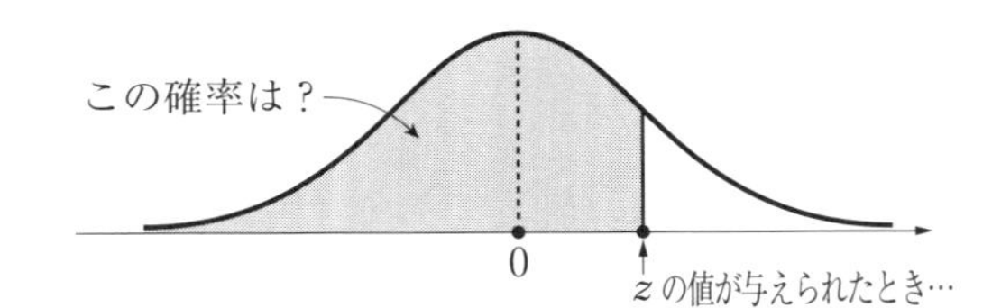

たとえば，$z = 1.00$ のとき， の部分の確率は 0.841345 になります．

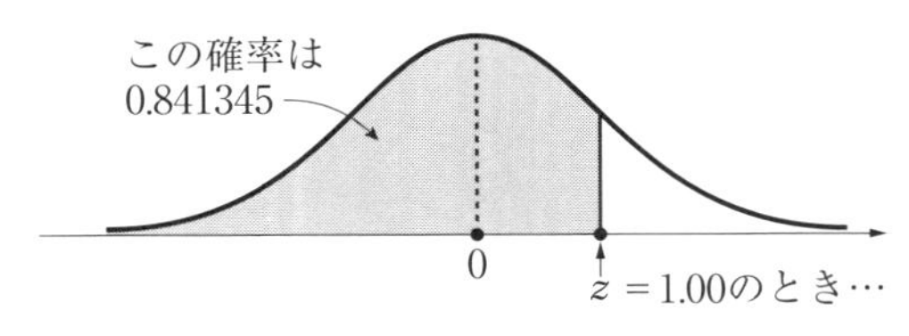

図 9.1　標準正規分布

手順 **1**　次のように，z の値 と 確率 を入力しておきます．

	A	B	C	D	E	F	G	H
1	Zの値	確率						
2	0							
3	0.1							
4	0.2							
5	0.3							
6	0.4							
7	0.5							
8	0.6							
9	0.7							
10	0.8							
11	0.9							
12	1							
13	1.1							
14	1.2							
15	1.3							
16	1.4							
17	1.5							
18								

z の値と確率を入力したら……

手順 **2**　B2 をクリックして，数式 ⇨ f_x ⇨ 統計 ⇨ NORM.S.DIST ⇨ OK ．

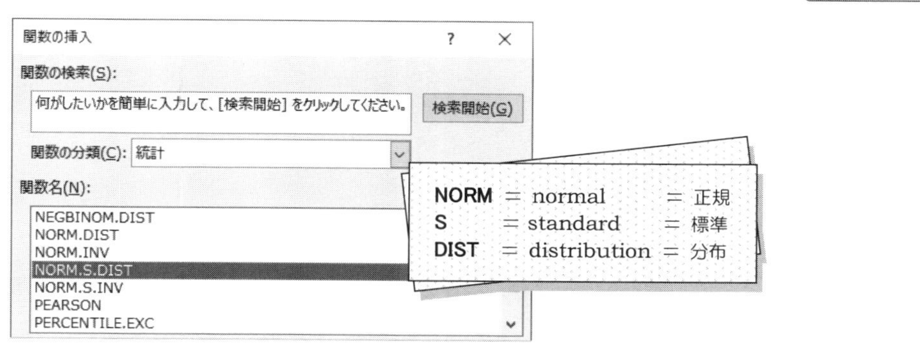

手順 **3**　次のように A2 と TRUE を入れて， OK ．

関数の引数

NORM.S.DIST

Z　A2　= 0

関数形式　TRUE　= TRUE

= 0.5

TRUE = 累積分布関数の値を返す

FALSE = 確率密度関数の値を返す

手順 4　次のように，$z=0.0$ のときの 確率 0.5 が求まります．

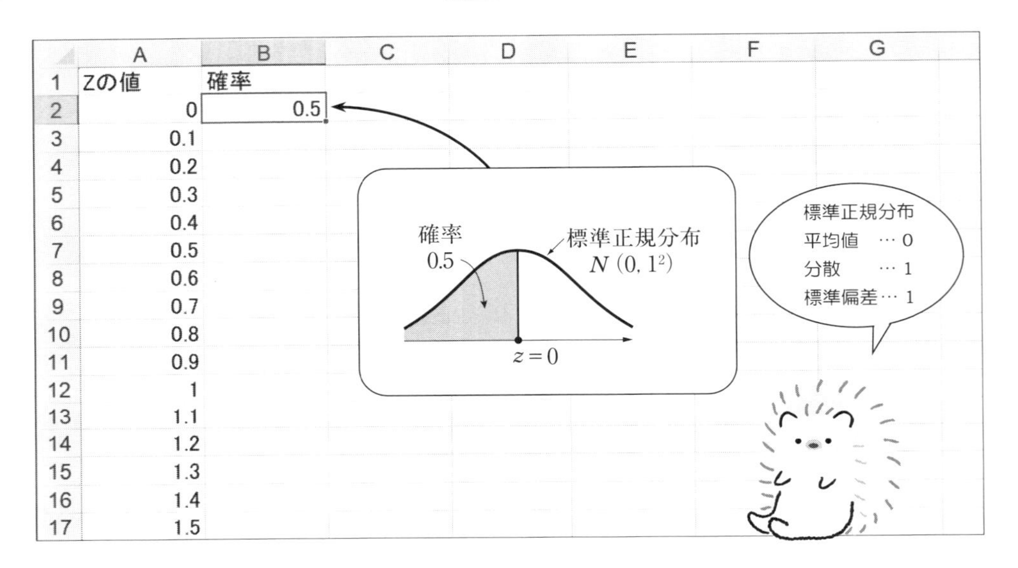

	A	B
1	Zの値	確率
2	0	0.5
3	0.1	
4	0.2	
5	0.3	
6	0.4	
7	0.5	
8	0.6	
9	0.7	
10	0.8	
11	0.9	
12	1	
13	1.1	
14	1.2	
15	1.3	
16	1.4	
17	1.5	

手順 5　B2 をコピーして，B3 から B17 まで貼り付けると，次のような標準正規分布の数表ができあがります．

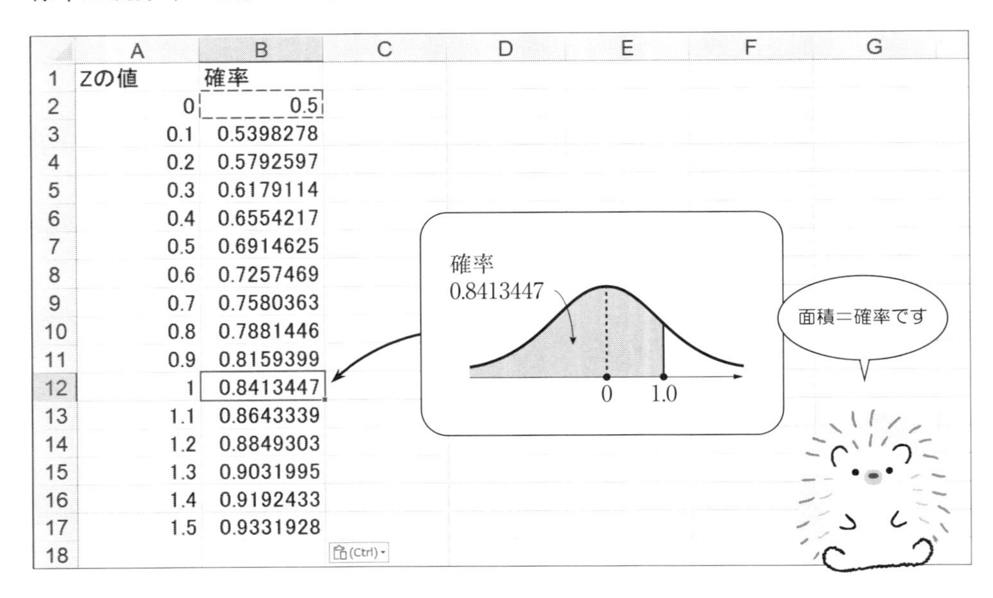

	A	B
1	Zの値	確率
2	0	0.5
3	0.1	0.5398278
4	0.2	0.5792597
5	0.3	0.6179114
6	0.4	0.6554217
7	0.5	0.6914625
8	0.6	0.7257469
9	0.7	0.7580363
10	0.8	0.7881446
11	0.9	0.8159399
12	1	0.8413447
13	1.1	0.8643339
14	1.2	0.8849303
15	1.3	0.9031995
16	1.4	0.9192433
17	1.5	0.9331928
18		

9.2 カイ2乗分布の数表を作ってみよう

カイ2乗分布の数表は，自由度 m と確率 α（アルファ）が与えられたときのカイ2乗の値 $\chi^2(m\,;\,\alpha)$ を求めたものです．

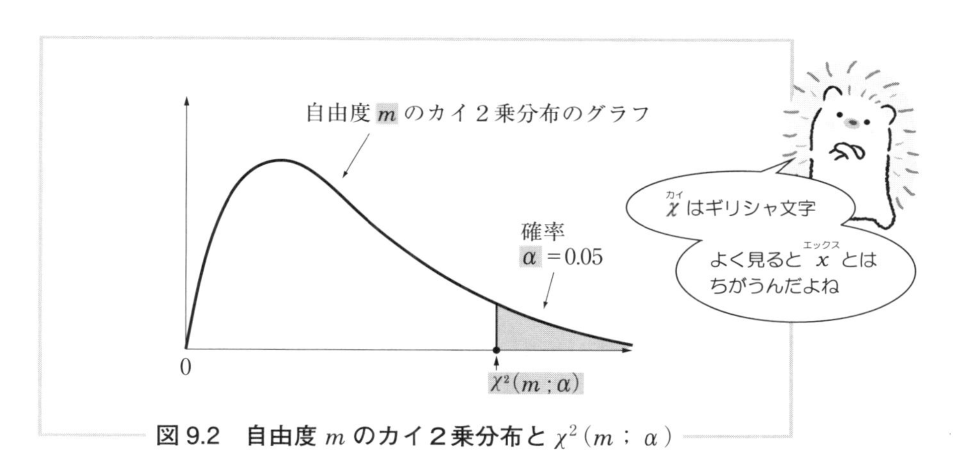

図 9.2　自由度 m のカイ2乗分布と $\chi^2(m\,;\,\alpha)$

手順 1　$\chi^2(m\,;\,0.05)$ の数表を作ります．そこで，次のように入力しておきます．

	A	B	C	D	E	F	G	H
1	自由度m	確率	カイ2乗					
2	1	0.05						
3	2	0.05						
4	3	0.05						
5	4	0.05						
6	5	0.05						
7	6	0.05						
8	7	0.05						
9	8	0.05						
10	9	0.05						
11	10	0.05						
12								

まず
自由度と確率を
入力して……

手順 2　C2 のセルをクリック．

数式 ⇨ f_x ⇨ 統計 ⇨ CHISQ.INV.RT を選択して，OK ．

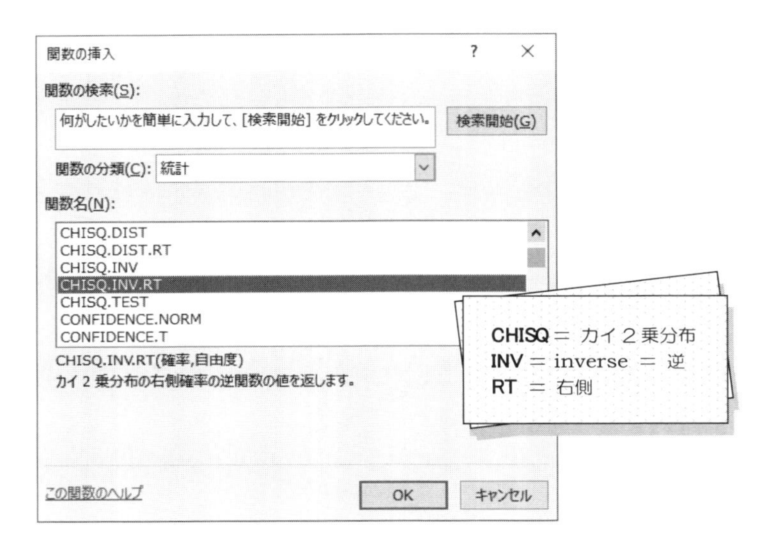

手順 3　次のようにワクの中へ入力して，OK ．

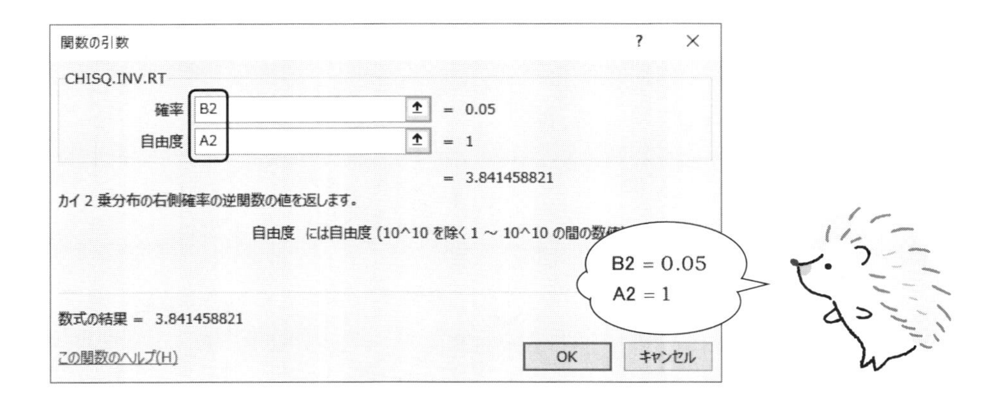

手順 4　すると，次のように $\chi^2(1, 0.05)$ の値 3.8414588 が求まります．

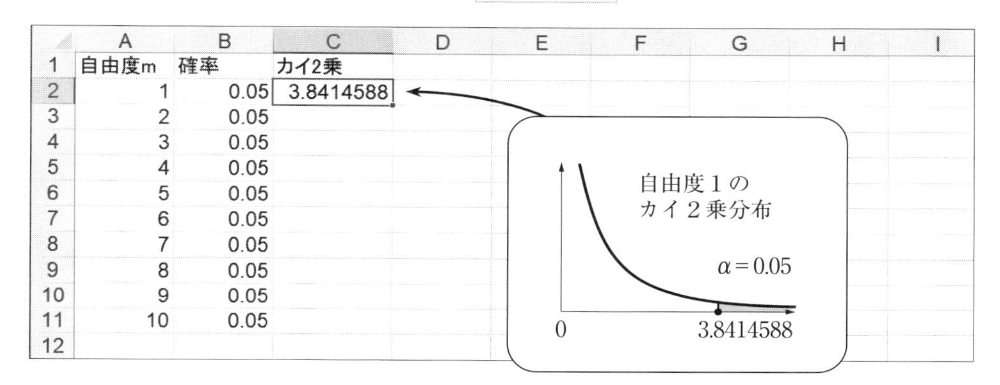

	A	B	C
1	自由度m	確率	カイ2乗
2	1	0.05	3.8414588
3	2	0.05	
4	3	0.05	
5	4	0.05	
6	5	0.05	
7	6	0.05	
8	7	0.05	
9	8	0.05	
10	9	0.05	
11	10	0.05	
12			

手順 5　C2 のセルをコピーして，C3 から C11 まで貼り付けると，
次のようなカイ 2 乗分布の数表ができあがります．

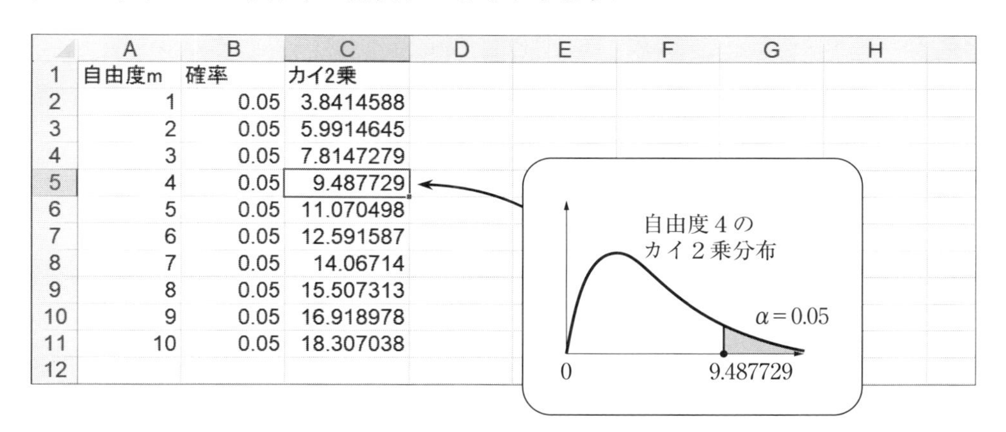

	A	B	C
1	自由度m	確率	カイ2乗
2	1	0.05	3.8414588
3	2	0.05	5.9914645
4	3	0.05	7.8147279
5	4	0.05	9.487729
6	5	0.05	11.070498
7	6	0.05	12.591587
8	7	0.05	14.06714
9	8	0.05	15.507313
10	9	0.05	16.918978
11	10	0.05	18.307038
12			

9.3 t 分布の数表を作ってみよう

t 分布の数表は，自由度 m と両側確率 α（アルファ）が与えられたときの t 分布の値 $t\left(m\,;\,\dfrac{\alpha}{2}\right)$ を求めたものです．

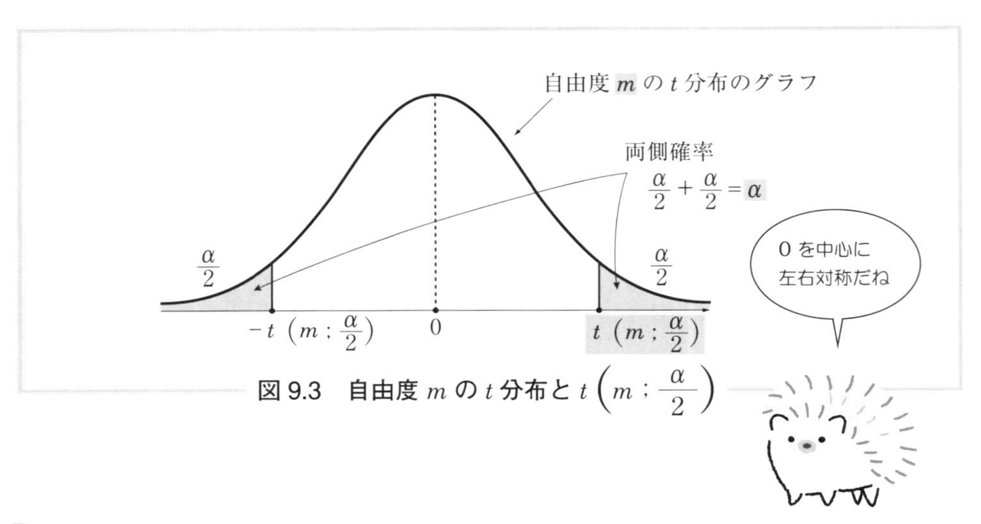

図 9.3　自由度 m の t 分布と $t\left(m\,;\,\dfrac{\alpha}{2}\right)$

手順 1　t（m；0.025）の数表を作ります．そこで，次のように入力しておきます．

	A	B	C	D	E	F	G	H
1	自由度m	両側確率	t分布					
2	1	0.05						
3	2	0.05						
4	3	0.05						
5	4	0.05						
6	5	0.05						
7	6	0.05						
8	7	0.05						
9	8	0.05						
10	9	0.05						
11	10	0.05						
12								

はじめに自由度と
両側確率を入力して……

$\alpha=0.05$
$\dfrac{\alpha}{2}=0.025$

手順 2　C2 のセルをクリック．数式 ⇨ f_x ⇨ 統計 ⇨ T.INV.2T を選択して，OK．

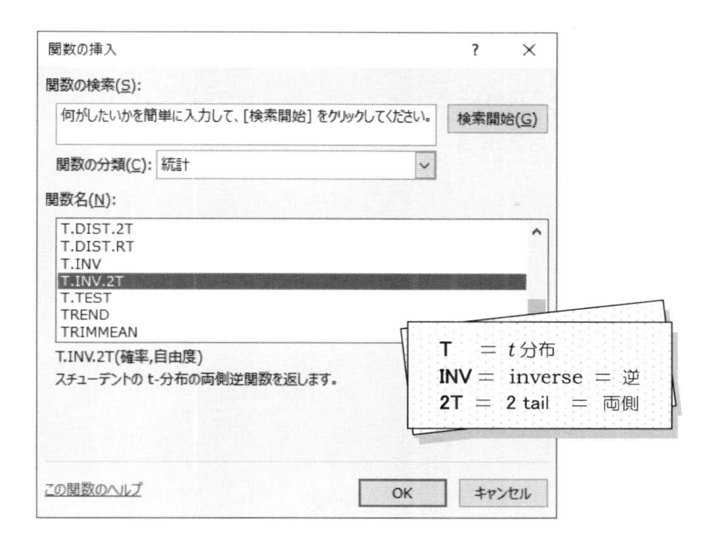

手順 3　次のようにワクの中へ入力して，OK．

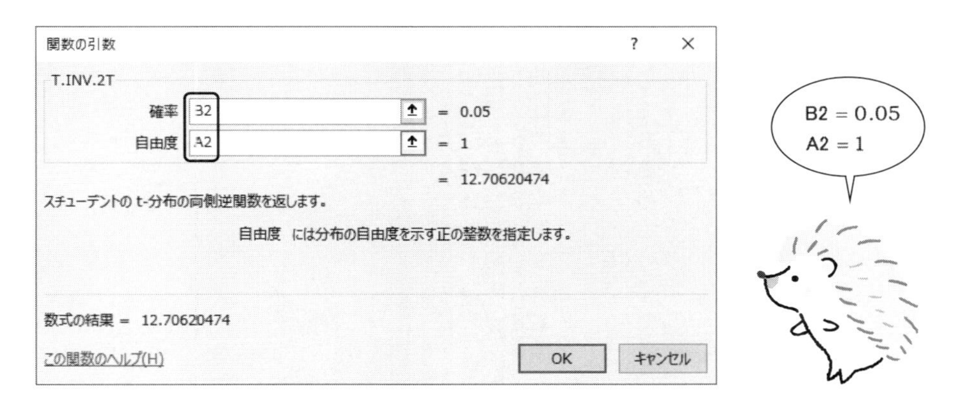

手順 4　次のように t (1；0.025) の値 12.706205 が求まります．

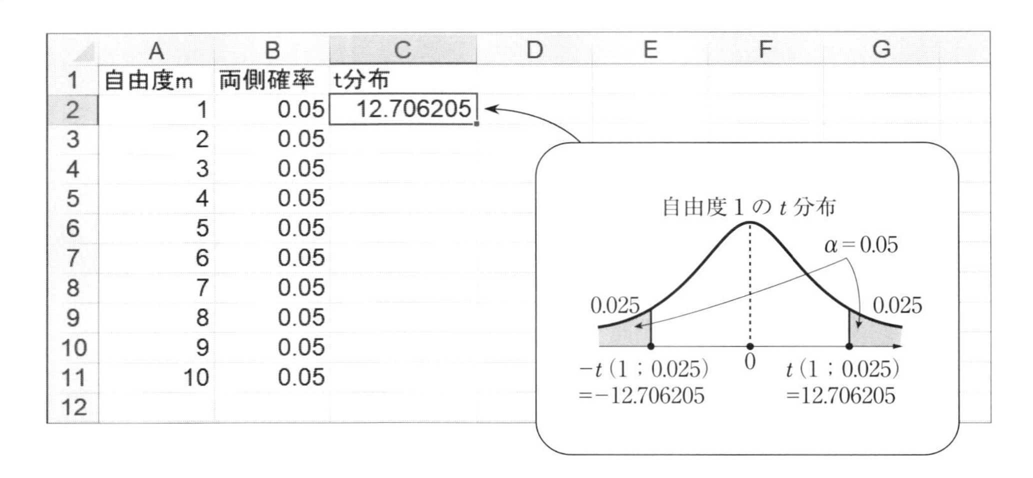

	A	B	C	D	E	F	G
1	自由度m	両側確率	t分布				
2	1	0.05	12.706205				
3	2	0.05					
4	3	0.05					
5	4	0.05					
6	5	0.05					
7	6	0.05					
8	7	0.05					
9	8	0.05					
10	9	0.05					
11	10	0.05					
12							

手順 5　C2 のセルをコピーして，C3 から C11 まで貼り付けると，
t 分布の数表ができあがります．

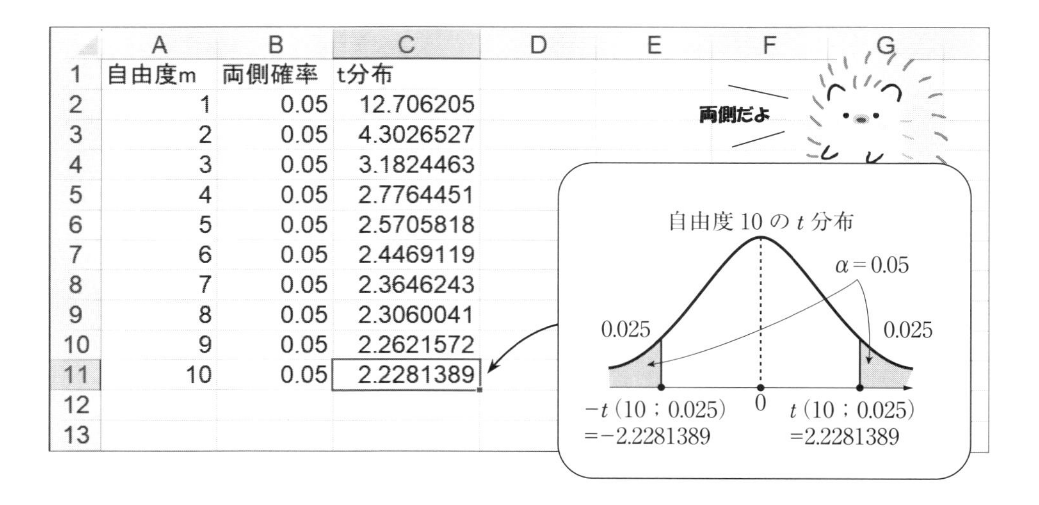

	A	B	C	D	E	F	G
1	自由度m	両側確率	t分布				
2	1	0.05	12.706205				
3	2	0.05	4.3026527				
4	3	0.05	3.1824463				
5	4	0.05	2.7764451				
6	5	0.05	2.5705818				
7	6	0.05	2.4469119				
8	7	0.05	2.3646243				
9	8	0.05	2.3060041				
10	9	0.05	2.2621572				
11	10	0.05	2.2281389				
12							
13							

t 分布の確率 α と，そのときの t の値 $t\,(m\;;\;\alpha)$ に注意しましょう．

確率 α = 0.05 が **片側の場合** の t の値を求めたいときには……

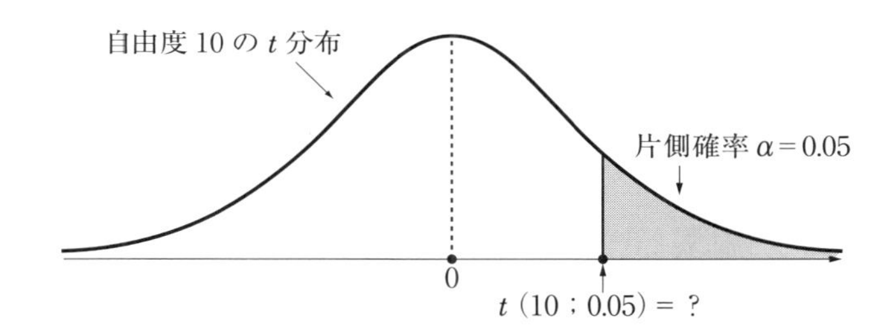

T.INV.2T の両側確率 0.1 を利用して，

次のように入力します *!!*

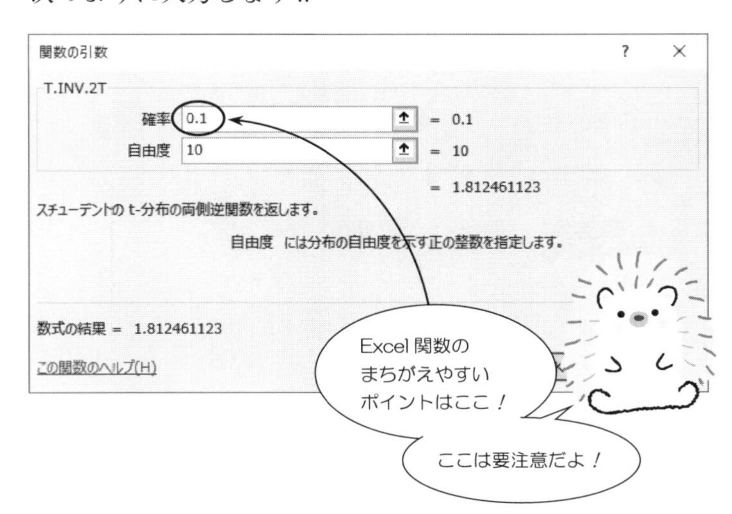

9.4 F 分布の数表を作ってみよう

F 分布の数表は，2つの自由度（m, n）と確率 α（アルファ）が与えられたときの F 分布の値 $F(m,n\,;\,\alpha)$ を求めたものです．

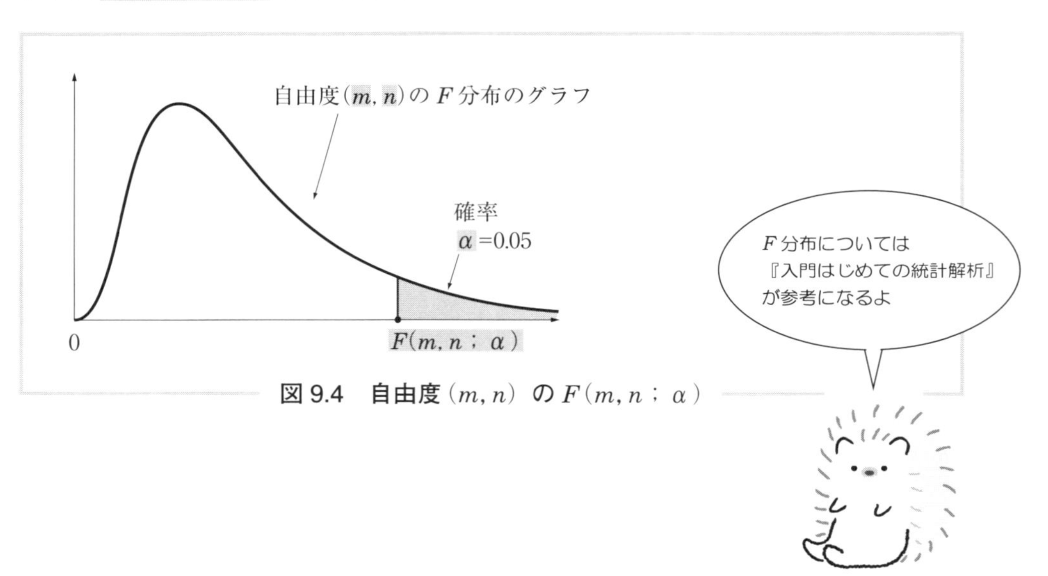

図 9.4　自由度 (m, n) の $F(m, n\,;\,\alpha)$

手順 1　$F(m, 10\,;\,0.05)$ の数表を作ります．そこで，次の表を用意します．

	A	B	C	D	E	F	G	H
1	自由度m	自由度n	確率	F分布				
2	1	10	0.05					
3	2	10	0.05					
4	3	10	0.05					
5	4	10	0.05					
6	5	10	0.05					
7	6	10	0.05					
8	7	10	0.05					
9	8	10	0.05					
10	9	10	0.05					
11	10	10	0.05					
12								

こんなふうに
入力したら……

手順 **2**　D2のセルをクリック．

数式 ⇨ f_x ⇨ 統計 ⇨ F.INV.RT を選択して，OK．

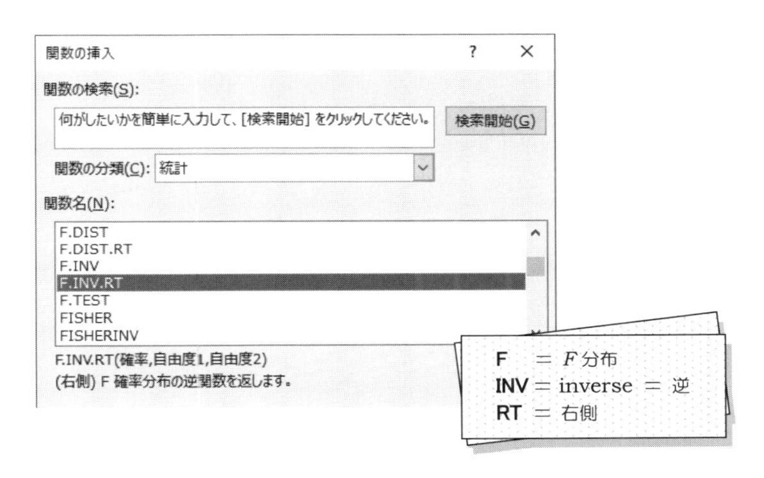

手順 **3**　次のようにワクの中へ入力して，OK．

関数の引数

F.INV.RT

確率　C2　= 0.05

自由度1　A2　= 1

自由度2　B2　= 10

= 4.964602744

(右側) F 確率分布の逆関数を返します。

自由度2 には分母の自由度 (10^10 を除… …の数値) を指定します。

数式の結果 = 4.964602744

この関数のヘルプ(H)

OK

C2 = 0.05

A2 = 1

B2 = 10

手順 4　次のように $F(1, 10 ; 0.05)$ の値 4.964603 が求まります．

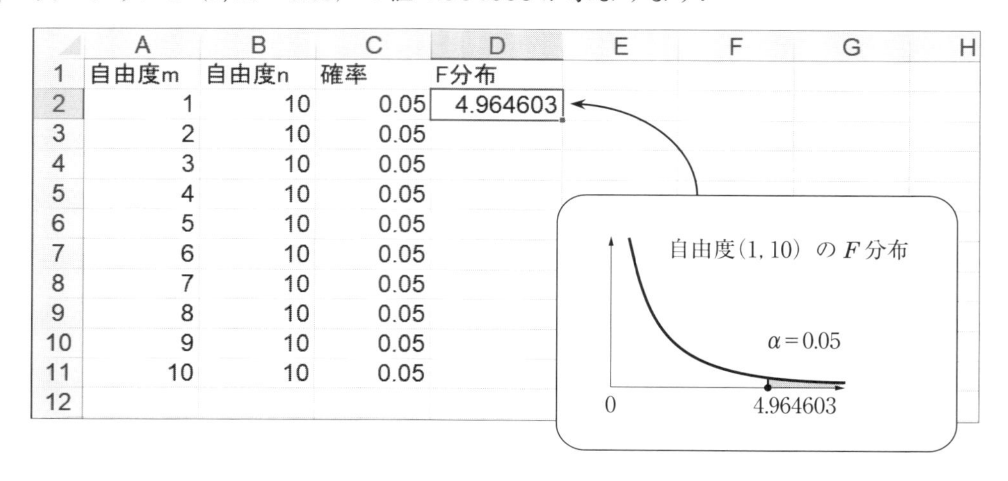

	A	B	C	D
1	自由度m	自由度n	確率	F分布
2	1	10	0.05	4.964603
3	2	10	0.05	
4	3	10	0.05	
5	4	10	0.05	
6	5	10	0.05	
7	6	10	0.05	
8	7	10	0.05	
9	8	10	0.05	
10	9	10	0.05	
11	10	10	0.05	
12				

手順 5　D2 のセルをコピーして，D3 から D11 まで貼り付けると，

次のような F 分布の数表ができあがります．

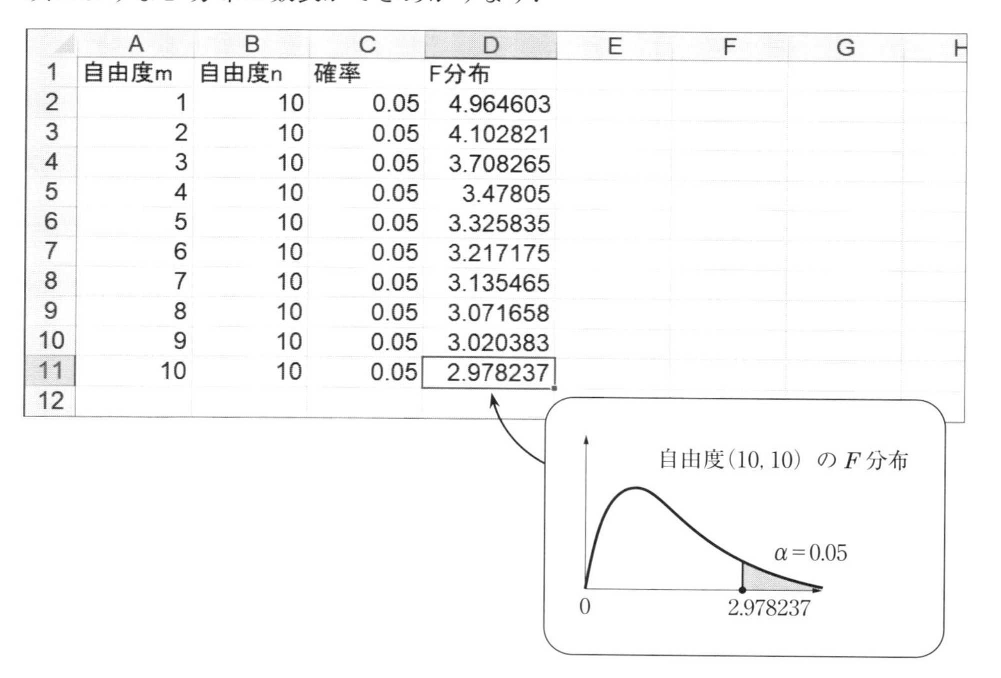

	A	B	C	D
1	自由度m	自由度n	確率	F分布
2	1	10	0.05	4.964603
3	2	10	0.05	4.102821
4	3	10	0.05	3.708265
5	4	10	0.05	3.47805
6	5	10	0.05	3.325835
7	6	10	0.05	3.217175
8	7	10	0.05	3.135465
9	8	10	0.05	3.071658
10	9	10	0.05	3.020383
11	10	10	0.05	2.978237
12				

1元配置の分散分析では検定統計量として F 分布を利用します.

たとえば, ……

グループの数 $a = 5$, データの総数 $N = 15$ の1元配置の場合

検定統計量の分布は, 自由度 (4, 10) の F 分布になります.

したがって, 確率 $\alpha = 0.05$ のときの F 分布の値 $F(4, 10\,;\,0.05)$ が

検定のときの棄却限界となります.

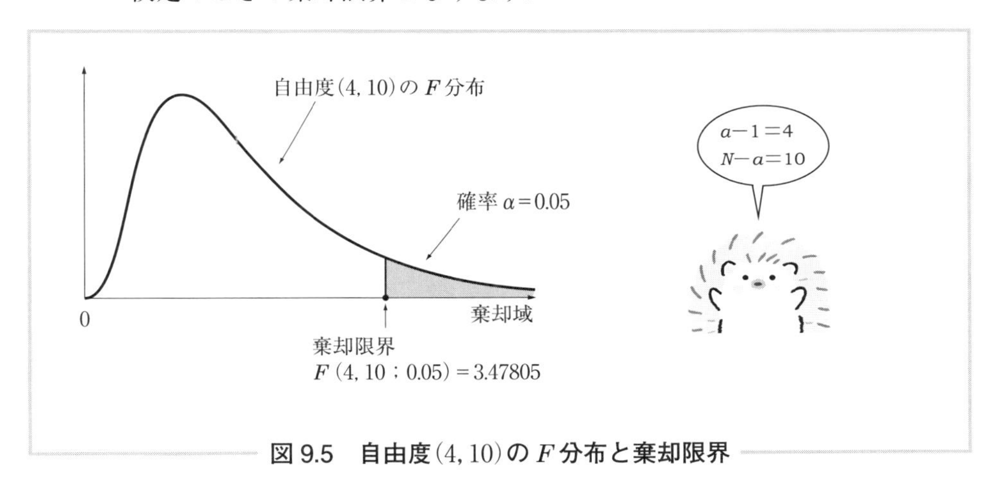

図 9.5　自由度(4, 10)の F 分布と棄却限界

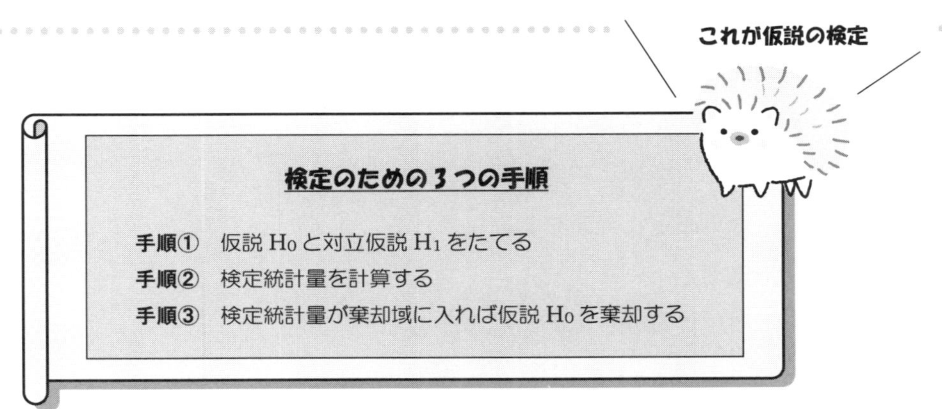

10章 平均の区間推定
◉信頼係数95%の信頼区間

10.0 統計的推定とは？

統計的推定とは，母集団からランダムに抽出された標本の値に基づいて，

母集団を特定する未知のパラメータを推定することです．

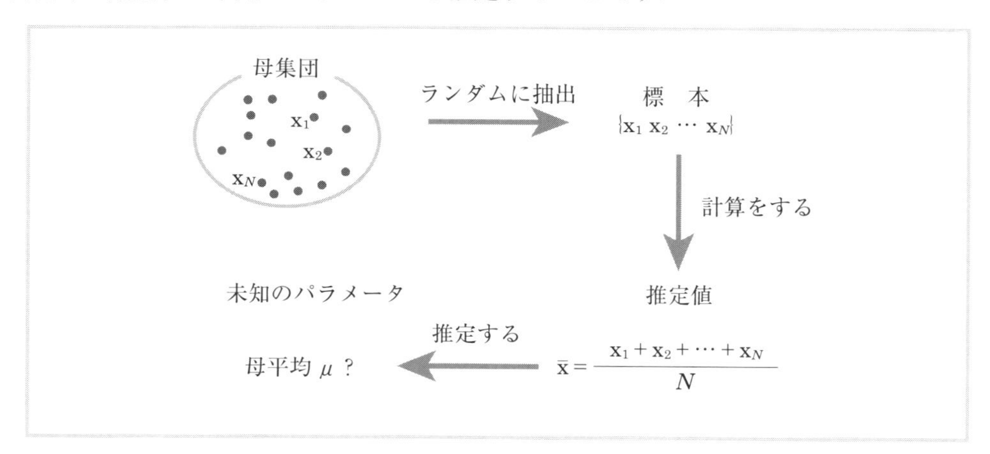

■母集団と標本の関係

調査対象としている大きな集まりを**母集団**といい，

測定されるデータのことを**標本**といいます．

研究対象としての母集団が正規分布とみなされるとき，

その母集団を**正規母集団**といいます．

身長のような母集団は正規分布によく当てはまっているので，

正規母集団の良い例です．

■点推定

点推定とは，

“標本 $\{x_1\ \ x_2 \cdots x_N\}$ から得られるただ1つの値 $f(x_1, x_2, \cdots, x_n)$ で，

　母集団の未知のパラメータを推定する方法”

のことです．この $f(x_1, x_2, \cdots, x_n)$ を推定値といいます．

点推定は，誰にでもわかりやすいということもあって，
新聞，テレビなどで統計データが紹介されるときにはよく用いられていますが，
専門誌に載っている学術論文をのぞいてみると，
統計的推定のほとんどが，次の区間推定を使っています．

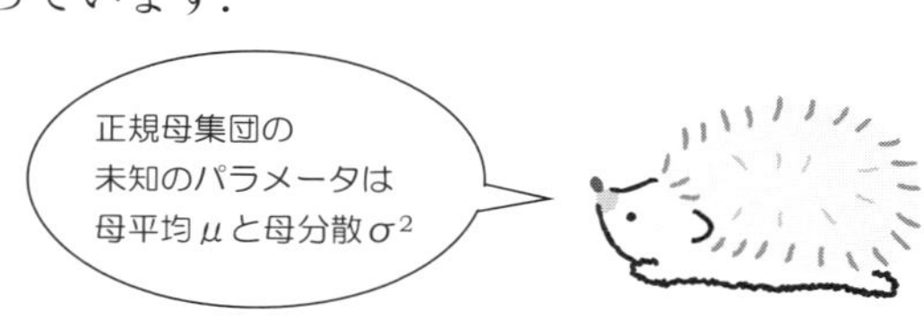

■区間推定

母集団の未知のパラメータを，

“標本の値から適当な幅をもたせて推定しよう”

というのが区間推定です．

その幅のことを信頼区間といいます．

区間推定の妥当性を 95％のようにパーセントで表します．

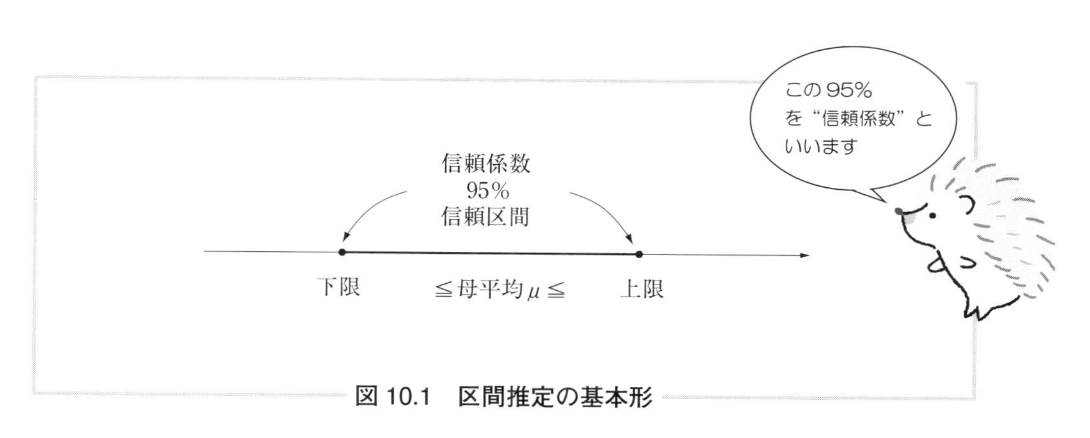

図 10.1　区間推定の基本形

10.1 母平均の区間推定をしてみよう

次のデータは，８人のアルバイトの時給です．

表 10.1　アルバイトの時給

標本データ ➡

No	時給
1	1270
2	1490
3	1210
4	1350
5	1480
6	1340
7	1520
8	1330

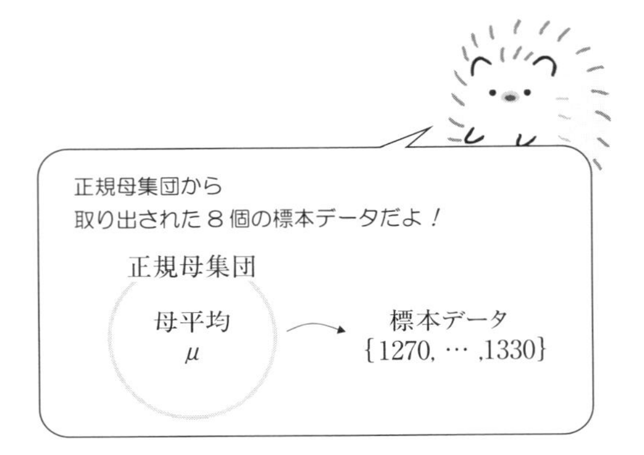

この標本データを使って，全国のアルバイトの平均時給を区間推定してみましょう．

区間推定には

母平均の区間推定　　母分散の区間推定　　母比率の区間推定

など，いろいろな区間推定があります．

“区間で推定する”とは，知りたい値が

“○○から△△の間に入っている”

という意味です．

この母平均，母分散，母比率のことを**パラメータ**（＝母数）といいます．

次の公式を使って正規母集団の平均を区間推定します．

信頼係数 95 %の母平均の区間推定の公式

$$\bar{x} - t\,(N-1\,;\,0.025) \times \sqrt{\frac{s^2}{N}} \leqq \text{母平均}\,\mu \leqq \bar{x} + t\,(N-1\,;\,0.025) \times \sqrt{\frac{s^2}{N}}$$

ただし，　$\bar{x}$：標本平均，s^2：標本分散，N：データ数

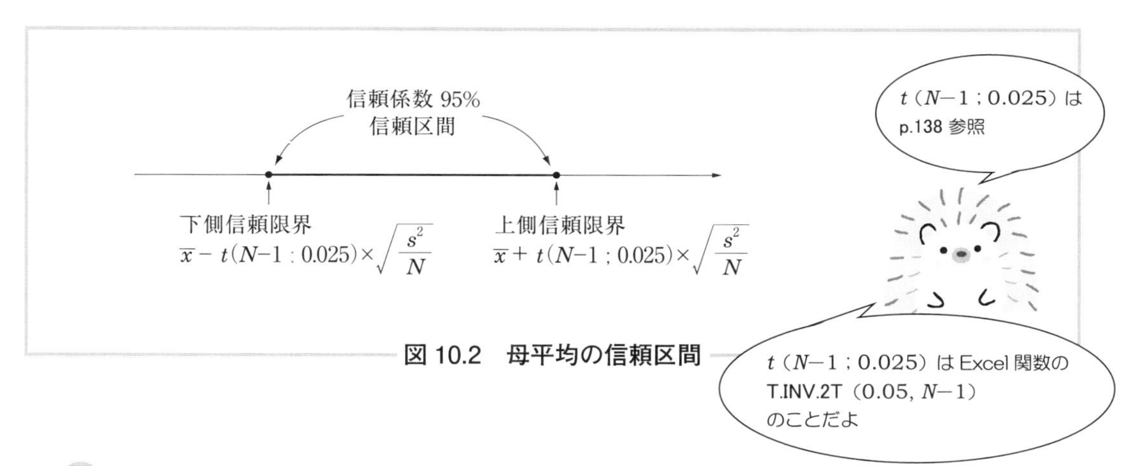

図 10.2　母平均の信頼区間

手順 1　次のように入力しておきます．

	A	B	C	D	E	F
1	No	時給				
2	1	1270		標本平均		
3	2	1490				
4	3	1210		標本分散		
5	4	1350				
6	5	1480		t分布の値		
7	6	1340				
8	7	1520		区間推定		
9	8	1330				

手順 2　はじめに，標本平均 $\bar{x}$ を求めます．

E2 のセルに ＝AVERAGE(B2:B9)

と入力して，⏎．

	A	B	C	D	E	F
1	No	時給				
2	1	1270		標本平均	=AVERAGE(B2:B9)	
3	2	1490				
4	3	1210		標本分散		
5	4	1350				
6	5	1480		t分布の値		
7	6	1340				
8	7	1520		区間推定		
9	8	1330				
10						

平均値 $\bar{x}$ だよ
1373.75

手順 3　次に，標本分散 s^2 を求めます．E4 のセルをクリック．

数式 ⇨ f_x ⇨ 統計 ⇨ VAR.S を選択して， OK ．

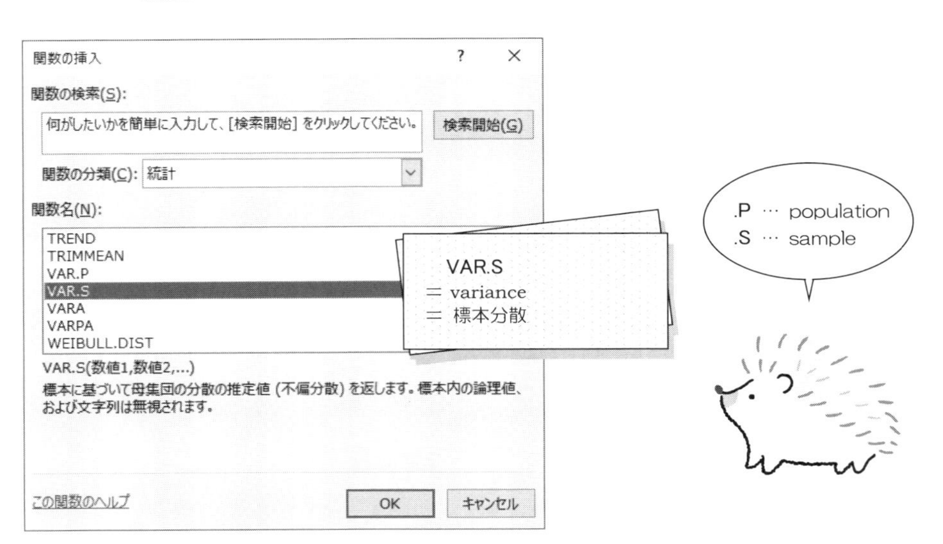

⇨ 次の画面になったら，ワクの中へ， B2:B9 と入力して， OK .

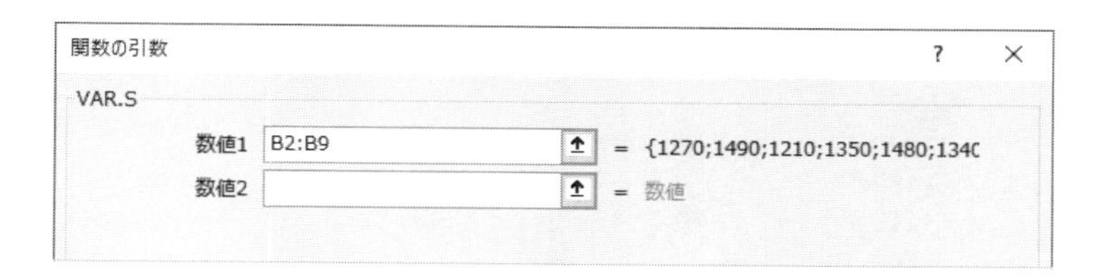

⇨ すると，標本分散 s^2 が求まります.

	A	B	C	D	E	F
1	No	時給				
2	1	1270		標本平均	1373.75	
3	2	1490				
4	3	1210		標本分散	12483.9286	
5	4	1350				
6	5	1480		t分布の値		
7	6	1340				
8	7	1520		区間推定		
9	8	1330				
10						

これが
標本分散 s^2

手順 4 次に，t (7；0.025) の値を求めます．E6 のセルをクリック．

f_x ⇨ 統計 ⇨ T.INV.2T を選択して， OK .

次の画面になったら，ワクの中へ 0.05 と 7 を入力し， OK .

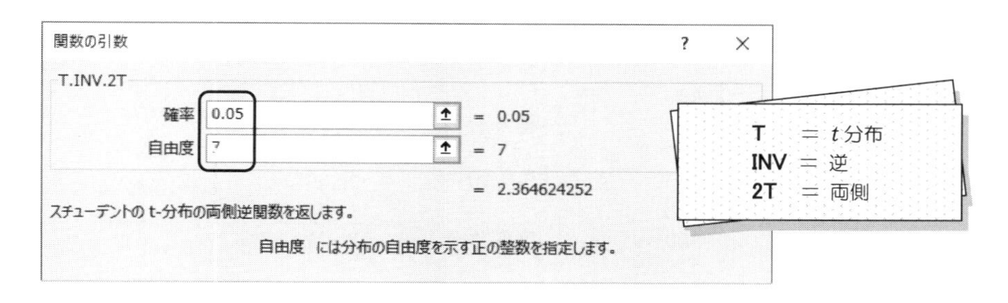

⇨ 自由度７，両側確率 0.05 のときの t 分布の値 t（7；0.025）が求まりました．

	A	B	C	D	E	F
1	No	時給				
2	1	1270		標本平均	1373.75	
3	2	1490				
4	3	1210		標本分散	12483.9286	
5	4	1350				
6	5	1480		t分布の値	2.3646243	
7	6	1340				
8	7	1520		区間推定		
9	8	1330				
10						

手順 **5** 信頼区間の左側（＝下側信頼限界）を求めます．

E8 のセルに，＝E2－E6＊SQRT(E4/8) と入力して，⏎．

	A	B	C	D	E	F	G
1	No	時給					
2	1	1270		標本平均	1373.75		
3	2	1490					
4	3	1210		標本分散	12483.9286		
5	4	1350					
6	5	1480		t分布の値	2.3646243		
7	6	1340					
8	7	1520		区間推定	=E2-E6*SQRT(E4/8)		
9	8	1330					

⇨ すると……

	A	B	C	D	E	F	G
1	No	時給					
2	1	1270		標本平均	1373.75		
3	2	1490					
4	3	1210		標本分散	12483.9286		
5	4	1350					
6	5	1480		t分布の値	2.3646243		
7	6	1340					
8	7	1520		区間推定	1280.34		
9	8	1330					
10							

区間推定の公式の左側
下側信頼限界

$$\bar{x} - t(N-1;0.025) \times \sqrt{\frac{s^2}{N}}$$

手順 6　信頼区間の右側（＝上側信頼限界）を求めます．

F8 のセルに，＝E2＋E6＊SQRT(E4/8) と入力して，⏎．

	A	B	C	D	E	F	G
1	No	時給					
2	1	1270		標本平均	1373.75		
3	2	1490					
4	3	1210		標本分散	12483.9286		
5	4	1350					
6	5	1480		t分布の値	2.3646243		
7	6	1340					
8	7	1520		区間推定	1280.34	=E2+E6*SQRT(E4/8)	
9	8	1330					
10							

$\bar{x}+t(N-1;0.025)\times\sqrt{\dfrac{s^2}{N}}$

区間推定の公式の右側
上側信頼限界

➡ すると……

	A	B	C	D	E	F	G
1	No	時給					
2	1	1270		標本平均	1373.75		
3	2	1490					
4	3	1210		標本分散	12483.9286		
5	4	1350					
6	5	1480		t分布の値	2.3646243		
7	6	1340					
8	7	1520		区間推定	1280.34	1467.16	
9	8	1330					
10							

したがって，アルバイトの平均時給の信頼係数 95 %信頼区間は

$$1373.75-2.365\times\sqrt{\frac{12483.9286}{8}}\leqq \text{母平均}\leqq 1373.75+2.365\times\sqrt{\frac{12483.9286}{8}}$$

$$\boxed{1280.34}\leqq \text{母平均}\,\mu \leqq \boxed{1467.16}$$

となりました．

10.2 分析ツールの利用法〈基本統計量〉

手順 1　次のようにデータを入力します．

	A	B	C	D	E	F	G
1	No	時給					
2	1	1270					
3	2	1490					
4	3	1210					
5	4	1350					
6	5	1480					
7	6	1340					
8	7	1520					
9	8	1330					
10							
11							
12							

手順 2　データ の中の データ分析 をクリック．分析ツール(A) の中から

基本統計量

を選択したら，OK ．

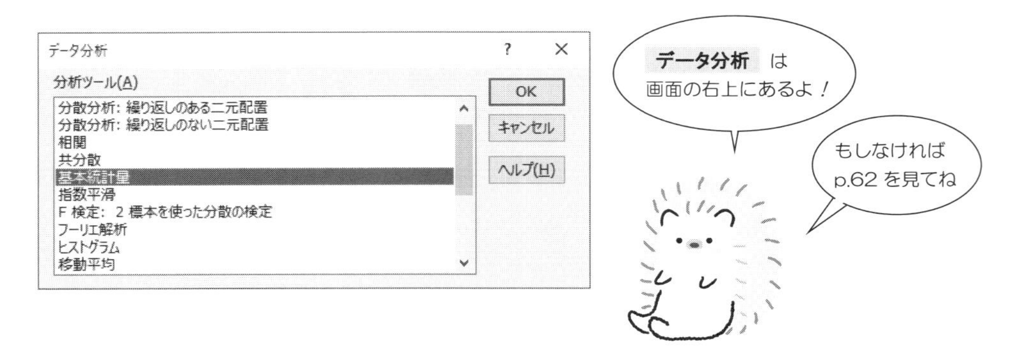

手順 3 入力範囲(I) のところに時給のデータ B1:B9 を入力.

次のようにクリックしたら, OK .

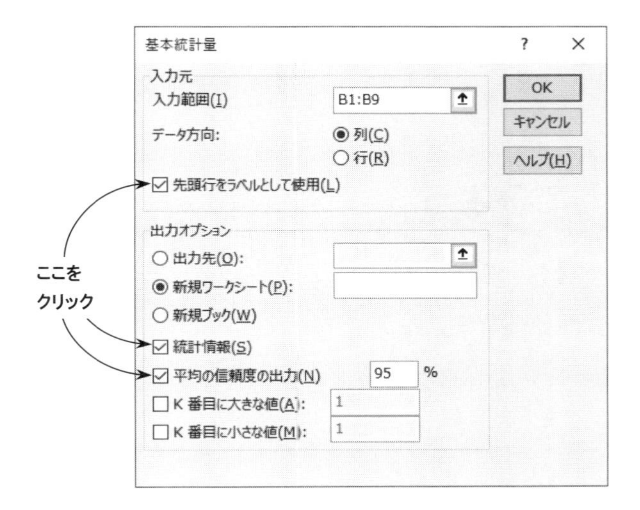

手順 4 次のように出力されたら, B3 と B16 のセルを利用して,

イラストの中のように区間推定を計算します.

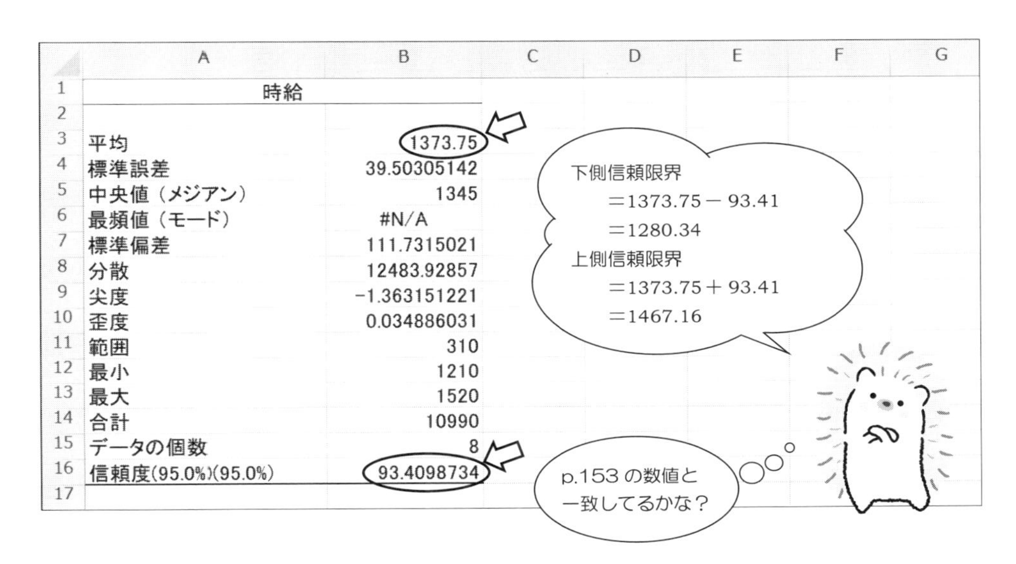

	A	B	C	D	E	F	G
1	時給						
2							
3	平均	1373.75					
4	標準誤差	39.50305142					
5	中央値（メジアン）	1345					
6	最頻値（モード）	#N/A					
7	標準偏差	111.7315021					
8	分散	12483.92857					
9	尖度	-1.363151221					
10	歪度	0.034886031					
11	範囲	310					
12	最小	1210					
13	最大	1520					
14	合計	10990					
15	データの個数	8					
16	信頼度(95.0%)(95.0%)	93.4098734					
17							

11章 比率の区間推定
◉信頼係数 95％の信頼区間

11.1 母比率の区間推定をしてみよう

O池におけるブラックバスの生息比率を調査するため，
ランダムに何回か投網をうち，魚類を 178 匹捕獲しました．
その中には，ブラックバスが 42 匹含まれていました．

そこで……

O池全体のブラックバス生息比率（母比率 p）を
区間推定してみましょう．

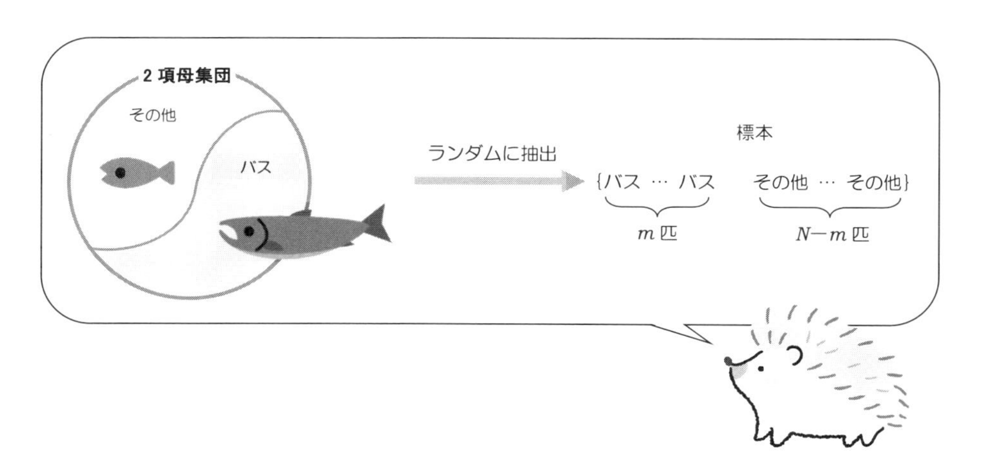

次の公式を使って，母集団の比率 p の区間推定をします．

信頼係数 95 %の母比率の区間推定の公式

$$\frac{m}{N} - z\,(0.025) \times \sqrt{\frac{\frac{m}{N} \times \left(1 - \frac{m}{N}\right)}{N}} \leqq p \leqq \frac{m}{N} + z\,(0.025) \times \sqrt{\frac{\frac{m}{N} \times \left(1 - \frac{m}{N}\right)}{N}}$$

この公式に代入すると

$$\frac{42}{178} - z\,(0.025) \times \sqrt{\frac{\frac{42}{178} \times \left(1 - \frac{42}{178}\right)}{178}} \leqq p \leqq \frac{42}{178} + z\,(0.025) \times \sqrt{\frac{\frac{42}{178} \times \left(1 - \frac{42}{178}\right)}{178}}$$

が，O池のブラックバス生息比率の信頼係数 95 %信頼区間です．

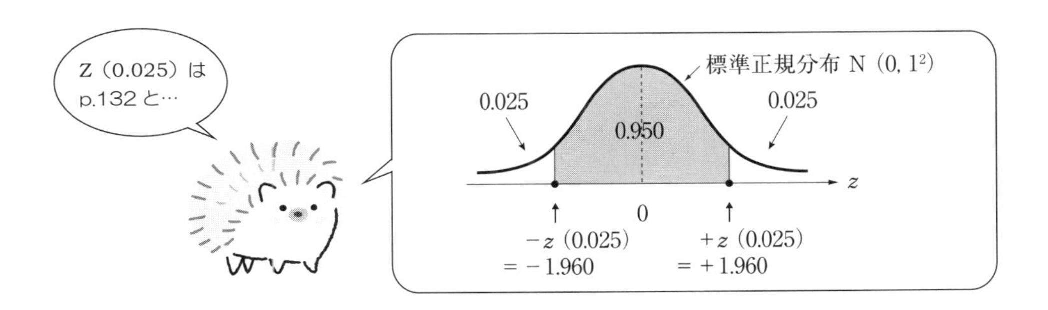

【母比率の区間推定の手順】

手順 1　次のようにデータを入力しておきます.

	A	B	C	D	E	F	G
1	バス	その他の魚	合計				
2	42	136	178				
3							
4	標本比率						
5							
6	zの値						
7							
8	区間推定						
9							

手順 2　はじめに, 標本比率を計算します.

B4 のセルに ＝A2/C2

と入力して, ⏎.

	A	B	C	D	E	F	G
1	バス	その他の魚	合計				
2	42	136	178				
3							
4	標本比率	0.2359551					
5							
6	zの値						
7							
8	区間推定						
9							

$N = 178$

$m = 42$

標本比率 $= \dfrac{m}{N} = \dfrac{42}{178}$

手順 3　次に標準正規分布の値 $z(0.025)$ を求めます．

B6 のセルをクリックして，数式 ⇨ f_x ⇨ 統計 ⇨ NORM.INV を選択

そして，OK ．

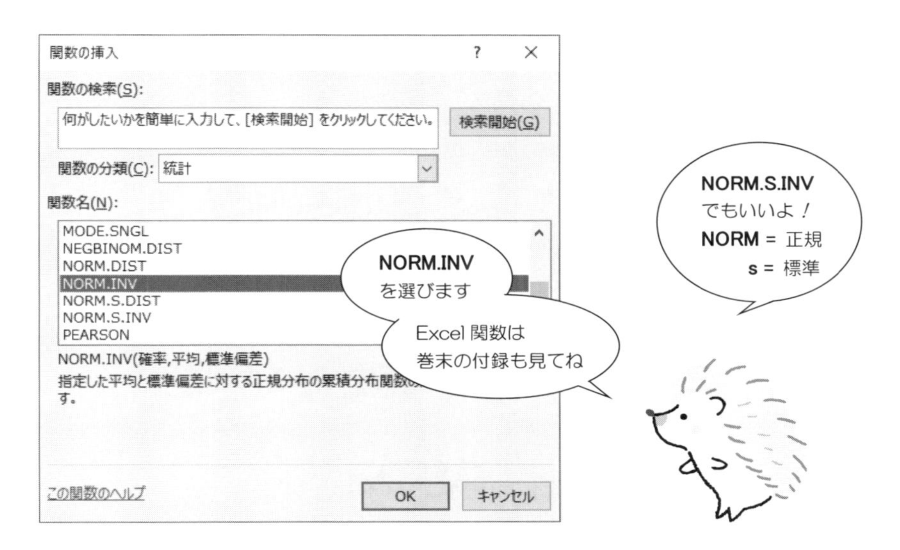

⇨　次の画面になったら，ワクの中へ次のように入力して，OK ．

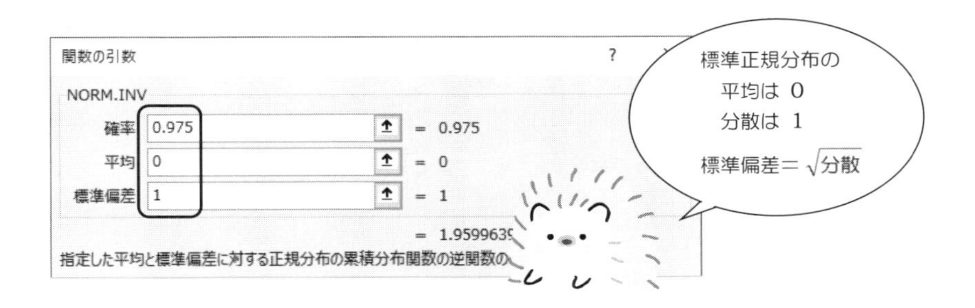

すると……

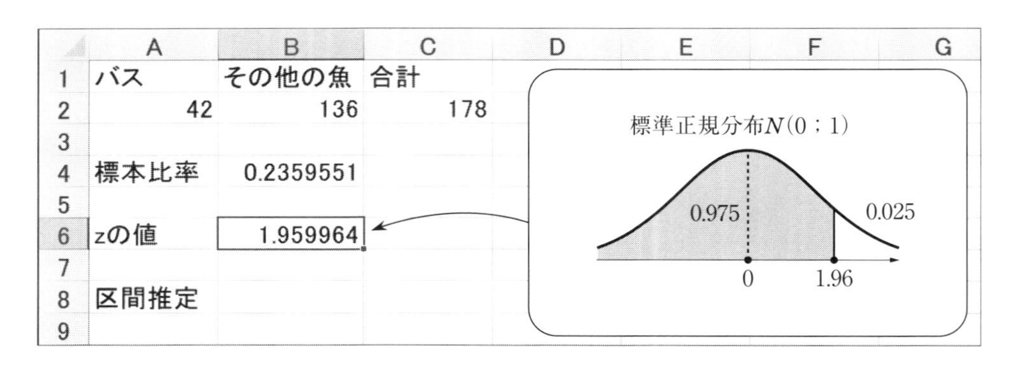

手順 4　次に信頼区間の左側（＝下側信頼限界）を求めます．

B8 のセルに，　＝B4－B6＊SQRT(B4＊(1－B4)/C2)　と入力．

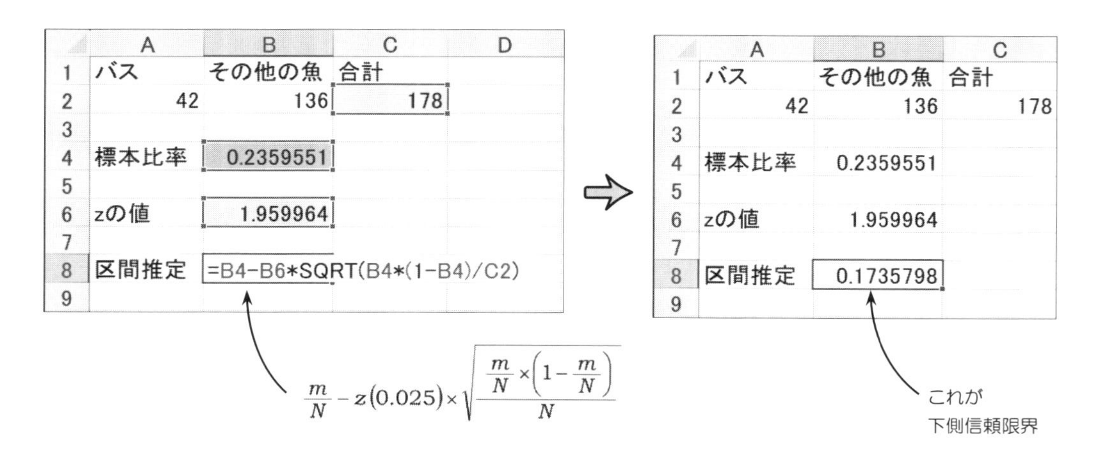

手順 5　次に，信頼区間の右側（＝上側信頼限界）を求めます．

C8 のセルに，＝B4＋B6＊SQRT(B4＊(1－B4)/C2) と入力．

	A	B	C	D	E	F	G
1	バス	その他の魚	合計				
2	42	136	178				
3							
4	標本比率	0.2359551					
5							
6	zの値	1.959964					
7							
8	区間推定	0.1735798	=B4+B6*SQRT(B4*(1-B4)/C2)				
9							

$$\frac{m}{N}+z(0.025)\times\sqrt{\frac{\frac{m}{N}\times\left(1-\frac{m}{N}\right)}{N}}$$

すると，次のようになります．

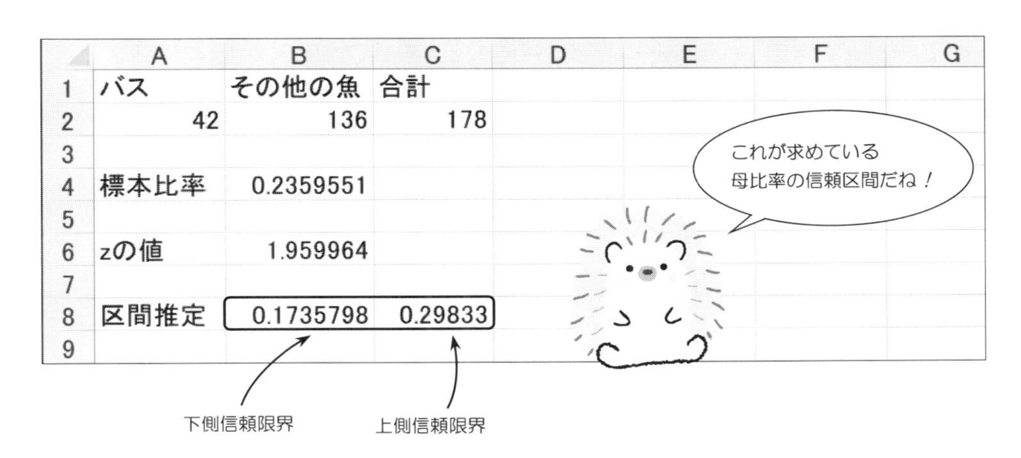

	A	B	C	D	E	F	G
1	バス	その他の魚	合計				
2	42	136	178				
3							
4	標本比率	0.2359551					
5							
6	zの値	1.959964					
7							
8	区間推定	0.1735798	0.29833				
9							

したがって，求めるO池のブラックバス生息比率の信頼係数 95 %信頼区間は

$$\boxed{0.174} \leqq \text{母比率}\ p \leqq \boxed{0.298}$$

となりました．

2つの平均の差の検定
◉仮説・検定統計量・棄却域・有意確率

12.1 統計的検定とは？

統計的検定とは，次の3つの手順のことです．

検定の手順1　母集団に対して，仮説 H_0 と対立仮説 H_1 をたてます．

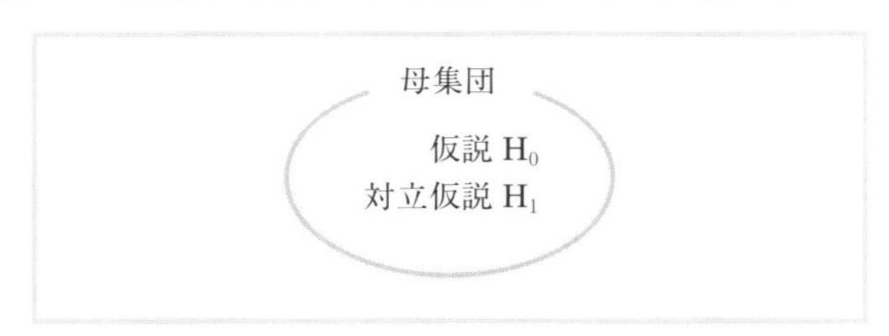

検定の手順2　この母集団から N 個の標本 $\{x_1\ x_2\ \cdots\ x_N\}$ をランダムに抽出し，これらの値から検定統計量 $T\ \{x_1, x_2, \cdots, x_N\}$ を計算します．

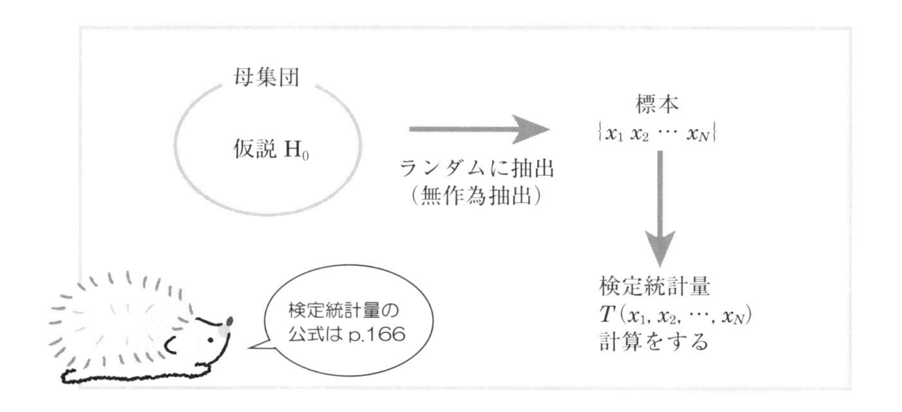

検定の手順３　検定統計量 $T(x_1, x_2 \cdots, x_N)$ が棄却域に入るとき，仮説 H_0 を棄てます．

この棄却域は，検定統計量の分布と有意水準 $\alpha = 0.05$ によって決まります．

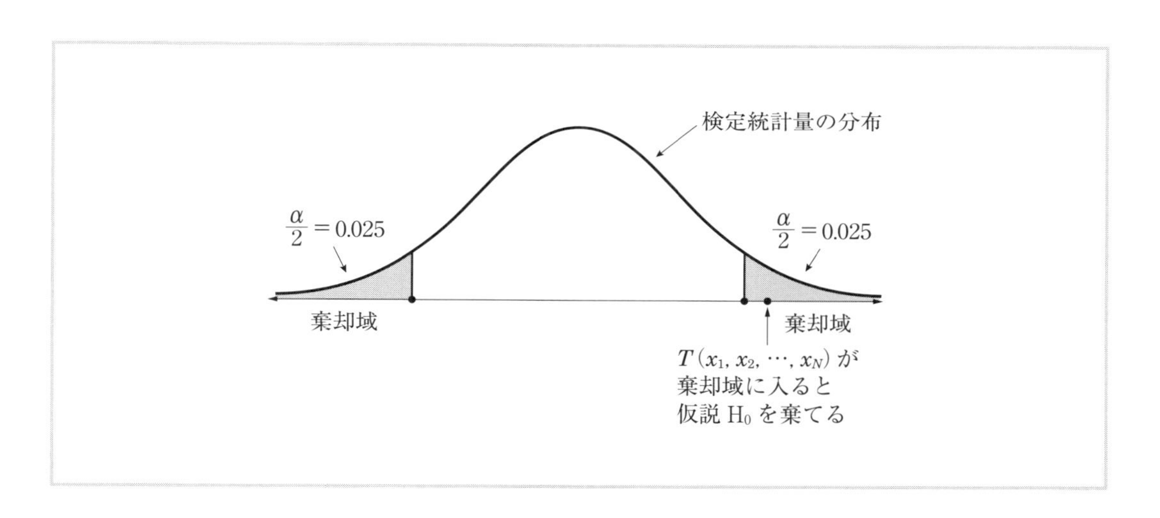

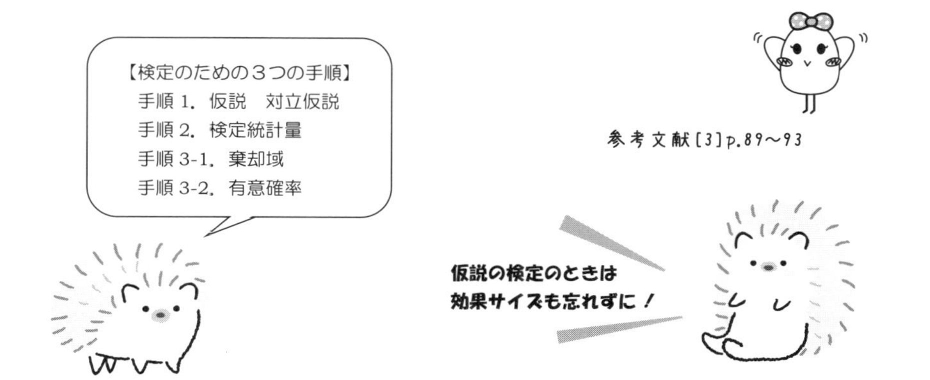

12.2 2つの平均の差の検定をしてみよう

次のデータは，利根川水系と信濃川水系で釣り上げられたイワナの体長です．

表 12.1　イワナの体長

利根川のイワナ（グループ1）

No.	体長
1	165
2	194
3	212
4	130
5	206
6	165
7	182
8	160
9	247
10	178
11	122
12	195

信濃川のイワナ（グループ2）

No.	体長
1	180
2	240
3	180
4	285
5	235
6	164
7	270
8	152

標本データ ➡　⬅標本データ

グループ1　グループ2

２つの正規母集団から
それぞれ取り出された
対応のない２組の
標本データだよ

この２つの水系において，イワナ全体の平均体長に差があるのでしょうか？

このようなとき，仮説の検定をしてみましょう．

この仮説の検定は，**２つの母平均の差の検定**と呼ばれています．

【母集団と標本】

２組の母集団と標本データは，次のようになります．

利根川水系のグループ

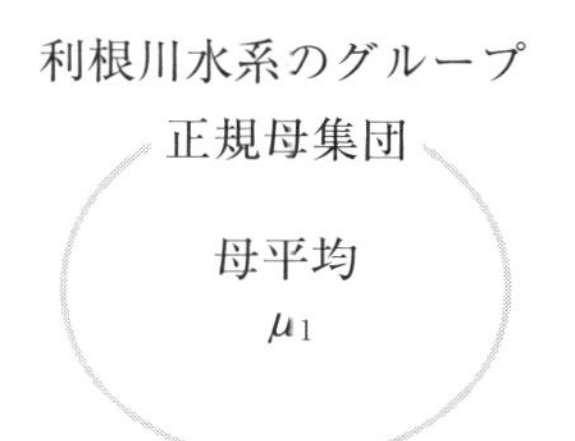

⬇ ランダムに抽出

標本データ

No.	x
1	x_{11}
2	x_{12}
⋮	⋮
N_1	x_{1N_1}

データ数 … N_1

標本平均 … $\bar{x}_1$

標本分散 … $s_1{}^2$

信濃川水系のグループ

⬇ ランダムに抽出

標本データ

No.	x
1	x_{21}
2	x_{22}
⋮	⋮
N_2	x_{2N_2}

データ数 … N_2

標本平均 … $\bar{x}_2$

標本分散 … $s_2{}^2$

【仮説と対立仮説】…両側検定

この２組の標本データの仮説と対立仮説は，次のようになります．

仮説 H_0：利根川水系と信濃川水系の
イワナの平均体長（＝母平均）は等しい　⬅ $\mu_1 = \mu_2$

対立仮説 H_1：利根川水系と信濃川水系のイワナの平均体長は異なる　⬅ $\mu_1 \neq \mu_2$

2つの母平均の差の検定の公式（等分散性を仮定します）

手順①　仮説と対立仮説をたてる.　　**⬅両側検定**

仮説 H_0：2つのグループの母平均は等しい　⬅$\mu_1 = \mu_2$

対立仮説 H_1：2つのグループの母平均は異なる　⬅$\mu_1 \neq \mu_2$

共通の分散 s^2

$$s^2 = \frac{(N_1 - 1) \times s_1{}^2 + (N_2 - 1) \times s_2{}^2}{N_1 + N_2 - 2}$$

手順②　検定統計量 T を計算する.

$$T = \frac{\bar{x}_1 - \bar{x}_2}{\sqrt{\left(\frac{1}{N_1} + \frac{1}{N_2}\right) \times s^2}}$$

手順③－1　検定統計量 T が棄却域に含まれたら仮説 H_0 を棄てる.

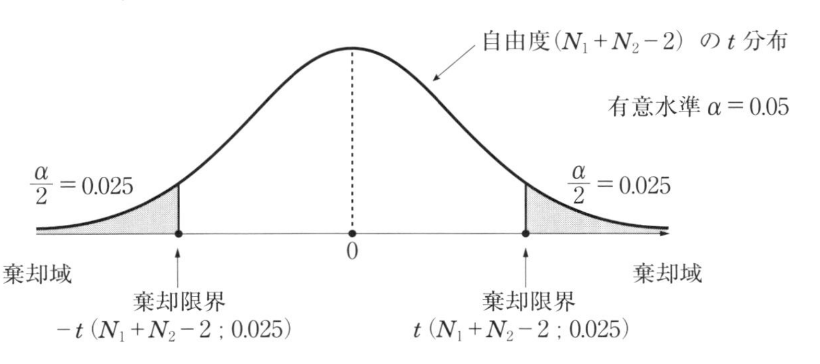

両側検定なので,
棄却域も両側にあります

正規性の検定は
　参考文献 [3] p.212 参照
等分散性の検定は
　分析ツールの
　「2 標本を使った分散の検定」参照

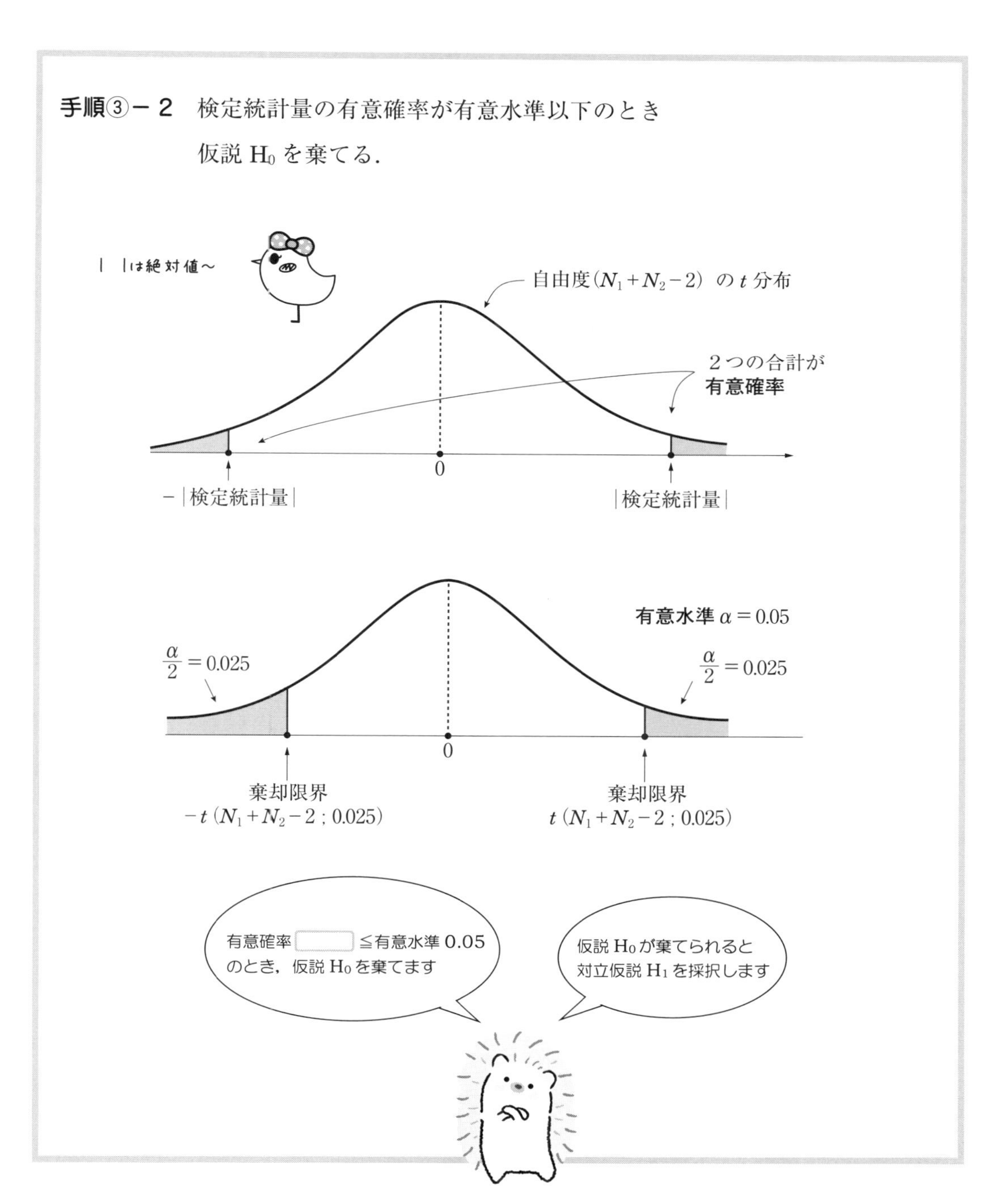
手順③－２　検定統計量の有意確率が有意水準以下のとき
仮説 H_0 を棄てる．
｜　｜は絶対値～
自由度(N_1+N_2-2) の t 分布
２つの合計が
有意確率
0
－｜検定統計量｜
｜検定統計量｜
有意水準 $\alpha=0.05$
$\frac{\alpha}{2}=0.025$
$\frac{\alpha}{2}=0.025$
0
棄却限界
$-t\,(N_1+N_2-2\,;\,0.025)$
棄却限界
$t\,(N_1+N_2-2\,;\,0.025)$
有意確率 ≦有意水準 0.05 のとき，仮説 H_0 を棄てます
仮説 H_0 が棄てられると対立仮説 H_1 を採択します

12.3 母平均の差の検定をしてみよう

手順 1 次のように入力したら，イワナの体長の標本平均 $\bar{x}_1$，$\bar{x}_2$ を求めます．

E2 のセルに ＝AVERAGE (A2:A13)

E3 のセルに ＝AVERAGE (B2:B9)

と入力して，⏎．

	A	B	C	D	E	F
1	利根川	信濃川				
2	165	180		利根川の標本平均	179.66667	
3	194	240		信濃川の標本平均	213.25	
4	212	180				
5	130	285		利根川の標本分散		
6	206	235		信濃川の標本分散		
7	165	164		共通の分散		
8	182	270				
9	160	152		検定統計量		
10	247					
11	178			棄却限界		
12	122					
13	195					
14						

AVERAGE ＝ 標本平均

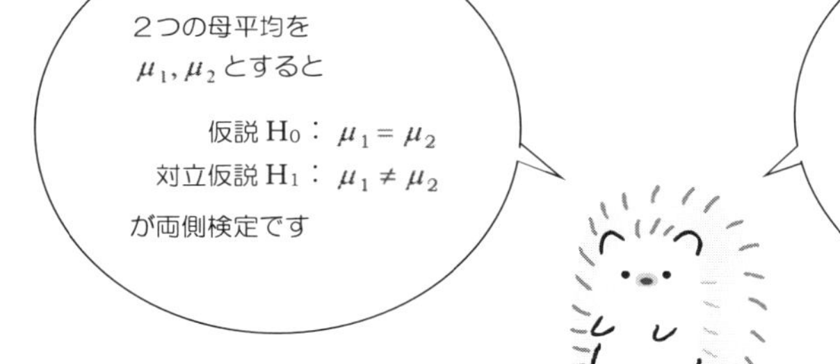

手順 2　次に，イワナの体長の標本分散 s_1^2，s_2^2 を求めます．

E5 のセルに　=VAR.S(A2:A13)

E6 のセルに　=VAR.S(B2:B9)

と入力して，⏎．

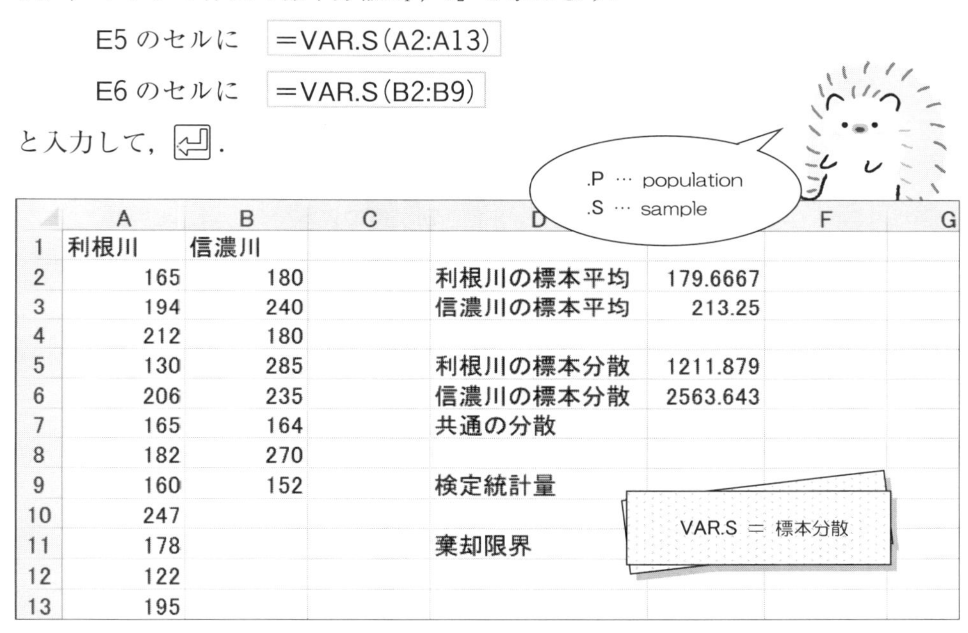

	A	B	C	D	E	F	G
1	利根川	信濃川					
2	165	180		利根川の標本平均	179.6667		
3	194	240		信濃川の標本平均	213.25		
4	212	180					
5	130	285		利根川の標本分散	1211.879		
6	206	235		信濃川の標本分散	2563.643		
7	165	164		共通の分散			
8	182	270					
9	160	152		検定統計量			
10	247						
11	178			棄却限界			
12	122						
13	195						

手順 3　次に共通の分散 s^2 を求めます．

E7 のセルに　=((12−1)*E5+(8−1)*E6)/(12+8−2)　と入力．

	A	B	C	D	E	F	G
1	利根川	信濃川					
2	165	180		利根川の標本平均	179.6667		
3	194	240		信濃川の標本平均	213.25		
4	212	180					
5	130	285		利根川の標本分散	1211.879		
6	206	235		信濃川の標本分散	2563.643		
7	165	164		共通の分散	=((12-1)*E5+(8-1)*E6)/(12+8-2)		
8	182	270					
9	160	152		検定統計量			
10	247						
11	178			棄却限界			
12	122						
13	195						
14							

$N_1 = 12$
$N_2 = 8$

次のように，共通の分散 s^2 が求まりました．

	A	B	C	D	E	F
1	利根川	信濃川				
2	165	180		利根川の標本平均	179.6667	
3	194	240		信濃川の標本平均	213.25	
4	212	180				
5	130	285		利根川の標本分散	1211.879	
6	206	235		信濃川の標本分散	2563.643	
7	165	164		共通の分散	1737.565	
8	182	270				
9	160	152		検定統計量		
10	247					
11	178			棄却限界		
12	122					
13	195					
14						

手順 **4**　ここで検定統計量を求めます．

E9 のセルをクリックして，次の数式を入力します．

＝(E2－E3)/SQRT((1/12＋1/8)＊E7)

検定統計量の公式は
p.166 にあるよ！

	A	B	C	D	E
1	利根川	信濃川			
2	165	180		利根川の標本平均	179.6667
3	194	240		信濃川の標本平均	213.25
4	212	180			
5	130	285		利根川の標本分散	1211.879
6	206	235		信濃川の標本分散	2563.643
7	165	164		共通の分散	1737.565
8	182	270			
9	160	152		検定統計量	=(E2-E3)/SQRT((1/12+1/8)*E7)
10	247				
11	178			棄却限界	
12	122				
13	195				
14					

$$\frac{\bar{x}_1 - \bar{x}_2}{\sqrt{\left(\frac{1}{N_1} + \frac{1}{N_2}\right) \times s^2}}$$

➡ 次のように，検定統計量 −1.765119 が求まりました.

	A	B	C	D	E	F
1	利根川	信濃川				
2	165	180		利根川の標本平均	179.66667	
3	194	240		信濃川の標本平均	213.25	
4	212	180				
5	130	285		利根川の標本分散	1211.8788	
6	206	235		信濃川の標本分散	2563.6429	
7	165	164		共通の分散	1737.5648	
8	182	270				
9	160	152		検定統計量	-1.765119	
10	247					
11	178			棄却限界		
12	122					
13	195					
14						

手順 5 棄却限界を求めます．E11 をクリック．

そこで，数式 ⇨ f_x ⇨ 統計 ⇨ T.INV.2T を選択して， OK .

次の画面が現れるので，ワクの中へ次のように入力して OK .

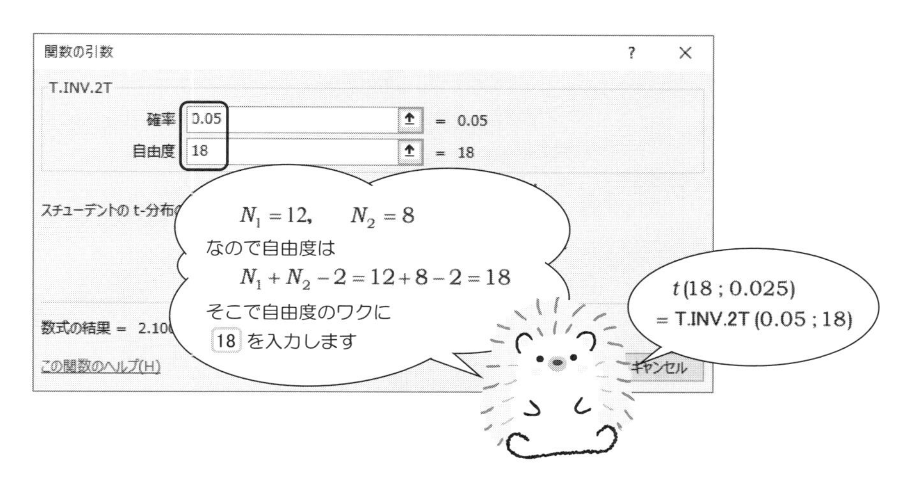

手順 6　次のように，棄却限界が求まりました．

	A	B	C	D	E	F	G
1	利根川	信濃川					
2	165	180		利根川の標本平均	179.666		
3	194	240		信濃川の標本平均	213		
4	212	180					
5	130	285		利根川の標本分散	1211.8788		
6	206	235		信濃川の標本分散	2563.6429		
7	165	164		共通の分散	1737.5648		
8	182	270					
9	160	152		検定統計量	−1.765119		
10	247						
11	178			棄却限界	2.100922		
12	122						
13	195						

$t(18\,;0.025)$
= T.INV.2T (0.05,18)
= 2.101

この検定は両側検定なので，棄却域は次のようになります．

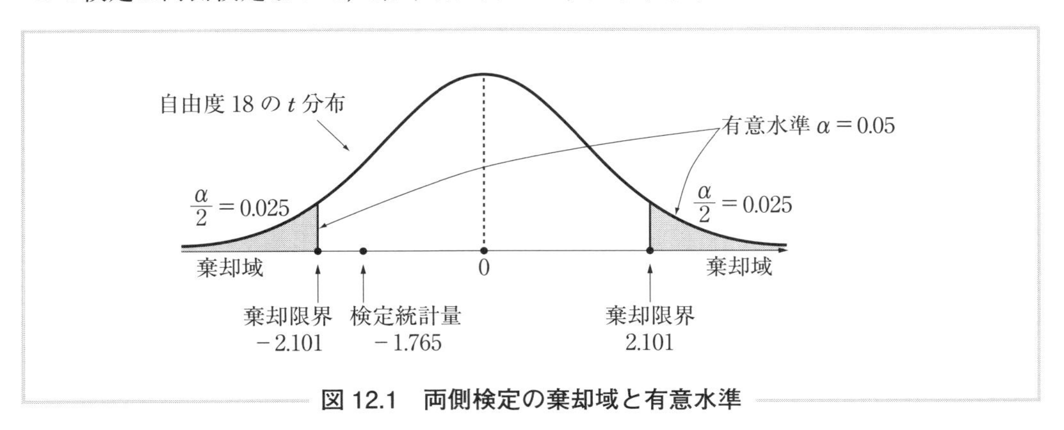

図 12.1　両側検定の棄却域と有意水準

したがって

検定統計量 -1.765 ＞ 棄却限界 -2.101

なので，検定統計量は棄却域に含まれません．

つまり，仮説 H_0 は棄てられないので……

"利根川水系と信濃川水系のイワナの平均体長は異なるとはいえない"

ということになります．

片側検定の場合

片側検定の仮説と対立仮説は，次のようになります．

　　仮説 H_0：利根川水系と信濃川水系のイワナの体調は等しい

対立仮説 H_1：利根川水系よりも

　　　　　　信濃川水系のイワナの平均体長の方が大きい

片側検定の場合には，棄却限界と棄却域は次のようになります．

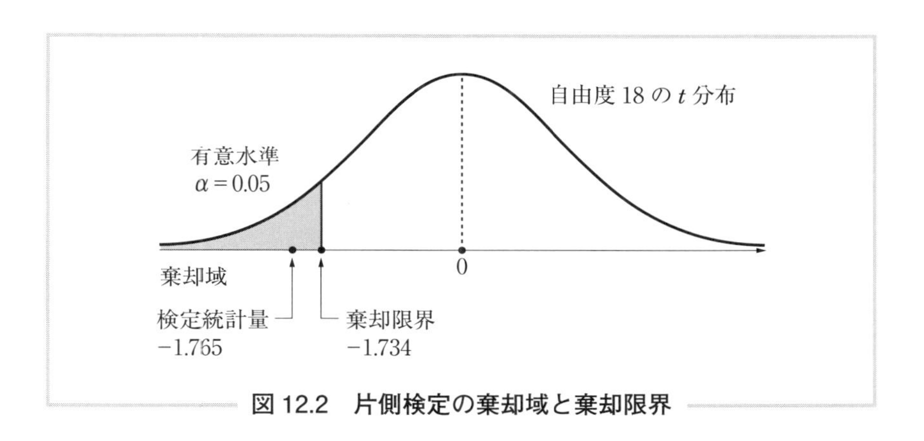

図 12.2　片側検定の棄却域と棄却限界

検定統計量 −1.765 は棄却域に含まれるので，仮説 H_0 は棄てられます．

つまり，片側検定のときは

　　“利根川水系よりも信濃川水系のイワナの平均体長の方が大きい”

ということがわかります．

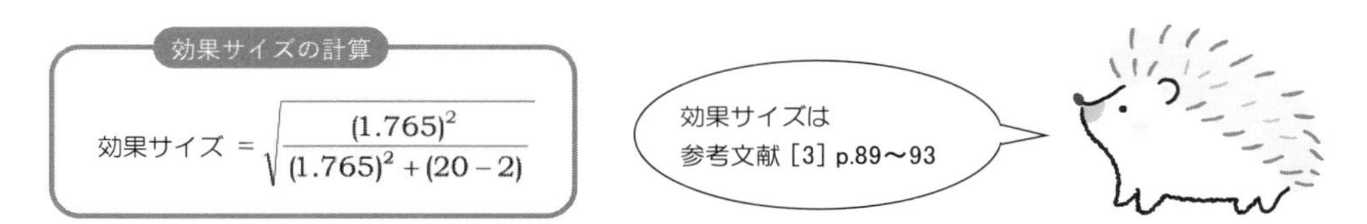

12.4 分析ツールの利用法〈等分散を仮定した2標本による検定〉

手順1 次のようにデータを入力します.

	A	B	C	D	E	F	G
1	No.	利根川		No.	信濃川		
2	1	165		1	180		
3	2	194		2	240		
4	3	212		3	180		
5	4	130		4	285		
6	5	206		5	235		
7	6	165		6	164		
8	7	182		7	270		
9	8	160		8	152		
10	9	247					
11	10	178					
12	11	122					
13	12	195					
14							

等分散とは
2つのグループの
母分散 σ_1^2, σ_2^2 が等しい
という意味です！

$$\sigma_1^2 = \sigma_2^2$$

等分散を仮定した
2つの母平均の
差の検定をします

手順2 データ の中の データ分析 をクリックしたら, 分析ツール(A) の中から

t 検定：等分散を仮定した 2 標本による検定

を選択. そして, OK .

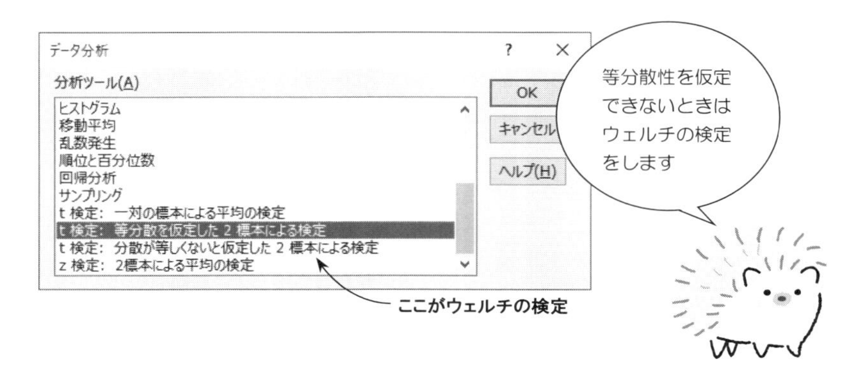

手順 3　変数１の入力範囲(1) のところに，利根川のデータ B1:B13 を入力．

変数１の入力範囲(2) のところに，信濃川のデータ E1:E9 を入力．

次のようにクリックしたら， OK ．

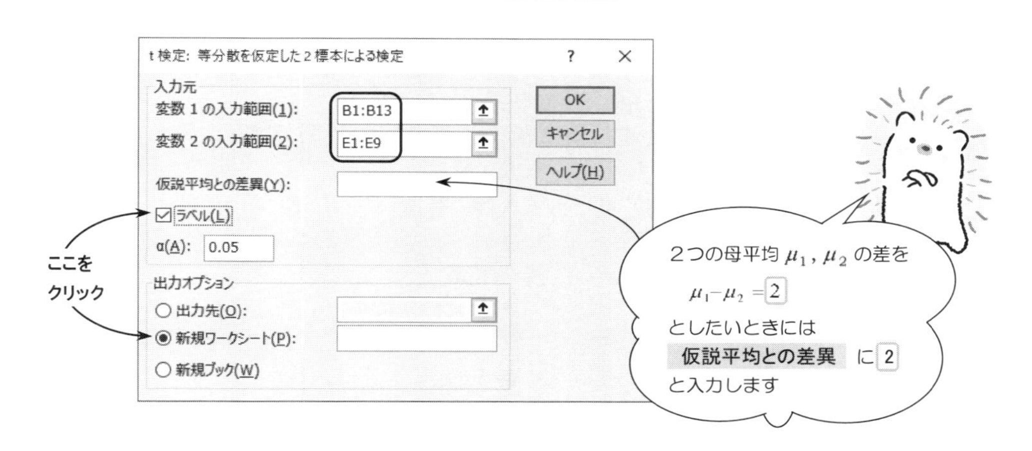

手順 4　次のように出力されたら，できあがりです．

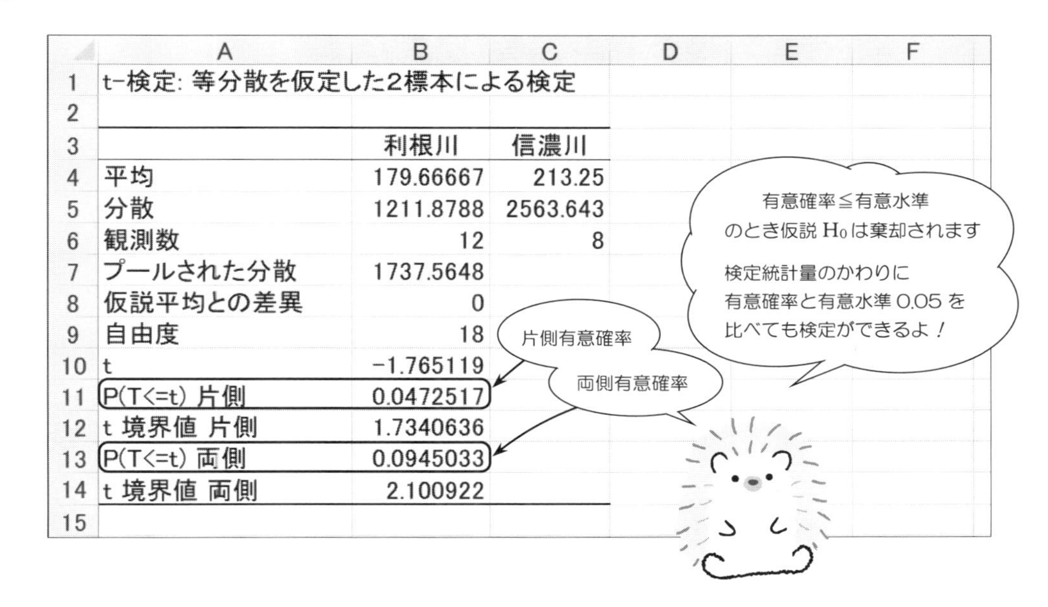

	A	B	C	D	E	F
1	t-検定: 等分散を仮定した2標本による検定					
2						
3		利根川	信濃川			
4	平均	179.66667	213.25			
5	分散	1211.8788	2563.643			
6	観測数	12	8			
7	プールされた分散	1737.5648				
8	仮説平均との差異	0				
9	自由度	18				
10	t	−1.765119				
11	P(T<=t) 片側	0.0472517				
12	t 境界値 片側	1.7340636				
13	P(T<=t) 両側	0.0945033				
14	t 境界値 両側	2.100922				
15						

13章 対応のある平均の差の検定
◉仮説・検定統計量・棄却域・有意確率

次のデータは，リンゴダイエットをする前と後の体重測定の結果です．

表 13.1　ダイエット前とダイエット後の体重

被験者	前の体重	後の体重
1	53.7	51.2
2	50.2	48.7
3	59.4	53.5
4	61.9	54.1
5	58.5	54.3
6	56.4	52.9
7	63.8	56.3
8	48.5	51.6
9	62.1	61.4
10	46.9	47.5

対応のある標本データ ➡

正規母集団から取り出された標本データだよ

ダイエットの前と後の２つのデータの間に“対応あり”だね

このダイエットをすると，体重に変化があるのでしょうか？

このようなとき，対応のある２つの**母平均の差の検定**をしてみましょう．

【母集団と標本】

ランダムに N 組の標本を抽出

No	ダイエット前	ダイエット後	差
1	x_{11}	x_{21}	$x_{11}-x_{21}$
2	x_{12}	x_{22}	$x_{21}-x_{22}$
⋮	⋮	⋮	⋮
N	x_{1N}	x_{2N}	$x_{1N}-x_{2N}$
平均値	$\bar{x}_1$	$\bar{x}_2$	$\bar{x}$

- データの組　…　N
- 差の標本平均　…　$\bar{x}$
- 差の標本分散　…　s^2

【仮説と対立仮説】…両側検定

このとき，仮説 H_0 と対立仮説 H_1 は，次のようになります．

仮説 H_0：ダイエット前と後で平均体重は変化しない　⬅ $\mu_1-\mu_2=0$

対立仮説 H_1：ダイエット前と後で平均体重は変化する　⬅ $\mu_1-\mu_2\neq0$

対応のある２つの母平均の差の検定の公式

手順①　仮説と対立仮説をたてる.　　　　　　　　　　　　⬅両側検定

仮説 H_0：ダイエット前と後で体重は変化しない　　⬅$\mu_1 - \mu_2 = 0$

対立仮説 H_1：ダイエット前と後で体重は変化する　　⬅$\mu_1 - \mu_2 \neq 0$

手順②　検定統計量 T を計算する.

$$T = \frac{\bar{x}}{\sqrt{\dfrac{s^2}{N}}}$$

手順③−1　検定統計量 T が棄却域に含まれると仮説 H_0 を棄てる.

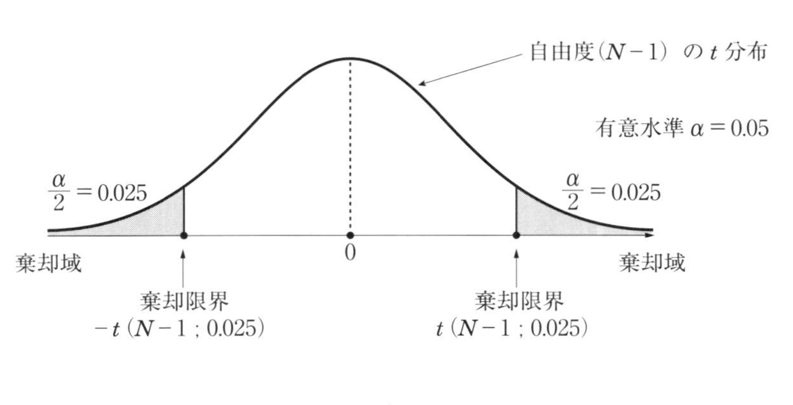

両側検定なので，
棄却域も両側にあります

$t\,(N-1\,;\,0.025)$ は
p.138 参照

手順③－2　検定統計量の有意確率が有意水準以下のとき

仮説 H_0 を棄てます．

｜　｜は絶対値～

自由度 $(N-1)$ の t 分布

2つの合計が有意確率

$-$｜検定統計量｜

0

｜検定統計量｜

有意水準 $\alpha = 0.05$

$\frac{\alpha}{2} = 0.025$

$\frac{\alpha}{2} = 0.025$

0

棄却限界
$-t\,(N-1\,;\,0.025)$

棄却限界
$t\,(N-1\,;\,0.025)$

有意確率［　　］≦有意水準 0.05 のとき，仮説 H_0 を棄てます

仮説 H_0 が棄てられると対立仮説 H_1 を採択します

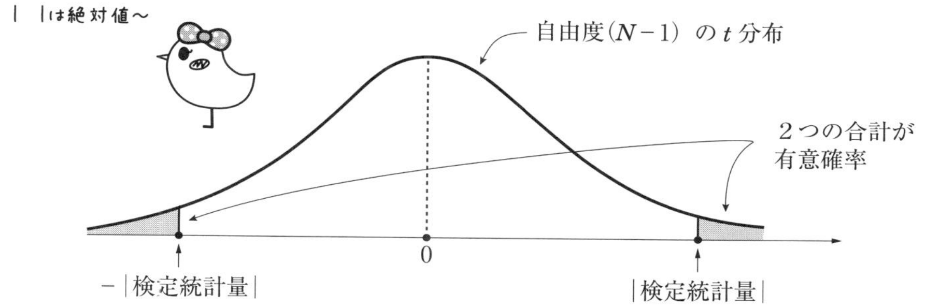

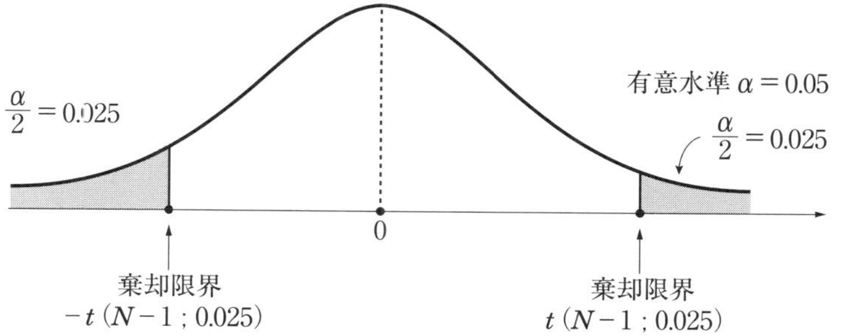

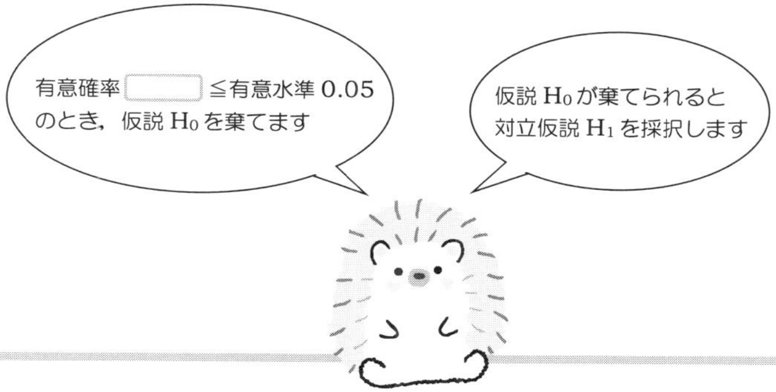

仮説の検定は，次の３つの**手順**①②③でおこないます．

検定のための３つの手順

手順①　仮説 H_0 と対立仮説 H_1 をたてる

手順②　検定統計量を計算する

手順③−1　検定統計量が棄却域に含まれると，仮説 H_0 を棄てる

手順③−2　有意確率 □ ≦ 有意水準 0.05 のとき，仮説 H_0 を棄てる

有意確率≦有意水準
のとき，
仮説 H_0 を棄てます

この対応のある標本データの仮説 H_0 は，次のようになります．

仮説 H_0：ダイエット前とダイエット後で体重は変化しない

この仮説 H_0 に対して，対立仮説 H_1 は次の３通りがあります．

- 対立仮説 H_1：ダイエット前とダイエット後で体重は変化する　⬅両側検定

- 対立仮説 H_1：ダイエット前より
  ダイエット後の方が体重が減少する　⬅片側検定

- 対立仮説 H_1：ダイエット前より
  ダイエット後の方が体重が増加する　⬅片側検定

13.1 対応のある母平均の差の検定をしてみよう

手順 1 次のように入力します.

	A	B	C	D	E	F	G
1	被験者 No.	ダイエット前 x1	ダイエット後 x2	差 x1−x2			
2	1	53.7	51.2			差の標本平均	
3	2	50.2	48.7				
4	3	59.4	53.5			差の標本分散	
5	4	61.9	54.1				
6	5	58.5	54.3			検定統計量	
7	6	56.4	52.9				
8	7	63.8	56.3			棄却限界	
9	8	48.5	51.6				
10	9	62.1	61.4				
11	10	46.9	47.5				
12							

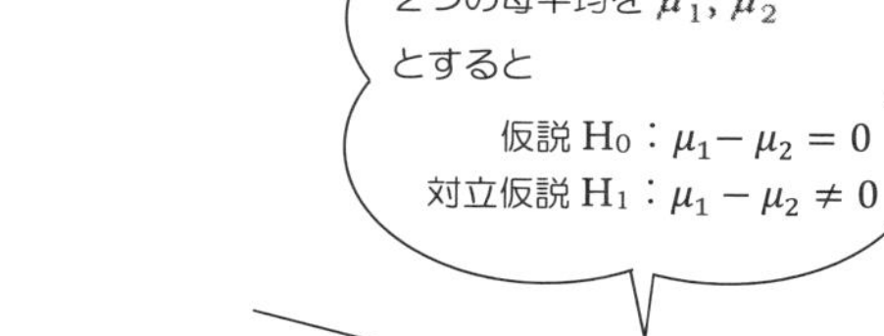

手順 2 ダイエット前とダイエット後の体重の差を計算します．

D2 のセルに ＝B2－C2

と入力して，[⏎]．

	A	B	C	D	E	F	G
1	被験者 No.	ダイエット前 x1	ダイエット後 x2	差 x1−x2			
2	1	53.7	51.2	2.5		差の標本平	
3	2	50.2	48.7				
4	3	59.4	53.5			差の標本	
5	4	61.9	54.1				
6	5	58.5	54.3			検定統計	
7	6	56.4	52.9				
8	7	63.8	56.3			棄却限界	
9	8	48.5	51.6				
10	9	62.1	61.4				
11	10	46.9	47.5				
12							

対応あり
B2 ⇔ C2
B3 ⇔ C3
⋮
B11 ⇔ C11

手順 3 D2 をコピーして，D3 から D11 まで貼り付けます．

	A	B	C	D	E	F	G
1	被験者 No.	ダイエット前 x1	ダイエット後 x2	差 x1−x2			
2	1	53.7	51.2	2.5		差の標本平均	
3	2	50.2	48.7	1.5			
4	3	59.4	53.5	5.9		差の標本分散	
5	4	61.9	54.1	7.8			
6	5	58.5	54.3	4.2		検定統計量	
7	6	56.4	52.9	3.5			
8	7	63.8	56.3	7.5		棄却限界	
9	8	48.5	51.6	−3.1			
10	9	62.1	61.4	0.7			
11	10	46.9	47.5	−0.6			
12							

手順 4　体重の差の標本平均 $\bar{x}$ を計算します.

G2 のセルに ＝AVERAGE(D2:D11)

と入力して, ⏎.

	A	B	C	D	E	F	G
1	被験者 No.	ダイエット前 x1	ダイエット後 x2	差 x1−x2			
2	1	53.7	51.2	2.5		差の標本平均	2.99
3	2	50.2	48.7	1.5			
4	3	59.4	53.5	5.9		差の標本分散	
5	4	61.9	54.1	7.8			
6	5	58.5	54.3	4.2		検定統計量	
7	6	56.4	52.9	3.5			
8	7	63.8	56.3	7.5		棄却限界	
9	8	48.5	51.6	−3.1			
10	9	62.1	61.4	0.7			
11	10	46.9	47.5	−0.6			
12							

AVERAGE ＝ 平均

手順 5　体重の差の標本分散 s^2 を計算します.

G4 のセルに ＝VAR.S(D2:D11)

と入力して, ⏎.

	A	B	C	D	E	F	G
1	被験者 No.	ダイエット前 x1	ダイエット後 x2	差 x1−x2			
2	1	53.7	51.2	2.5		差の標本平均	2.99
3	2	50.2	48.7	1.5			
4	3	59.4	53.5	5.9		差の標本分散	12.37211
5	4	61.9	54.1	7.8			
6	5	58.5	54.3	4.2		検定統計量	
7	6	56.4	52.9	3.5			
8	7	63.8	56.3	7.5		棄却限界	
9	8	48.5	51.6	−3.1			
10	9	62.1	61.4	0.7			
11	10	46.9	47.5	−0.6			
12							

VAR.S ＝ 標本分散

手順 6 ここで，検定統計量を計算します．

G6 のセルに ＝(G2)/(G4/10)^0.5

と入力して，⏎．

	A	B	C	D	E	F	G
1	被験者 No.	ダイエット前 x1	ダイエット後 x2	差 x1−x2			
2	1	53.7	51.2	2.5		差の標本平均	2.99
3	2	50.2	48.7	1.5			
4	3	59.4	53.5	5.9		差の標本分散	12.37211
5	4	61.9	54.1	7.8			
6	5	58.5	54.3	4.2		検定統計量	2.688124
7	6	56.4	52.9	3.5			
8	7	63.8	56.3	7.5		棄却限界	
9	8	48.5	51.6	−3.1			
10	9	62.1	61.4	0.7			
11	10	46.9	47.5	−0.6			
12							

$$\frac{\bar{x}}{\sqrt{\frac{s^2}{N}}}$$

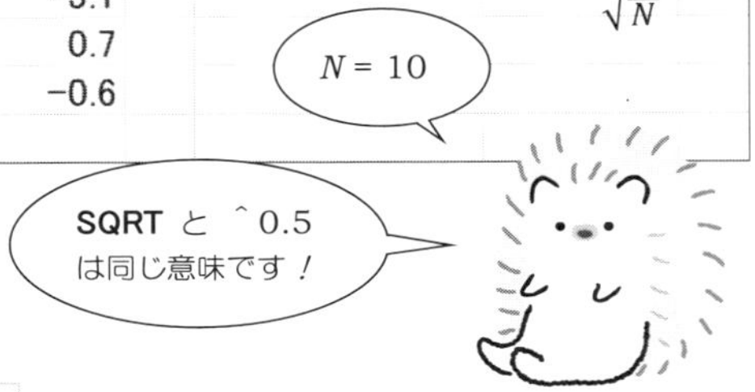

$N = 10$

SQRT と ^0.5 は同じ意味です！

手順 7 最後に，棄却限界を求めます．

G8 のセルに ＝T.INV.2T(0.05, 9)

と入力して，⏎．

	A	B	C	D	E	F	G
1	被験者 No.	ダイエット前 x1	ダイエット後 x2	差 x1−x2			
2	1	53.7	51.2	2.5		差の標本平均	2.99
3	2	50.2	48.7	1.5			
4	3	59.4	53.5	5.9		差の標本分散	12.37211
5	4	61.9	54.1	7.8			
6	5	58.5	54.3	4.2		検定統計量	2.688124
7	6	56.4	52.9	3.5			
8	7	63.8	56.3	7.5		棄却限界	2.262157
9	8	48.5	51.6	−3.1			
10	9	62.1	61.4	0.7			
11	10	46.9	47.5	−0.6			
12							

このとき，検定統計量と棄却限界は，次のようになります．

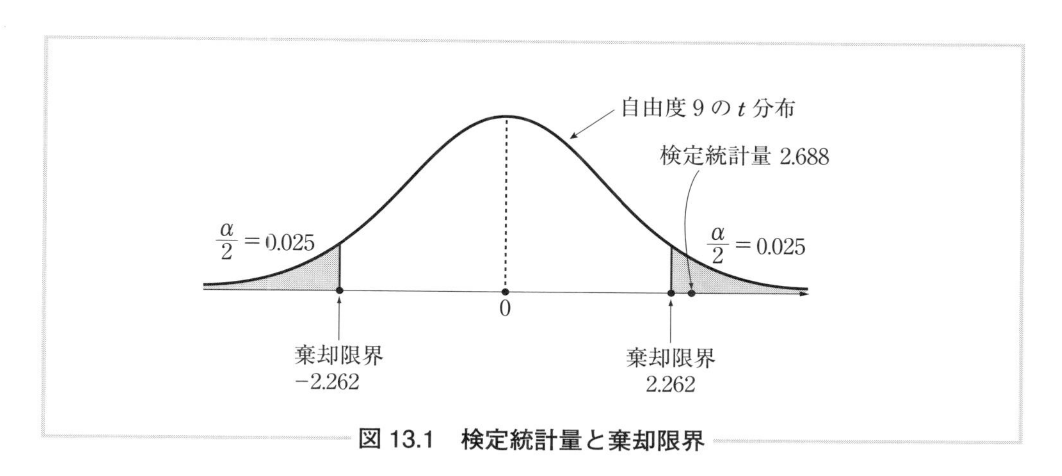

図 13.1　検定統計量と棄却限界

したがって

$$\text{検定統計量}\ \boxed{2.688}\ \geqq\ \text{棄却限界}\ \boxed{2.262}$$

なので，仮説 H_0 は棄てられます．つまり……

“ダイエット前とダイエット後で体重は変化している”

ということがわかりました．

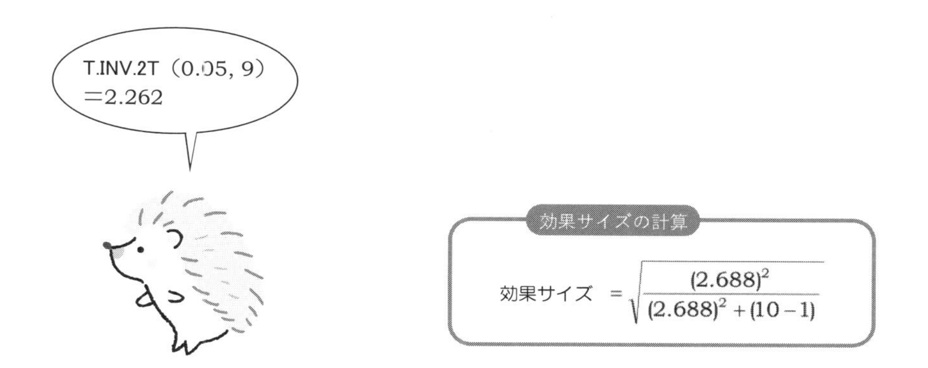

13.2 分析ツールの利用法〈一対の標本による平均の検定〉

手順 1 次のようにデータを入力します．

	A	B	C	D	E	F
1	被験者No.	ダイエット前	ダイエット後			
2	1	53.7	51.2			
3	2	50.2	48.7			
4	3	59.4	53.5			
5	4	61.9	54.1			
6	5	58.5	54.3			
7	6	56.4	52.9			
8	7	63.8	56.3			
9	8	48.5	51.6			
10	9	62.1	61.4			
11	10	46.9	47.5			
12						

この検定のことを
paired *t* 検定
ともいうらしいよ

手順 2 データ の中の データ分析 をクリック． 分析ツール(A) の中から

t 検定：一対の標本による平均の検定

を選択して， OK ．

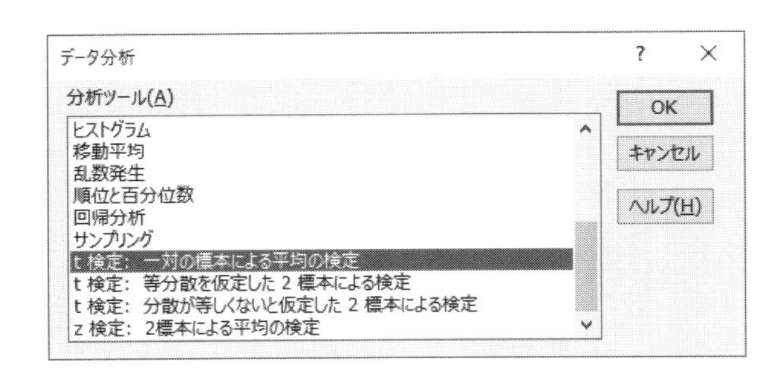

手順 3　変数 1 の入力範囲(1) のところに，ダイエット前のデータ B1:B11 を入力．

変数 2 の入力範囲(2) のところに，ダイエット後のデータ C1:C11 を入力．

次のようにクリックをしたら， OK ．

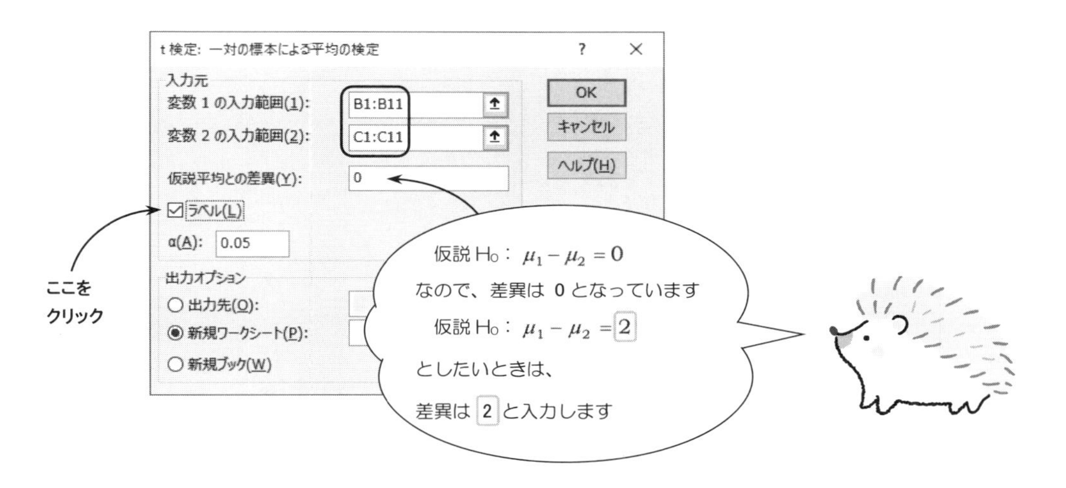

手順 4　次のような画面になったら，できあがりです．

	A	B	C	D	E	F
1	t-検定: 一対の標本による平均の検定ツール					
2						
3		ダイエット前	ダイエット後			
4	平均	56.14	53.15			
5	分散	36.5137778	15.3694444			
6	観測数	10	10			
7	ピアソン相関	0.83393419				
8	仮説平均との差異	0				
9	自由度	9				
10	t	2.6881239				
11	P(T<=t) 片側	0.01243642				
12	t 境界値 片側	1.83311293				
13	P(T<=t) 両側	0.02487284				
14	t 境界値 両側	2.26215716				
15						

片側有意確率

両側有意確率

検定統計量のかわりに
有意確率と有意水準 0.05 を
比べても検定ができるよ！

2つの比率の差の検定

◉仮説・検定統計量・棄却域・有意確率

次のデータは，食事のタイプが草食系と肉食系の人について農作業の体験があるかないかを調べた結果です．

表 14.1　農作業の体験と食事のタイプ

農作業の体験 ＼ 食事のタイプ	ある	ない	合計
草食系	22 人	14 人	36 人

農作業の体験 ＼ 食事のタイプ	ある	ない	合計
肉食系	4 人	10 人	14 人

- 草食系の人のグループ

  農作業の経験がある　……$\frac{22}{36} = \boxed{0.611}$　⬅標本比率

- 肉食系の人のグループ

  農作業の経験がある　……$\frac{4}{14} = \boxed{0.286}$　⬅標本比率

草食系と肉食系とでは，農作業の体験の母比率に差があるのでしょうか？

このようなときは，2 つの母比率の差の検定をしてみましょう．

【母集団と標本】

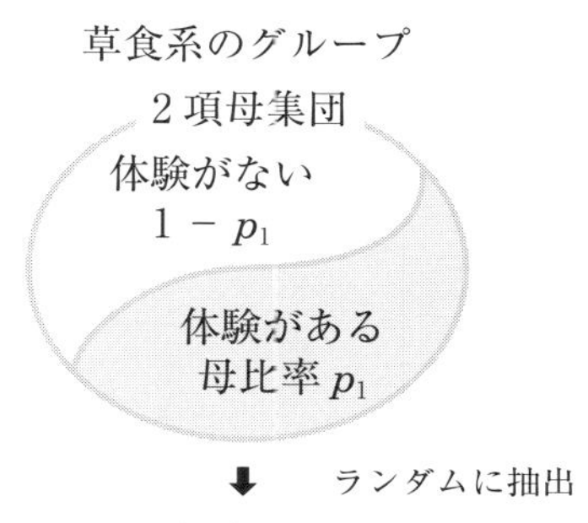

草食系の標本

体験がある	合計
$m_1=22$	$N_1=36$

標本比率

$$\frac{m_1}{N_1}=\frac{22}{36}$$

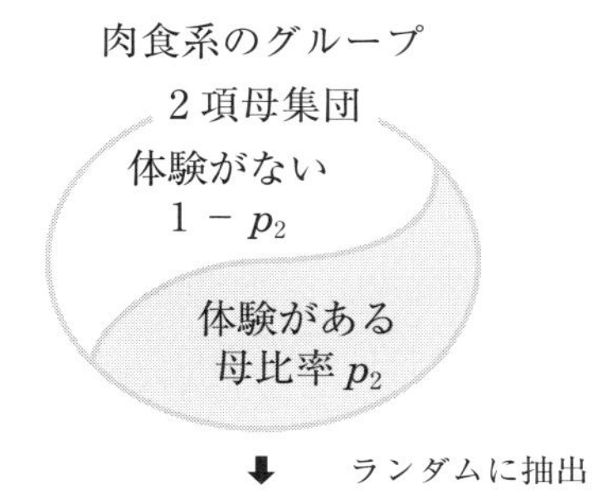

肉食系の標本

体験がある	合計
$m_2=4$	$N_2=14$

標本比率

$$\frac{m_2}{N_2}=\frac{4}{14}$$

【仮説と対立仮説】…両側検定

このとき，仮説 H_0 と対立仮説 H_1 は，次のようになります．

仮説 H_0：草食系と肉食系とでは農作業の体験の母比率は等しい．　⬅ $p_1=p_2$

対立仮説 H_1：草食系と肉食系とでは農作業の体験の母比率は異なる．　⬅ $p_1 \neq p_2$

2つの母比率の差の検定の公式

手順①　仮説 H_0 と対立仮説 H_1 をたてる.

仮説 H_0：グループ1とグループ2の母比率は等しい　⬅ $p_1 = p_2$

対立仮説 H_1：グループ1とグループ2の母比率は異なる　⬅ $p_1 \neq p_2$

手順②　統計検定量 T を計算する.

$$T = \frac{\dfrac{m_1}{N_1} - \dfrac{m_2}{N_2}}{\sqrt{p^* \times (1-p^*) \times \left(\dfrac{1}{N_1} + \dfrac{1}{N_2}\right)}}$$

ただし　$p^* = \dfrac{m_1 + m_2}{N_1 + N_2}$

手順③−1　検定統計量 T が棄却域に入ったら，仮説 H_0 を棄てる.

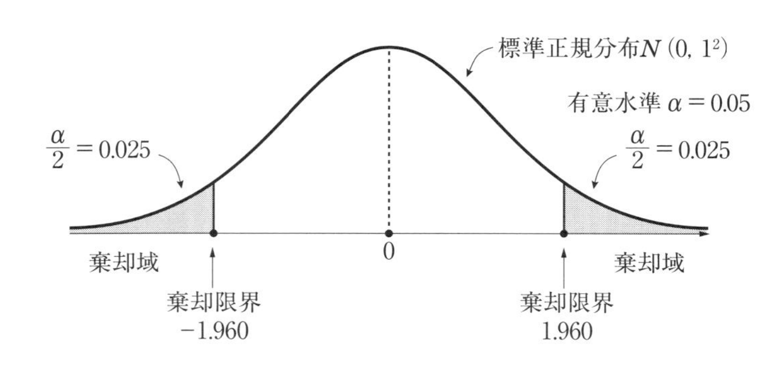

手順③－2　検定統計量の有意確率が有意水準以下のとき

仮説 H_0 を棄てる．

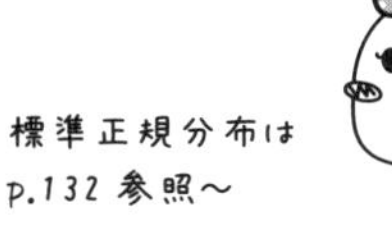

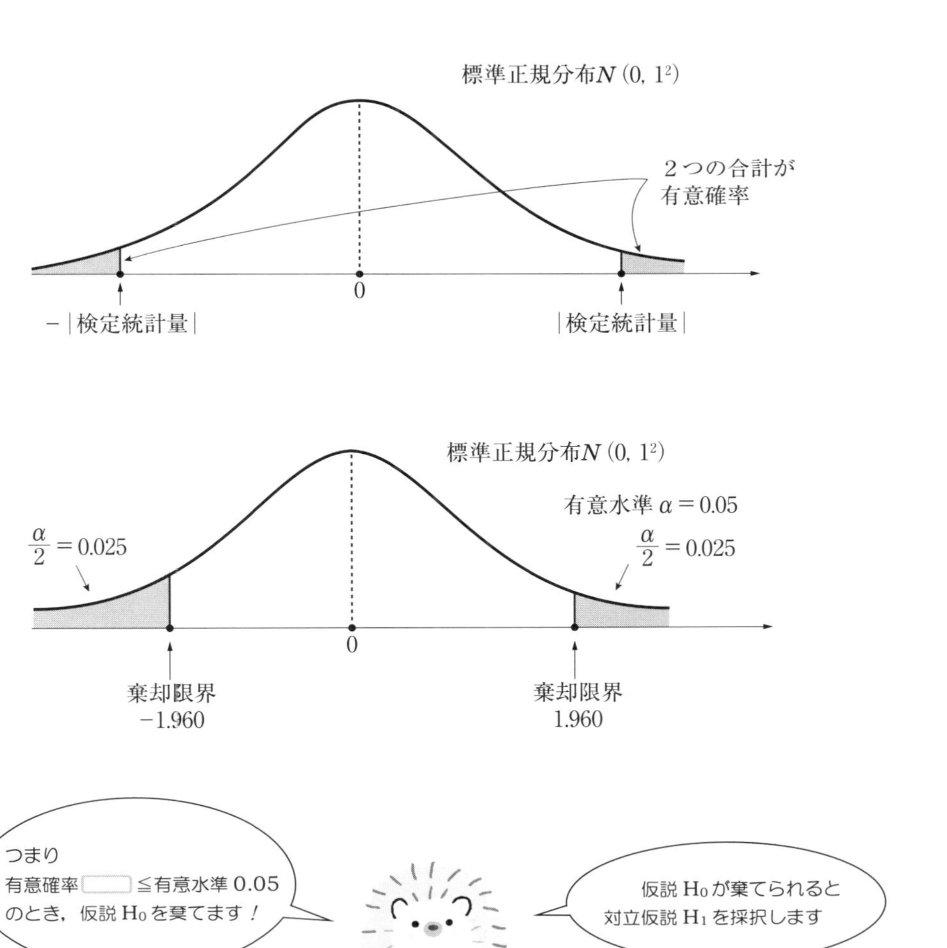

14.1 2つの母比率の差の検定をしてみよう

手順 1 ワークシートに，次のように入力しておきます．

	A	B	C	D	E
1		ある	ない	合計	
2	草食系	22	14	36	
3	肉食系	4	10	14	
4					
5		草食系の標本比率			
6		肉食系の標本比率			
7		共通の比率			
8					
9		検定統計量			
10					
11		棄却限界			
12		有意確率			

母比率を p_1，p_2 とすると

両側検定なので……

仮説　H_0：$p_1 = p_2$

対立仮説　H_1：$p_1 \neq p_2$

手順 2 次に，2つの標本比率を求めます．

C5 のセルに ＝B2/D2

C6 のセルに ＝B3/D3　　と入力して，⏎．

	A	B	C	D
1		ある	ない	合計
2	草食系	22	14	36
3	肉食系	4	10	14
4				
5		草食系の標本比率	0.611	
6		肉食系の標本比率	0.286	
7		共通の比率		
8				
9		検定統計量		
10				
11		棄却限界		
12		有意確率		
13				

グループ１… $\frac{m_1}{N_1}$

グループ２… $\frac{m_2}{N_2}$

手順 3　次に共通の比率 p^* を求めます．

C7 のセルに ＝(B2＋B3)/(D2＋D3)

と入力して，⏎．

	A	B	C	D
1		ある	ない	合計
2	草食系	22	14	36
3	肉食系	4	10	14
4				
5		草食系の標本比率	0.611	
6		肉食系の標本比率	0.286	
7		共通の比率	0.520	
8				
9		検定統計量		
10				
11		棄却限界		
12		有意確率		
13				

$$p^* = \frac{m_1 + m_2}{N_1 + N_2}$$

手順 4　次に検定統計量 T を求めます．

C9 のセルに ＝(C5－C6)/(C7＊(1－C7)＊(1/D2＋1/D3))^0.5

と入力して，⏎．

	A	B	C	D	E
1		ある	ない	合計	
2	草食系	22	14	36	
3	肉食系	4	10	14	
4					
5		草食系の標本比率	0.611		
6		肉食系の標本比率	0.286		
7		共通の比率	0.520		
8					
9		検定統計量	2.068		
10					
11		棄却限界			
12		有意確率			
13					

$$T = \frac{\frac{m_1}{N_1} - \frac{m_2}{N_2}}{\sqrt{p^* \times (1 - p^*) \times \left(\frac{1}{N_1} + \frac{1}{N_2}\right)}}$$

手順 5　最後に棄却限界と有意確率を求めます．

C11 のセルに ＝NORM.S.INV(0.975)

C12 のセルに ＝(1−NORM.S.DIST(C9, TRUE))＊2

と入力して，⏎．

	A	B	C	D	E
1		ある	ない	合計	
2	草食系	22	14	36	
3	肉食系	4	10	14	
4					
5		草食系の標本比率	0.611		
6		肉食系の標本比率	0.286		
7		共通の比率	0.520		
8					
9		検定統計量	2.068		
10					
11		棄却限界	1.960		
12		有意確率	0.039		
13					

検定統計量　棄却限界
T=2.068 ≧ 1.960
なので
検定統計量 T=2.068
は棄却域に入っています

有意確率 0.039 ≦有意水準 0.05
なので，仮説 H_0 は棄却されます

2×2 クロス集計表の場合
この有意確率は
独立性の検定のときの有意確率と
一致します〜

検定統計量 T と棄却限界の関係は，次のようになります．

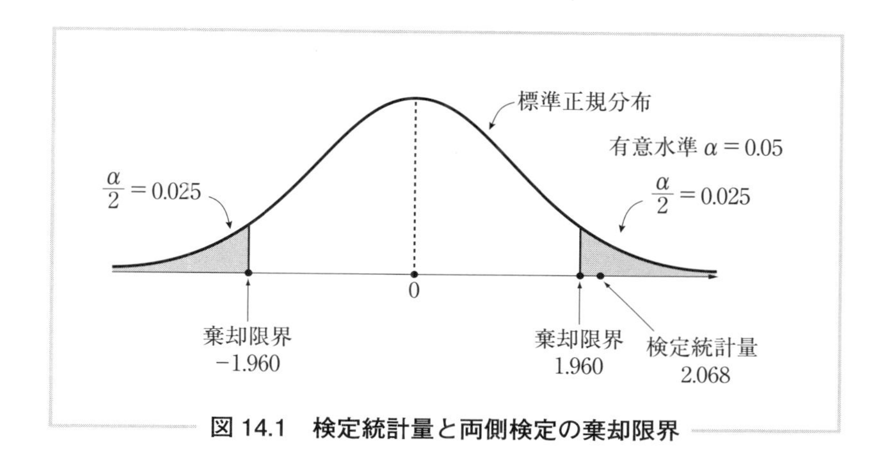

図 14.1　検定統計量と両側検定の棄却限界

検定統計量 $T=$ 2.068 は棄却域に入っているので，仮説 H_0 は棄てられます．

したがって，

“草食系の人のグループと肉食系の人のグループとでは，
農作業の体験の母比率に差がある”

ことがわかりました．

クロス集計表と独立性の検定
◉2つの属性AとBの関連性

次のようなアンケート調査を，女子大生 19 人に対しておこないました.

表 15.1　小さなアンケート調査票

項目 1.　何かスポーツをしていますか.
（イ）　よくする　　（ロ）　時々する　　（ハ）　あまりしない

項目 2.　焼肉は好きですか.
（イ）　好き　　（ロ）　嫌い

アンケート調査に
ご協力くださいまして
ありがとうございました

表 15.2　アンケート調査の結果

氏名	スポーツ	焼肉
A	あまりしない	好き
B	あまりしない	嫌い
C	時々する	好き
D	よくする	好き
E	時々する	嫌い
F	時々する	好き
G	あまりしない	好き
H	よくする	好き
I	あまりしない	好き
J	よくする	好き
K	あまりしない	好き
L	時々する	好き
M	よくする	好き
N	あまりしない	嫌い
O	よくする	好き
P	時々する	嫌い
Q	よくする	好き
R	時々する	好き
S	よくする	好き

15.1 クロス集計表を作ってみよう

次のような表をクロス集計表といいます.

表 15.3　2×2クロス集計表

	チーズが好き	チーズが嫌い
ワインが好き	196人	25人
ワインが嫌い	83人	47人

⬅属性B

⬆
属性A

好き 嫌いを
属性のカテゴリと
いいます

そこで，アンケート調査票のスポーツと焼肉について，
クロス集計表を作ってみましょう.

手順 1　データを入力したら，挿入 の画面から ピボットテーブル を選択します.

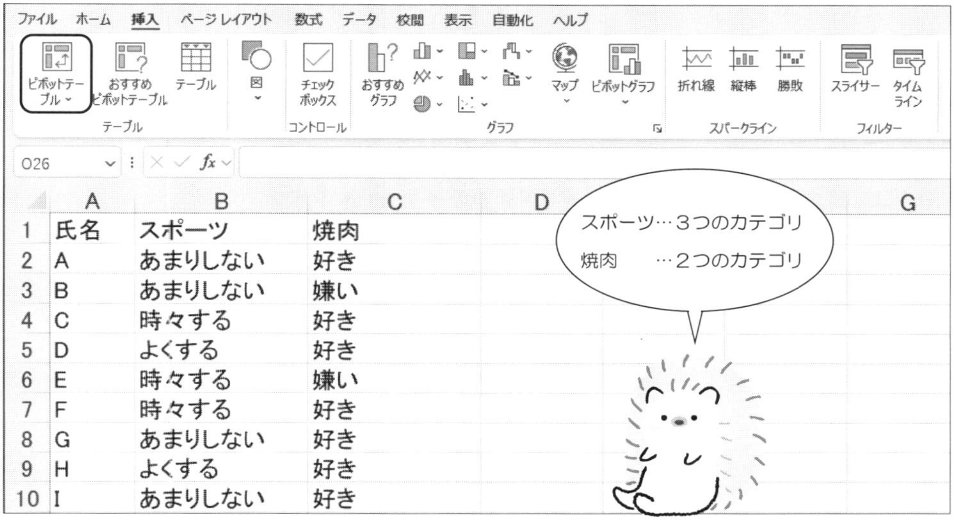

	A	B	C
1	氏名	スポーツ	焼肉
2	A	あまりしない	好き
3	B	あまりしない	嫌い
4	C	時々する	好き
5	D	よくする	好き
6	E	時々する	嫌い
7	F	時々する	好き
8	G	あまりしない	好き
9	H	よくする	好き
10	I	あまりしない	好き

手順 2 データの範囲を A1:C20 と入力して，配置場所を選択したら OK .

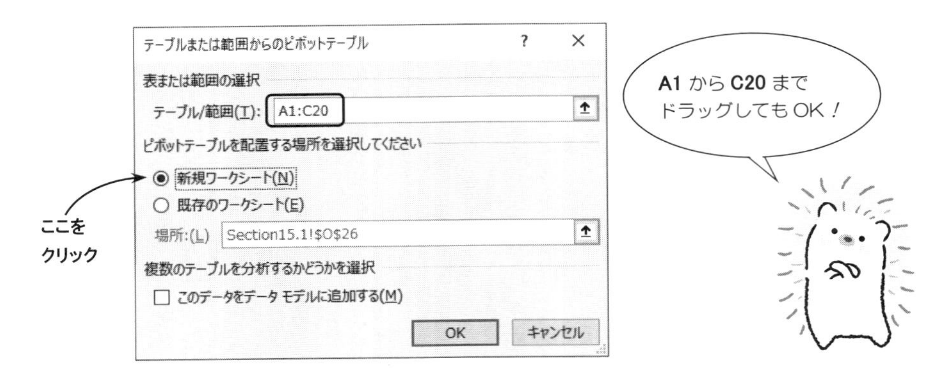

手順 3 次のような画面になりましたか？　続いて……

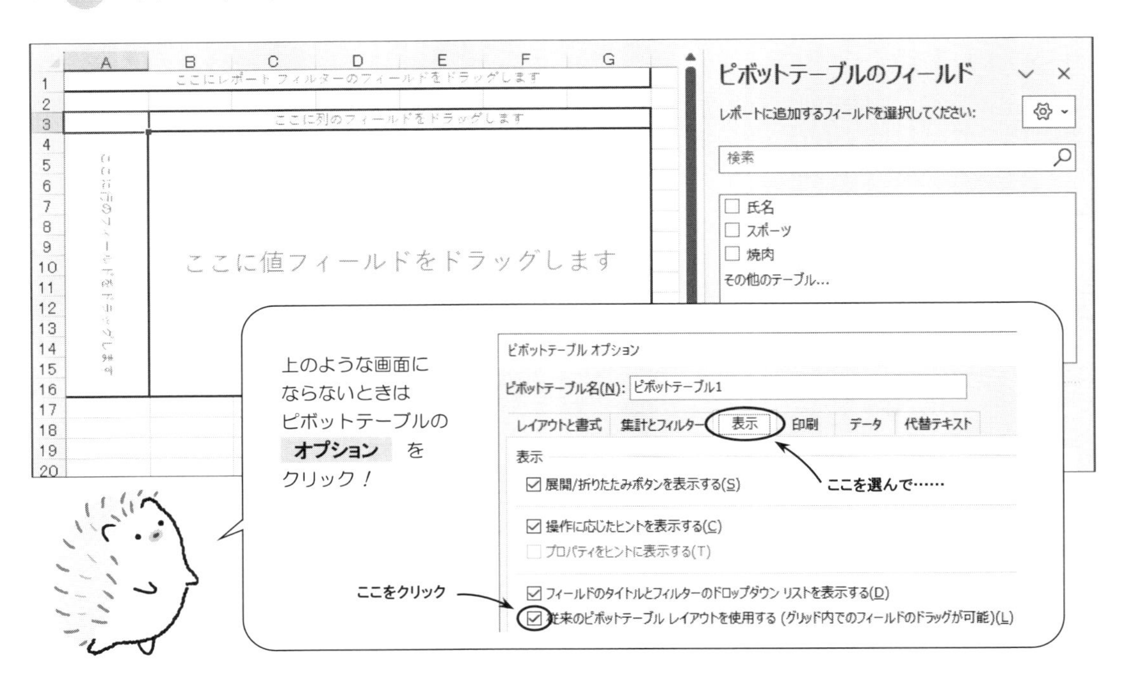

手順4 次の画面になるので，スポーツ をクリックして，列 のフィールドへドラッグ．

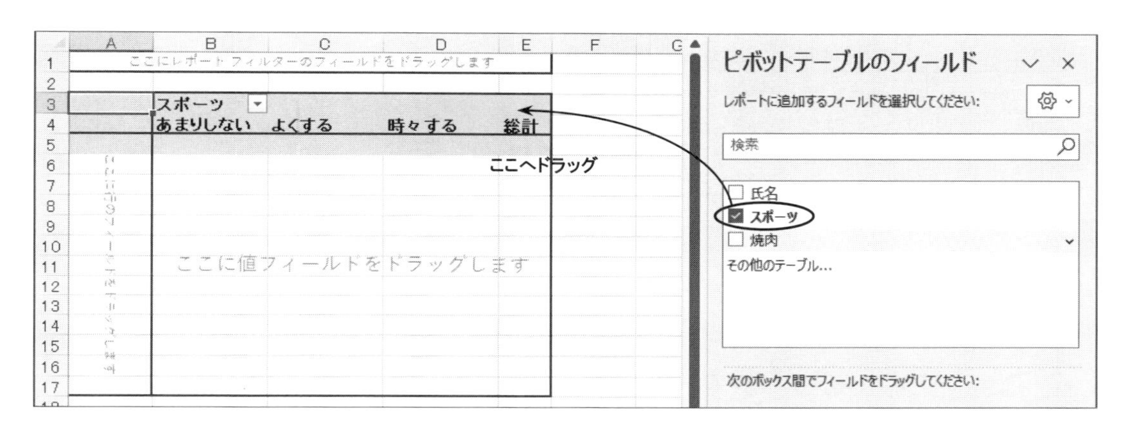

手順5 続いて，焼肉 をクリックして，行 のフィールドの上へドラッグ．

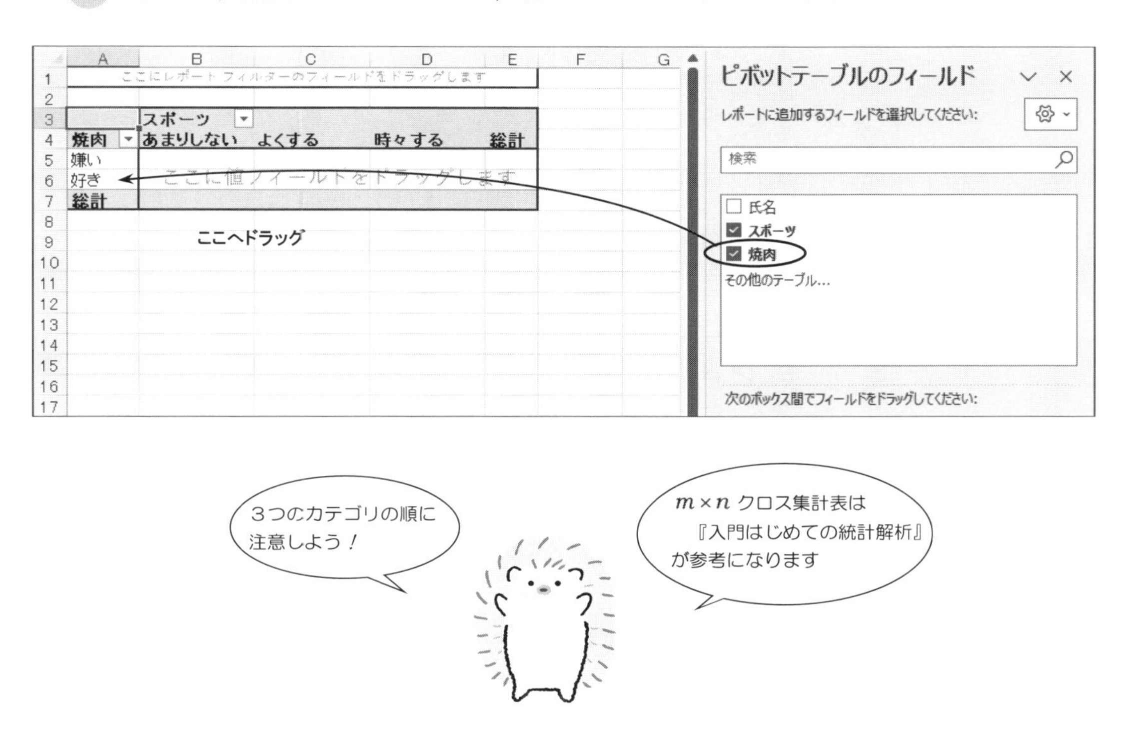

手順 6　最後に，氏名 をクリックして，データアイテム の上へドラッグすると……

手順 7　次のようなクロス集計表ができあがります．

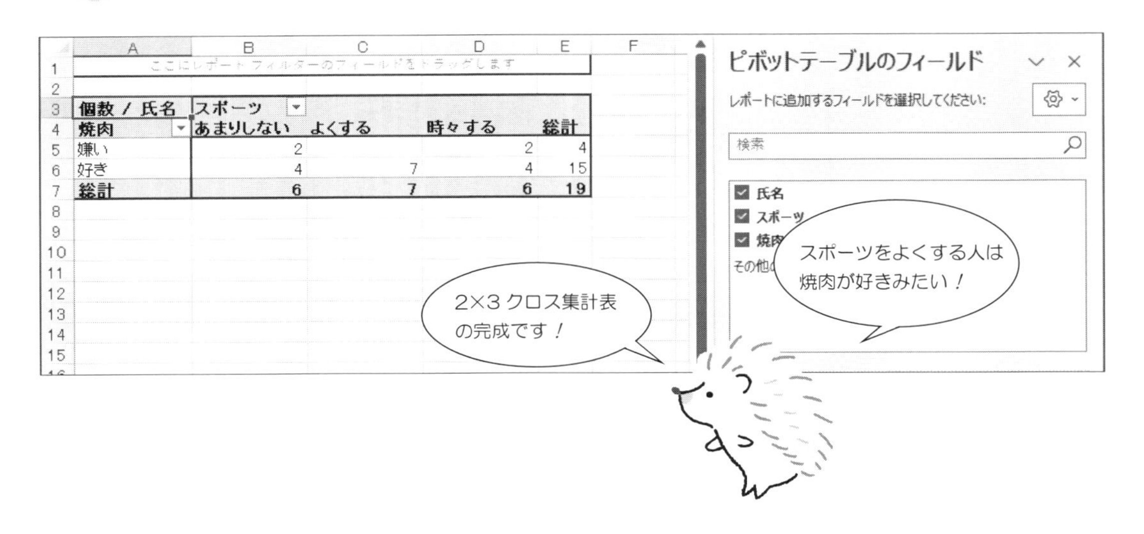

個数 / 氏名	スポーツ			
焼肉	あまりしない	よくする	時々する	総計
嫌い	2		2	4
好き	4	7	4	15
総計	6	7	6	19

15.2 独立性の検定をしてみよう

スポーツと焼肉に関するアンケート調査の結果をまとめると，
次のような２×３クロス集計表ができました．

表 15.4　アンケート調査の集計結果（データ数＝19）

焼肉＼スポーツ	よくする	時々する	あまりしない	合計
好き	7人	4人	4人	15人
嫌い	0人	2人	2人	4人
合計	7人	6人	6人	19人

スポーツと焼肉の間には，何か関係があるのでしょうか？

このような２つの属性の関連性を調べる統計手法に

“独立性の検定”

があります．

ところで，セルの中に 0 や 0 に近い値がある場合には，
独立性の検定はできません．

そこで，アンケート調査の人数が多い場合について考えてみましょう．

表 15.5　スポーツと焼肉の関係（データ数＝60）

焼肉＼スポーツ	よくする	時々する	あまりしない	合計
好き	21人	10人	6人	37人
嫌い	5人	5人	11人	23人
合計	26人	17人	17人	60人

独立性の検定の公式

手順①　仮説 H_0：スポーツと焼肉は独立である．

表 15.6　2×3クロス集計表

スポーツ ＼ 焼肉	よくする	時々する	あまりしない	合計
好き	B3	C3	D3	E3
嫌い	B4	C4	D4	E4
合計	B5	C5	D5	E5

p.203 のセルの番号です

手順②　検定統計量 T を計算する．

B7 のセル　C7 のセル　D7 のセル

$$T = \frac{(\mathrm{E5}\times\mathrm{B3}-\mathrm{B5}\times\mathrm{E3})^2}{\mathrm{E5}\times\mathrm{B5}\times\mathrm{E3}} + \frac{(\mathrm{E5}\times\mathrm{C3}-\mathrm{C5}\times\mathrm{E3})^2}{\mathrm{E5}\times\mathrm{C5}\times\mathrm{E3}} + \frac{(\mathrm{E5}\times\mathrm{D3}-\mathrm{D5}\times\mathrm{E3})^2}{\mathrm{E5}\times\mathrm{D5}\times\mathrm{E3}}$$

$$+ \frac{(\mathrm{E5}\times\mathrm{B4}-\mathrm{B5}\times\mathrm{E4})^2}{\mathrm{E5}\times\mathrm{B5}\times\mathrm{E4}} + \frac{(\mathrm{E5}\times\mathrm{C4}-\mathrm{C5}\times\mathrm{E4})^2}{\mathrm{E5}\times\mathrm{C5}\times\mathrm{E4}} + \frac{(\mathrm{E5}\times\mathrm{D4}-\mathrm{D5}\times\mathrm{E4})^2}{\mathrm{E5}\times\mathrm{D5}\times\mathrm{E4}}$$

B8 のセル　C8 のセル　D8 のセル

手順③　検定統計量 T が棄却域に含まれたら，仮説 H_0 を棄てる．

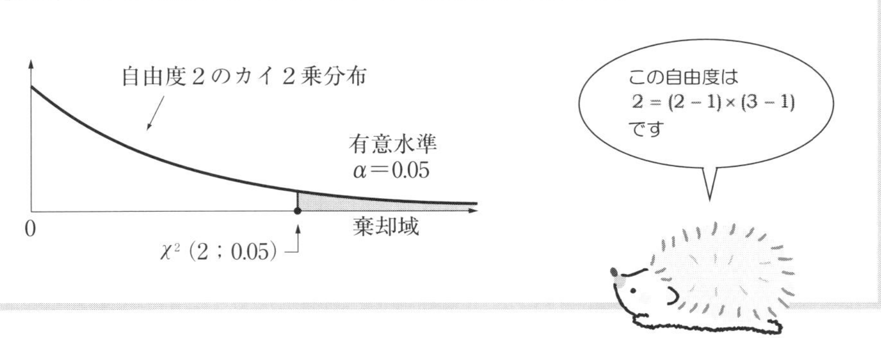

表 15.5 のデータを使って，スポーツと焼肉の独立性の検定をしてみましょう．

【独立性の検定の手順】

手順 1　はじめに，検定統計量の 6 つの部分（B7 のセル～D8 のセル）を計算しておきます．B7 のセルをクリックして，次のように数式を入力します．

	A	B	C	D	E	F
1		スポーツ				
2	焼肉	よくする	時々する	あまりしない	合計	
3	好き	21	10	6		
4	嫌い	5	7	11		
5	合計	26	17	17		
6						
7	統計量	=(E5*B3-B5*E3)^2/(E5*B5*E3)				
8						
9						
10	検定統計量		棄却限界			
11						

検定統計量 T の左上

まずは B7 の
セルから
統計量を求めます

　B8 のセルをクリックして，次のように数式を入力します．

	A	B	C	D	E	F
1		スポーツ				
2	焼肉	よくする	時々する	あまりしない	合計	
3	好き	21	10	6	37	
4	嫌い	5	7	11	23	
5	合計	26	17	17	60	
6						
7	統計量	1.538530839				
8		=(E5*B4-B5*E4)^2/(E5*B5*E4)				
9						
10	検定統計量		棄却限界			
11						

検定統計量 T の左下

⇨ C7 のセルをクリックして，次のように数式を入力します．

	A	B	C	D	E	F
1		スポーツ				
2	焼肉	よくする	時々する	あまりしない	合計	
3	好き	21	10	6	37	
4	嫌い	5	7	11	23	
5	合計	26	17	17	60	
6						
7	統計量	1.538530839	=(E5*C3-C5*E3)^2/(E5*C5*E3)			
8		2.475027871				
9						

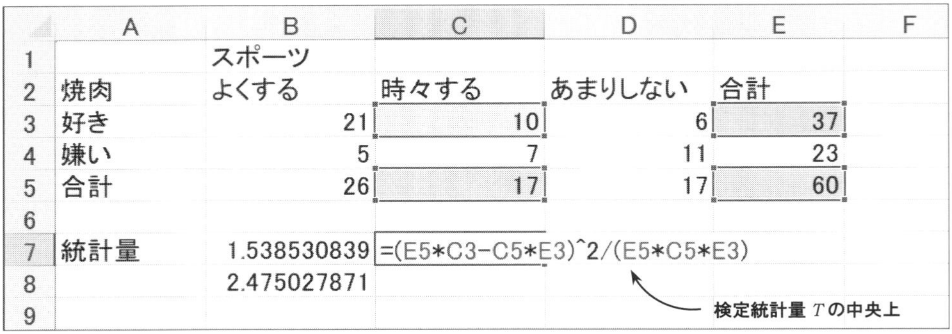

検定統計量 T の中央上

⇨ C8 のセルをクリックして，次のように数式を入力します．

	A	B	C	D	E	F
1		スポーツ				
2	焼肉	よくする	時々する	あまりしない	合計	
3	好き	21	10	6	37	
4	嫌い	5	7	11	23	
5	合計	26	17	17	60	
6						
7	統計量	1.538530839	0.022284049			
8		2.475027871	=(E5*C4-C5*E4)^2/(E5*C5*E4)			
9						

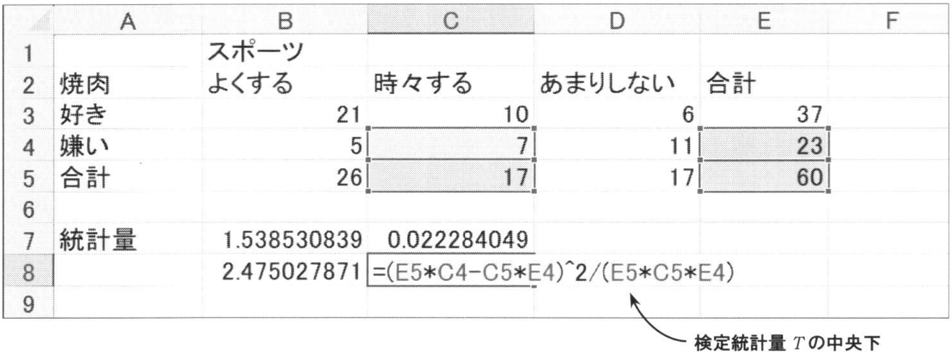

検定統計量 T の中央下

⇨ D7 のセルをクリックして，次のように数式を入力します．

	A	B	C	D	E	F
1		スポーツ				
2	焼肉	よくする	時々する	あまりしない	合計	
3	好き	21	10	6	37	
4	嫌い	5	7	11	23	
5	合計	26	17	17	60	
6						
7	統計量	1.538530839	0.022284049	=(E5*D3-D5*E3)^2/(E5*D5*E3)		
8		2.475027871	0.035848252			
9						

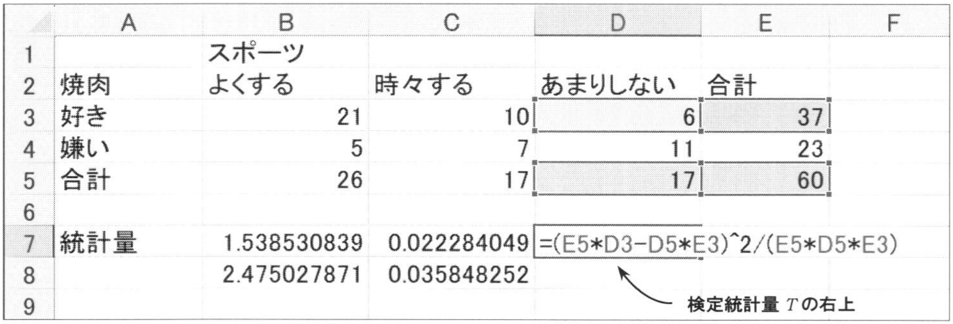

検定統計量 T の右上

⇨ D8 のセルをクリックして，次のように数式を入力します．

	A	B	C	D	E	F
1		スポーツ				
2	焼肉		時々する	あまりしない	合計	
3	好き		10	6	37	
4	嫌い	5	7	11	23	
5	合計	26	17	17	60	
6						
7	統計量	1…39	0.022284049	1.917355591		
8		…71	0.035848252	=(E5*D4-D5*E4)^2/(E5*D5*E4)		
9						
10	検定統計量		棄却限界			
11						

もっとカンタンに計算できないのかなあ？

検定統計量 T の右下

手順 2 次に，検定統計量 T を求めます．

B10 のセルに ＝B7＋C7＋D7＋B8＋C8＋D8 と入力．

	A	B	C	D	E	F
1		スポーツ				
2	焼肉	よくする	時々する	あまりしない	合計	
3	好き	21	10	6	37	
4	嫌い	5	7	11	23	
5	合計	26	17	17	60	
6						
7	統計量	1.538530839	0.022284049	1.917355591		
8		2.475027871	0.035848252	3.084441603		
9						
10	検定統計量	9.073488204	棄却限界			
11						

やっと
検定統計量が
求まりました

手順 3　次に，カイ２乗分布の χ^2 (2；0.05) を調べます．D10 のセルをクリックして

数式 ⇨ f_x ⇨ 統計 ⇨ CHISQ.INV.RT ⇨ OK .

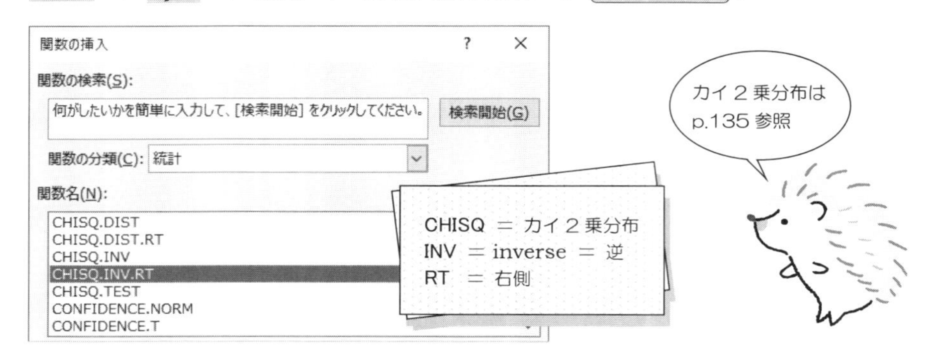

手順 4　ワクの中に，次のように入力して， OK .

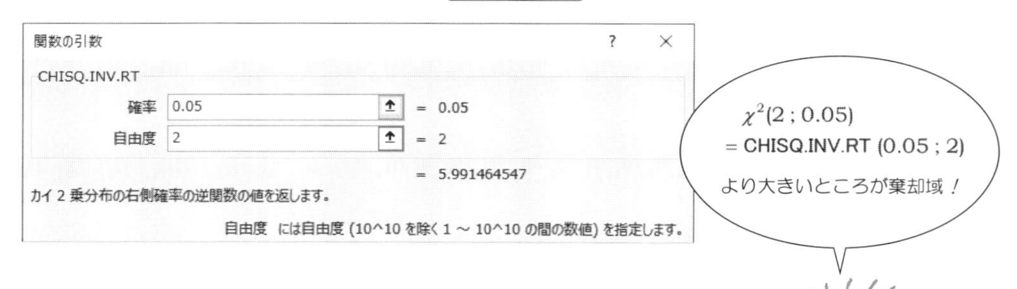

棄却限界 χ^2 (2；0.05) が求まりました．

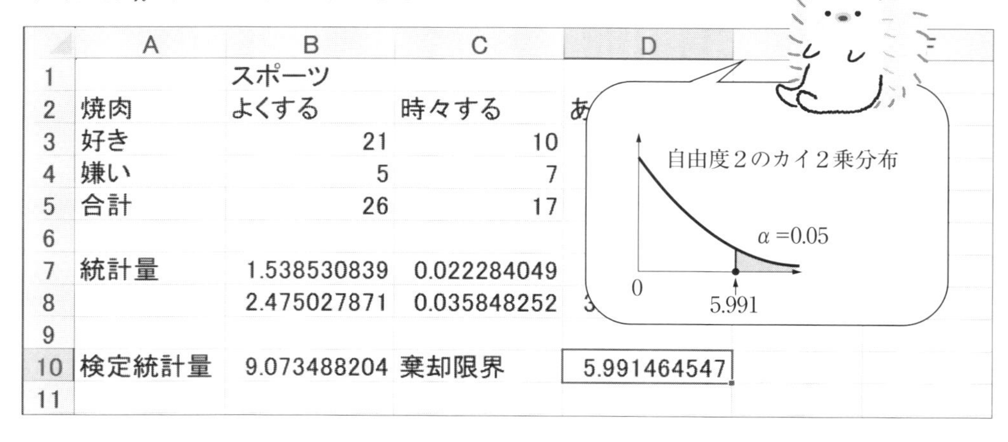

	A	B	C	D
1		スポーツ		
2	焼肉	よくする	時々する	あ
3	好き	21	10	
4	嫌い	5	7	
5	合計	26	17	
6				
7	統計量	1.538530839	0.022284049	
8		2.475027871	0.035848252	3
9				
10	検定統計量	9.073488204	棄却限界	5.991464547
11				

よって，検定統計量 T と棄却限界の関係は，次の図のようになります．

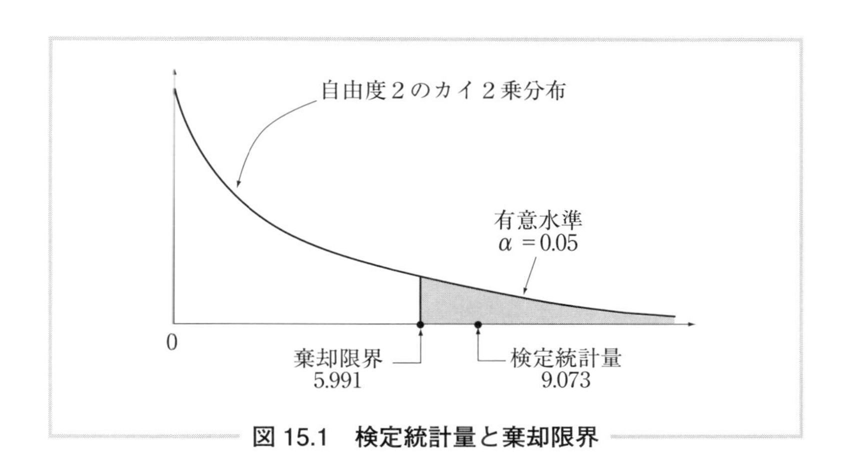

図 15.1　検定統計量と棄却限界

このとき

$$検定統計量 = \boxed{9.073} \geqq \chi^2(2\,;\,0.05) = \boxed{5.991}$$

なので，検定統計量は棄却域に含まれます．

したがって，仮説 H_0 は棄てられるので，

“スポーツと焼肉の間に関連がある”

ということがわかりました．

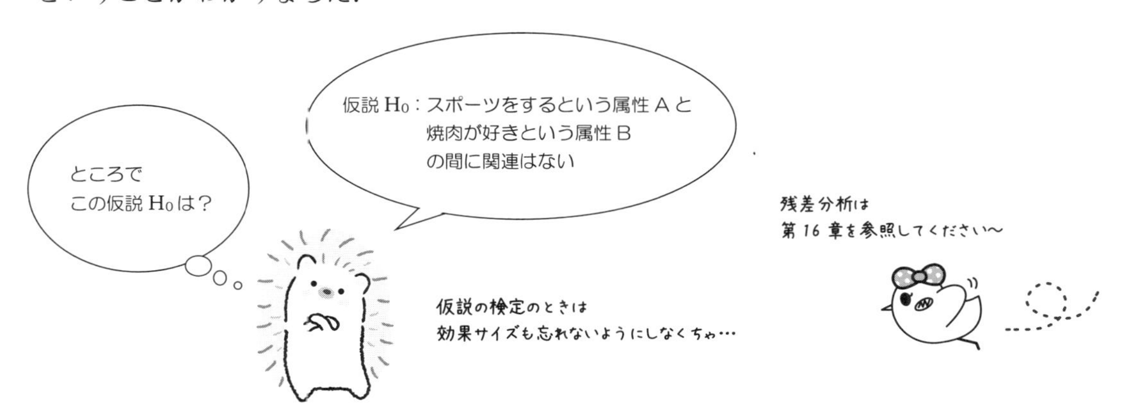

16章 残差分析
◉カテゴリ A_i とカテゴリ B_j の関連性

16.1 独立性の検定から残差分析へ

次のデータは，医療業務の種類と不眠症のタイプについて調査した結果です．

表 16.1　医療業務と不眠症のクロス集計表

		不眠症			⬅属性
		入眠困難	中途覚醒	熟睡困難	⬅カテゴリ
医療業務	保健師	7 人	14 人	12 人	
	助産師	11 人	6 人	13 人	
	看護師	6 人	8 人	25 人	
⬆属性	⬆カテゴリ				

医療業務の３つの種類，保健師，助産師，看護師と
不眠症の３つのタイプ，入眠困難，中途覚醒，熟睡困難の間に
何か関連があるのでしょうか？

独立性の検定は属性 A と属性 B の関連を調べるのに対し，
残差分析は属性 A のカテゴリ A_i と属性 B のカテゴリ B_j の関連を調べます．

このようなカテゴリとカテゴリの関連性を調べる方法に
残差分析があります．

3 × 3 クロス集計表は，次のような形をしています．

表 16.2　3 × 3 クロス集計表

		属性 B			合計
		カテゴリ B_1	カテゴリ B_2	カテゴリ B_3	
属性 A	カテゴリ A_1	f_{11}	f_{12}	f_{13}	$f_{1\blacksquare}$
	カテゴリ A_2	f_{21}	f_{22}	f_{23}	$f_{2\blacksquare}$
	カテゴリ A_3	f_{31}	f_{32}	f_{33}	$f_{3\blacksquare}$
合計		$f_{\blacksquare 1}$	$f_{\blacksquare 2}$	$f_{\blacksquare 3}$	N

$$f_{1\blacksquare} = f_{11} + f_{12} + f_{13}$$

$$f_{\blacksquare 1} = f_{11} + f_{21} + f_{31}$$

このカテゴリ A_i とカテゴリ B_j のセルの値 f_{ij} を**観測度数**といいます．

これに対し，

“カテゴリ A_i とカテゴリ B_j が**独立**と仮定したときの度数”

を**期待度数**といいます．

この期待度数は，次のページのようにして求めることができます．

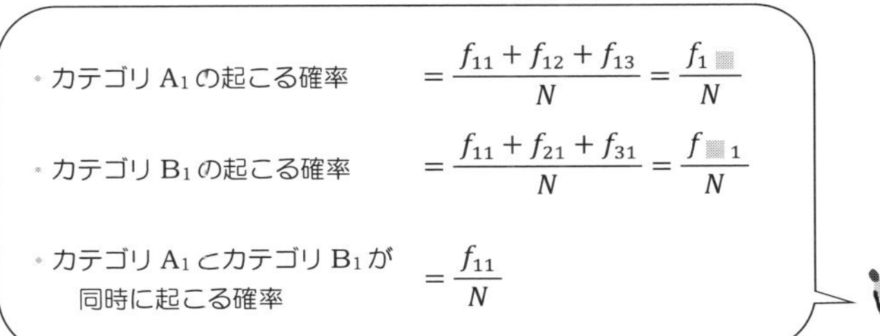

【期待度数の計算】

事象の独立の定義

事象 A と事象 B が独立のとき，次の等号が成り立つ．

$$\mathrm{Pr}(\mathrm{A} \cap \mathrm{B}) = \mathrm{Pr}(\mathrm{A}) \times \mathrm{Pr}(\mathrm{B})$$

そこで，カテゴリ A_i とカテゴリ B_j が独立と仮定すれば

$$\mathrm{Pr}(A_i \cap B_j) = \mathrm{Pr}(A_i) \times \mathrm{Pr}(B_j)$$

となります．このとき

$$\mathrm{Pr}(A_i) = \frac{f_{i\cdot}}{N}$$

$$\mathrm{Pr}(B_j) = \frac{f_{\cdot j}}{N}$$

とすれば，カテゴリ A_i とカテゴリ B_j の期待度数は

$$\text{期待度数} = N \times \frac{f_{i\cdot}}{N} \times \frac{f_{\cdot j}}{N}$$

$$= \boxed{\frac{f_{i\cdot} \times f_{\cdot j}}{N}}$$

のように計算をすることができます．

サイコロの場合

- 事象 A … {2, 4, 6} → $\mathrm{Pr}(\mathrm{A}) = \frac{3}{6}$
- 事象 B … {3, 6} → $\mathrm{Pr}(\mathrm{B}) = \frac{2}{6}$
- 事象 A∩B … {6} → $\mathrm{Pr}(\mathrm{A} \cap \mathrm{B}) = \frac{1}{6}$

➡ $\mathrm{Pr}(\mathrm{A}) \times \mathrm{Pr}(\mathrm{B}) = \frac{3}{6} \times \frac{2}{6} = \frac{1}{6} = \mathrm{Pr}(\mathrm{A} \cap \mathrm{B})$

したがって，事象 A と事象 B は独立

【残差に対する考え方】

そこで,

残差＝観測度数－期待度数

と定義してみると，次のことに気が付きます.

残差＝０のとき

観測度数 f_{ij} は期待度数に一致しているので

“カテゴリ A_i とカテゴリ B_j は独立である”

と考えられます.

残差≠０のとき

観測度数 f_{ij} は期待度数に一致していないので

カテゴリ A_i とカテゴリ B_j には関連があると考えられます.

そこで，……

- 調整済み標準化残差≧ 1.960 のとき

  観測度数 f_{ij} は期待度数より有意に多いので

  カテゴリ A_i とカテゴリ B_j には関連があるとします.

- 調整済み標準化残差≦－ 1.960 のとき

  観測度数 f_{ij} は期待度数より有意に少ないので

  カテゴリ A_i とカテゴリ B_j には関連があるとします.

【残差分析の手順】

残差分析の計算は，次の手順 1～手順 6 のようになります．

手順 1　クロス集計表から，セルの観測度数を合計します．

観測度数
$=f_{ij}$

属性 B ／ 属性 A	…	カテゴリ B_j	…	合計
⋮		⋮		⋮
カテゴリ A_i	…	f_{ij}	…	$f_{i\blacksquare}$
⋮		⋮		⋮
合計	…	$f_{\blacksquare j}$	…	N

手順 2　各セルの期待度数を計算します．

属性 B ／ 属性 A	…	カテゴリ B_j	…
⋮		⋮	
カテゴリ A_i	…	$\dfrac{f_{i\blacksquare}\times f_{\blacksquare j}}{N}$	…
⋮		⋮	

手順 3　各セルの残差を計算します.

属性B ＼ 属性A	…	カテゴリ B_j	…
⋮		⋮	
カテゴリ A_i	…	$f_{ij} - \dfrac{f_{i\bullet} \times f_{\bullet j}}{N}$	…
⋮		⋮	

手順 4　各セルの標準化残差を計算します.

属性B ＼ 属性A	…	カテゴリ B_j	…
⋮		⋮	
カテゴリ A_i	…	$\dfrac{f_{ij} - \dfrac{f_{i\bullet} \times f_{\bullet j}}{N}}{\sqrt{\dfrac{f_{i\bullet} \times f_{\bullet j}}{N}}}$	…
⋮		⋮	

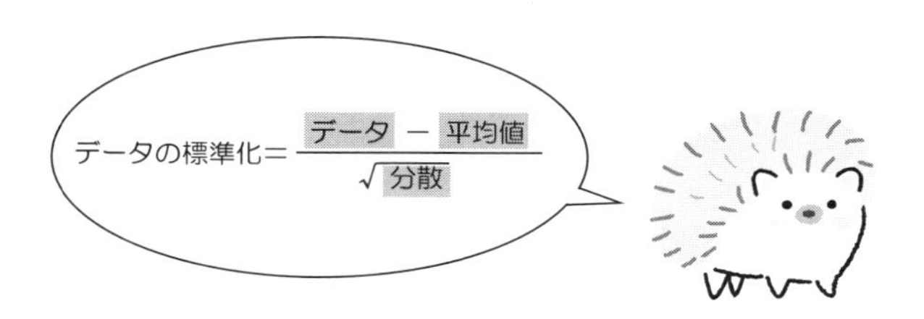

手順 5　各セルの標準化残差の分散を計算します.

属性 B / 属性 A	…	カテゴリ B_j	…
⋮		⋮	
カテゴリ A_i	…	$\dfrac{(N-f_{i\cdot})\times(N-f_{\cdot j})}{N^2}$	…
⋮		⋮	

手順 6　各セルの調整済み標準化残差を計算します.

属性 B / 属性 A	…	カテゴリ B_j	…
⋮		⋮	
カテゴリ A_i	…	$\dfrac{f_{ij}-\dfrac{f_{i\cdot}\times f_{\cdot j}}{N}}{\sqrt{\dfrac{f_{i\cdot}\times f_{\cdot j}}{N}}}\times\sqrt{\dfrac{N^2}{(N-f_{i\cdot})\times(N-f_{\cdot j})}}$	…
⋮		⋮	

最後に，…

次の標準正規分布の棄却限界と調整済み標準化残差を比較します.

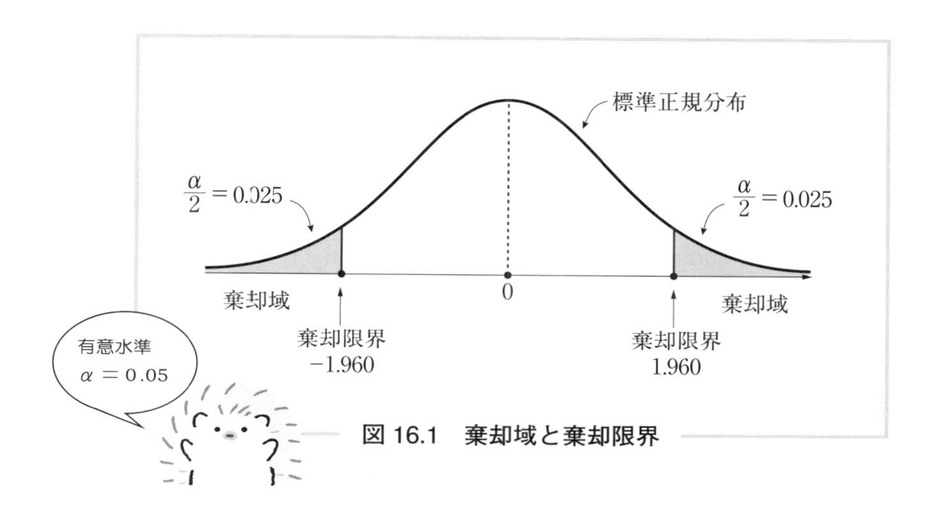

図 16.1　棄却域と棄却限界

そこで，調整済み標準化残差が棄却域に入るとき

“項目Aのカテゴリ A_i と項目Bのカテゴリ B_j は

関連がある”

と解釈します.

16.2 残差分析をしてみよう

手順 1　ワークシートに，次のように入力しておきます．

観測度数

	B1	B2	B3	合計
A1	7	14	12	33
A2	11	6	13	30
A3	6	8	25	39
合計	24	28	50	102

期待度数

	B1	B2	B3
A1			
A2			
A3			

周辺の合計

残差

	B1	B2	B3
A1			
A2			
A3			

標準化残差

	B1	B2	B3
A1			
A2			
A3			

標準化残差の分散

	B1	B2	B3
A1			
A2			
A3			

調整済み標準化残差

	B1	B2	B3
A1			
A2			
A3			

手順 2　次に期待度数を求めます.

- B10 のセルに　= $E$3＊B6/$E$6

と入力して, ⏎. B10 を C10 と D10 のセルにコピー, 貼り付け.

- B11 のセルに　= $E$4＊B6/$E$6

と入力して, ⏎. B11 を C11 と D11 のセルにコピー, 貼り付け.

- B12 のセルに　= $E$5＊B6/$E$6

と入力して, ⏎. B12 を C12 と D12 のセルにコピー, 貼り付けます.

	A	B	C	D	E	F	G	H	I	J
1		観測度数						標準化残差		
2		B1	B2	B3	合計			B1	B2	B3
3	A1	7	14	12	33		A1			
4	A2	11	6	13	30		A2			
5	A3	6	8	25	39		A3			
6	合計	24	28	50	102					
7										
8		期待度数						標準化残差の分散		
9		B1	B2	B3				B1	B2	B3
10	A1	8	9	16			A1			
11	A2	7	8	15			A2			
12	A3	9	11	19						
13										
14		残差						調整済み標準化残差		
15		B1	B2	B3				B1	B2	B3
16	A1									
17	A2									
18	A3									
19										
20										

期待度数を求めよう

手順 3 次に，残差を求めます．

B16 のセルに ＝B3－B10 と入力して，⏎．

B16 を B17，B18，C16，C17，C18，D16，D17，D18 のセルにコピー，貼り付けます．

	A	B	C	D	E	F	G	H	I	J
1		観測度数						標準化残差		
2		B1	B2	B3	合計			B1	B2	B3
3	A1	7	14	12	33		A1			
4	A2	11	6	13	30		A2			
5	A3	6	8	25	39		A3			
6	合計	24	28	50	102					
7										
8		期待度数						標準化残差の分散		
9		B1	B2	B3				B1	B2	B3
10	A1	8	9	16			A1			
11	A2	7	8	15			A2			
12	A3	9	11	19			A3			
13										
14		残差						調整済み標準化残差		
15		B1	B2	B3				B1	B2	B3
16	A1	−1	5	−4			A1			
17	A2	4	−2	−2			A2			
18	A3	−3	−3	6			A3			
19										
20										

残差を求めよう

手順4 次に，標準化残差を求めます．

H3 のセルに `=B16/B10^0.5` と入力して，⏎．

H3 を H4，H5，I3，I4，I5，J3，J4，J5 のセルに

コピー，貼り付けます．

	A	B	C	D	E	F	G	H	I	J
1		観測度数						標準化残差		
2		B1	B2	B3	合計			B1	B2	B3
3	A1	7	14	12	33		A1	−0.274	1.642	−1.038
4	A2	11	6	13	30		A2	1.483	−0.779	−0.445
5	A3	6	8	25	39		A3	−1.049	−0.827	1.345
6	合計	24	28	50	102					
7										
8		期待度数						標準化残差の分散		
9		B1	B2	B3				B1	B2	B3
10	A1	8	9	16			A1			
11	A2	7	8	15			A2			
12	A3	9	11	19			A3			
13										
14		残差						調整済み標準化残差		
15		B1	B2	B3				B1	B2	B3
16	A1	−1	5	−4			A1			
17	A2	4	−2	−2			A2			
18	A3	−3	−3	6			A3			
19										
20										

手順 5　次に，標準化残差の分散を求めます．

- H10 のセルに　`=($E$6−$E$3)*($E$6−B6)/$E$6^2`

  と入力して，↵．H10 を I10，J10 のセルにコピー，貼り付けます．

- H11 のセルに　`=($E$6−$E$4)*($E$6−B6)/$E$6^2`

  と入力して，↵．H11 を I11，J11 のセルにコピー，貼り付けます．

- H12 のセルに　`=($E$6−$E$5)*($E$6−B6)/$E$6^2`

  と入力して，↵．H12 を I12，J12 のセルにコピー，貼り付けます．

	A	B	C	D	E	F	G	H	I	J
1		観測度数						標準化残差		
2		B1	B2	B3	合計			B1	B2	B3
3	A1	7	14	12	33		A1	−0.274	1.642	−1.038
4	A2	11	6	13	30		A2	1.483	−0.779	−0.445
5	A3	6	8	25	39		A3	−1.049	−0.827	1.345
6	合計	24	28	50	102					
7										
8		期待度数						標準化残差の分散		
9		B1	B2	B3				B1	B2	B3
10	A1	8	9	16			A1	0.517	0.491	0.345
11	A2	7	8	15			A2	0.540	0.512	0.360
12	A3	9	11	19			A3	0.472	0.448	0.315
13										
14		残差						調整済み標準化残差		
15		B1	B2	B3				B1	B2	B3
16	A1	−1	5	−4			A1			
17	A2	4	−2	−2			A2			
18	A3	−3	−3	6			A3			
19										
20										

標準化残差の分散
を求めよう

手順 6　最後に，調整済み標準化残差を求めます．

H16 のセルに ＝H3/H10^0.5 と入力して，⏎．

H16 を H17，H18，I16，I17，I18，J16，J17，J18 のセルにコピー，貼り付けます．

観測度数

	B1	B2	B3	合計
A1	7	14	12	33
A2	11	6	13	30
A3	6	8	25	39
合計	24	28	50	102

期待度数

	B1	B2	B3
A1	8	9	16
A2	7	8	15
A3	9	11	19

残差

	B1	B2	B3
A1	−1	5	−4
A2	4	−2	−2
A3	−3	−3	6

標準化残差

	B1	B2	B3
A1	−0.274	1.642	−1.038
A2	1.483	−0.779	−0.445
A3	−1.049	−0.827	1.345

標準化残差の分散

	B1	B2	B3
A1	0.517	0.491	0.345
A2	0.540	0.512	0.360
A3	0.472	0.448	0.315

調整済み標準化残差

	B1	B2	B3
A1	−0.382	2.343	−1.768
A2	2.019	−1.088	−0.742
A3	−1.526	−1.235	2.398

したがって，残差分析をすると，調整済み標準化残差は，
次のようになります．

表 16.3　調整済み標準化残差

		不眠症		
		入眠困難	中途覚醒	熟睡困難
医療業務	保健師	−0.382	2.343	−1.768
	助産師	2.019	−1.088	−0.742
	看護師	−1.526	−1.235	2.398

（列の分類「入眠困難・中途覚醒・熟睡困難」←カテゴリ）

（行の分類「保健師・助産師・看護師」↑カテゴリ）

以上のことから，関連のあるカテゴリの組は，

- 保健師　と　中途覚醒
- 助産師　と　入眠困難
- 看護師　と　熟睡困難

になります．

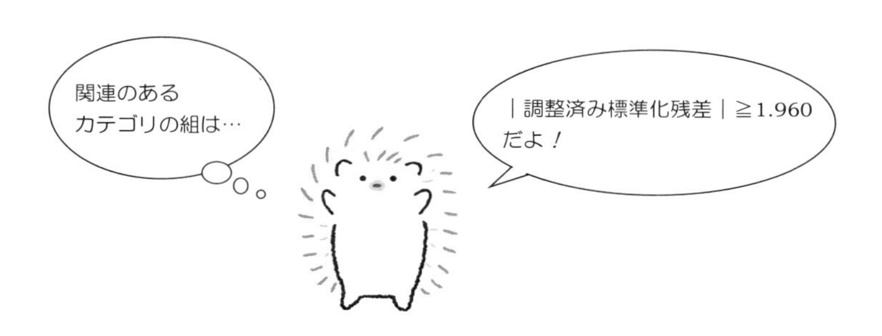

統計解析用ソフト SPSS による独立性の検定と残差分析

独立性の検定

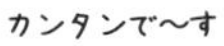

カイ 2 乗検定

	値	自由度	漸近有意確率 (両側)
Pearson のカイ 2 乗	10.447[a]	4	.034
尤度比	9.977	4	.041
線型と線型による連関	3.254	1	.071
有効なケースの数	102		

a. 0 セル (0.0%) は期待度数が 5 未満です。最小期待度数は 7.06 です。

残差分析

医療事務 と 不眠症 のクロス表

			不眠症 入眠困難	中途覚醒	熟睡困難	合計
医療事務	保健師	度数	7a	14a	12a	33
		期待度数	7.8	9.1	16.2	33.0
		残差	-.8	4.9	-4.2	
		標準化残差	-.3	1.6	-1.0	
		調整済み残差	-.4	2.3	-1.8	
	助産師	度数	11a	6a	13a	30
		期待度数	7.1	8.2	14.7	30.0
		残差	3.9	-2.2	-1.7	
		標準化残差	1.5	-.8	-.4	
		調整済み残差	2.0	-1.1	-.7	
	看護師	度数	6a	8a	25a	39
		期待度数	9.2	10.7	19.1	39.0
		残差	-3.2	-2.7	5.9	
		標準化残差	-1.0	-.8	1.3	
		調整済み残差	-1.5	-1.2	2.4	
合計		度数	24	28	50	102
		期待度数	24.0	28.0	50.0	102.0

各サブスクリプト文字は、列の比率が .05 レベルでお互いに有意差がない不眠症 のカテゴリのサブセットを示します。

統計分析力にチャレンジ part 2

問題 8

次のデータは，国別の平均寿命データを集めたものです．

国別の平均寿命データ

国名	女性寿命	男性寿命
アフガニスタン	44	45
アルゼンチン	75	68
オーストラリア	80	74
オーストリア	79	73
ベルギー	79	73
ボリビア	64	59
ボスニア	78	72
ブラジル	67	57
ブルガリア	75	69
カンボジア	52	50
カナダ	81	74
チリ	78	71
中国	69	67
コロンビア	75	69
コスタリカ	79	76
クロアチア	77	70
キューバ	78	74
デンマーク	79	73
ドミニカ	70	66
エジプト	63	60
エストニア	76	67
エチオピア	54	51
フィンランド	80	72
フランス	82	74
ドイツ	79	73
ギリシャ	80	75
ハンガリー	76	67
アイスランド	81	76
インド	59	58

国名	女性寿命	男性寿命
インドネシア	65	61
イラン	67	65
イラク	68	65
アイルランド	78	73
イスラエル	80	76
イタリア	81	74
日本	82	76
ケニア	55	51
クウェート	78	73
マレーシア	72	66
メキシコ	77	69
モロッコ	70	66
ニュージーランド	80	73
ナイジェリア	57	54
ノルウェー	81	74
パキスタン	58	57
パナマ	78	71
ペルー	67	63
フィリピン	68	63
ポルトガル	78	71
ルーマニア	75	69
ロシア	74	64
シンガポール	79	73
スペイン	81	74
スイス	82	75
タイ	72	65
トルコ	73	69
イギリス	80	74
アメリカ	79	73

【8.1】 次の女性寿命の度数分布表を完成させ，そのヒストグラムを作ってください．

	A	B	C	D	E	F	G	H	I
1	女性寿命								
2	44		最大値						
3	75		最小値						
4	80		範囲						
5	79								
6	79		階級		度数	累積度数			
7	64		40	50					
8	78		50	60					
9	67		60	70					
10	75		70	80					
11	52		80	90					
12	81								
13	78								
	69								
	75								
56									
57									
58	80								
59	79								
60									

【8.2】 男性寿命の度数分布表とヒストグラムを作ってください．

確率分布の数表の問題です.

【9.1】 CHISQ.INV.RT を利用して，次の数表を完成してください.

	A	B	C	D	E	F
1	自由度m	確率	カイ2乗			
2	1	0.01				
3	2	0.01				
4	3	0.01				
5	4	0.01				
6	5	0.01				
7	6	0.01				
8	7	0.01				
9	8	0.01				
10	9	0.01				
11	10	0.01				

【9.2】 T.INV.2T を利用して，次の数表を完成してください.

	A	B	C	D	E	F
1	自由度m	両側確率	t分布			
2	1	0.1				
3	2	0.1				
4	3	0.1				
5	4	0.1				
6	5	0.1				
7	6	0.1				
8	7	0.1				
9	8	0.1				
10	9	0.1				
11	10	0.1				

【9.3】 F.INV.RT を利用して，次の数表を完成してください．

	A	B	C	D	E	F
1	自由度m	自由度n	確率	F分布		
2	1	2	0.05			
3	1	3	0.05			
4	1	4	0.05			
5	2	2	0.05			
6	2	4	0.05			
7	3	4	0.05			
8	3	6	0.05			
9	4	5	0.05			
10	4	7	0.05			
11	5	6	0.05			
12	5	7	0.05			
13	6	7	0.05			
14	7	8	0.05			
15	8	9	0.05			
16						
17						
18						

CHISQ.INV.RT
＝ カイ２乗分布の右側の逆関数
T.INV.2T
＝ t 分布の両側の逆関数
F.INV.RT
＝ F 分布の右側の逆関数

問題 10

次のデータは，自家用車の性能について調査した結果です．
燃費の母平均を信頼係数 95 %で区間推定してみましょう．

自家用車の燃費と排気量

No.	燃費	排気量
1	27.2	135
2	26.6	151
3	25.8	156
4	23.5	173
5	30.0	135
6	39.1	79
7	39.0	86
8	35.1	81
9	32.3	97
10	37.0	85

No.	燃費	排気量
11	37.7	89
12	34.1	91
13	34.7	105
14	34.4	98
15	29.9	98
16	33.0	105
17	33.7	107
18	32.4	108
19	32.9	119
20	31.6	120

【10.1】 燃費と排気量のデータを，次のようにワークシートに入力してください．

	A	B	C	D	E
1	燃費	排気量			
2	27.2	135		標本平均	
3	26.6	151			
4	25.8	156		標本標準偏差	
5	23.5	173			
6	30	135		t分布の値	
7	39.1	79			
8	39	86		区間推定	
9	35.1	81			
10	32.3	97			
11	37	85			
12	37.7	89			
13	34.1	91			
14	34.7	105			
15	34.4	98			
16	29.9	98			
17	33	105			
18	33.7	107			
19	32.4	108			
20	32.9	119			
21	31.6	120			
22					

【10.2】 E2 のセルに燃費の標本平均を求めてください．

【10.3】 E4 のセルに燃費の標本標準偏差を求めてください．

【10.4】 E6 のセルに両側確率 0.05，自由度 19 の t 分布の値を求めてください．

【10.5】 E8 のセルに，母平均の区間推定の公式の左側の値を求めてください．

【10.6】 F8 のセルに，母平均の区間推定の公式の右側の値を求めてください．

【10.7】 燃費の母平均を信頼係数 95 %で区間推定してください．

問題 11　次のデータは，新薬による治療法のときの血圧と，偽薬による治療法のときの血圧を測定した結果です．

新薬と偽薬における血圧

新薬のグループ

No.	血圧
1	120
2	94
3	103
4	132
5	114
6	102
7	128
8	114
9	135
10	122

偽薬のグループ

No.	血圧
1	160
2	143
3	132
4	138
5	110
6	135
7	160
8	169
9	143
10	135

このとき，次の仮説の検定をしてみましょう．

仮説 H_0：２つの治療法の平均血圧は等しい

対立仮説 H_1：２つの治療法の平均血圧は異なる

次のように入力してから，始めてください．

	A	B	C	D	E
1	新薬	偽薬			
2	120	160		新薬の標本平均	
3	94	143		偽薬の標本平均	
4	103	132			
5	132	138		新薬の標本分散	
6	114	110		偽薬の標本分散	
7	102	135		共通の分散	
8	128	160			
9	114	169		検定統計量	
10	135	143			
11	122	135		棄却限界	

【11.1】 E2 と E3 のセルに新薬と偽薬の標本平均を求めてください．

【11.2】 E5 と E6 のセルに新薬と偽薬の標本分散を求めてください．

【11.3】 E7 のセルに共通の分散を求めてください．

【11.4】 E9 のセルに検定統計量を求めてください．

【11.5】 E11 のセルに両側確率 0.05，自由度 18 の t 分布の値を求めてください．

【11.6】 検定の結果は？

不等号

検定統計量＝［　　　　］［　］棄却限界＝［　　　　］

なので，検定統計量は棄却域に［　　］．

問題 12

次のデータは，栄養改善の目安のひとつとされる上腕部の皮下脂肪厚を栄養管理実施前と実施後で測定した結果です．

栄養管理実施前後の上腕部皮下脂肪厚

No.	栄養管理前	栄養管理後
1	13.0	12.8
2	10.3	15.2
3	8.2	7.1
4	7.4	9.5
5	4.3	7.8
6	18.1	16.9
7	9.2	11.3
8	31.3	29.1
9	12.5	16.7
10	7.6	8.9
11	23.7	24.9
12	18.8	21.5
13	26.2	26.2
14	33.8	32.1
15	5.7	9.2

このとき，次の仮説を検定してみましょう．

仮説 H_0：栄養管理の前と管理の後で上腕部皮下脂肪厚は変化しない

対立仮説 H_1：栄養管理の前と管理の後で上腕部皮下脂肪厚は変化する

次のように入力してから，始めてください．

	A	B	C	D	E	F	G
1	No.	栄養管理前	栄養管理後	脂肪厚の差			
2	1	13	12.8			差の標本平均	
3	2	10.3	15.2				
4	3	8.2	7.1			差の標本分散	
5	4	7.4	9.5				
6	5	4.3	7.8			検定統計量	
7	6	18.1	16.9				
8	7	9.2	11.3			棄却限界	
9	8	31.3	29.1				
10	9	12.5	16.7				
11	10	7.6	8.9				
12	11	23.7	24.9				
13	12	18.8	21.5				
14	13	26.2	26.2				
15	14	33.8	32.1				
16	15	5.7	9.2				
17							

【12.1】 栄養管理の前と栄養管理の後の上腕部皮下脂肪厚の差を求めてください．

【12.2】 差の標本平均と標本分散を計算してください．

【12.3】 検定統計量を計算してください．

【12.4】 棄却限界を求めて，仮説の検定をしてください．

問題 13

次のデータは，アメリカのある企業における従業員のファイルです．
このデータを使って，独立性の検定をしましょう．

アメリカ企業の従業員調査

No.	性別	就学年数	職種	給与（$）	人種
1	男性	15	管理	57000	白人
2	男性	16	事務	40200	白人
3	女性	12	事務	21450	白人
4	女性	8	事務	21900	白人
5	男性	15	警備	45000	白人
6	男性	15	事務	32100	白人
7	男性	15	管理	36000	白人
8	女性	12	警備	21900	白人
9	女性	15	事務	27900	白人
10	女性	12	管理	24000	白人
11	女性	16	事務	30300	白人
12	男性	8	警備	28350	その他
13	男性	15	事務	27750	その他
14	女性	15	事務	35100	その他
15	男性	12	事務	27300	白人
16	男性	12	事務	40800	白人
17	男性	15	事務	46000	白人
18	女性	16	管理	103750	白人
19	男性	12	事務	42300	白人
20	男性	12	警備	26250	白人
21	女性	16	警備	38850	白人
22	男性	12	事務	21750	その他
23	女性	15	事務	24000	その他
24	女性	12	警備	16950	その他
25	女性	15	事務	21150	その他
26	男性	15	事務	31050	白人
27	男性	19	管理	60375	白人
28	男性	15	事務	32550	白人
29	男性	19	管理	135000	白人
30	男性	15	事務	31200	白人
31	男性	12	事務	36150	白人
32	女性	19	管理	110625	白人
33	男性	15	事務	42000	白人

No.	性別	就学年数	職種	給与($)	人種
34	男性	19	管理	92000	白人
35	男性	17	管理	81250	白人
36	女性	8	事務	31350	白人
37	男性	12	事務	29100	その他
38	男性	15	事務	31350	その他
39	男性	16	警備	36000	その他
40	女性	15	事務	19200	その他
41	男性	12	警備	23500	その他
42	男性	15	事務	35100	白人
43	男性	12	事務	23250	白人
44	男性	8	事務	29250	白人
45	男性	12	警備	30750	白人
46	女性	15	事務	22350	白人
47	女性	12	事務	30000	白人
48	男性	12	警備	30750	白人
49	男性	15	事務	34800	白人
50	男性	16	管理	60000	白人
51	男性	12	事務	35550	白人
52	男性	15	警備	45150	白人
53	男性	18	管理	73750	白人
54	男性	12	事務	25050	白人
55	男性	12	事務	27000	白人
56	男性	15	事務	26850	白人
57	男性	15	事務	33900	白人
58	女性	15	警備	26400	白人
59	男性	15	事務	28050	その他
60	男性	12	事務	30900	その他
61	男性	8	事務	22500	その他
62	女性	16	管理	48000	白人
63	男性	17	管理	55000	白人
64	男性	16	管理	53125	白人
65	男性	8	事務	21900	白人
66	女性	19	管理	78125	白人
67	男性	16	管理	46000	白人
68	女性	16	管理	45250	白人
69	男性	16	管理	56550	白人
70	男性	15	事務	41100	白人

データは，次のように入力してください．

クロス集計表を作成するときは，名前の変数が必要となります．

そこで，名前の列には，次のように

A1, A2, …, A10, B1, …, B10, C1, …, F10, G1, G2, …, G10

と入力しておきます．

	A	B	C	D	E	F
1	名前	性別	就学年数	職種	給与($)	人種
2	A1	男性	15	管理	57000	白人
3	A2	男性	16	事務	40200	白人
4	A3	女性	12	事務	21450	白人
5	A4	女性	8	事務	21900	白人
6	A5	男性	15	警備	45000	白人
7	A6	男性	15	事務	32100	白人
8	A7	男性	15	管理	36000	白人
9	A8	女性	12	警備	21900	白人
10	A9	女性	15	事務	27900	白人
11	A10	女性	12	管理	24000	白人
12	B1	女性	16	事務	30300	白人
13	B2	男性	8	警備	28350	その他
14	B3	男性	15	事務	27750	その他
15	B4	女性	15	事務	35100	その他
16	B5	男性	12	事務	27300	白人
17	B6	男性	12	事務	40800	白人
18	B7	男性	15	事務	46000	白人
19	B8	女性	16	管理	103750	白人
64	G3	男性	[illegible]	管理	[illegible]	[illegible]
65	G4	男性	16	管理	[illegible]	[illegible]
66	G5	男性	8	事務	[illegible]	白人
67	G6	女性	19	管理	78125	白人
68	G7	男性	16	管理	[illegible]	白人
69	G8	女性	16	管理	[illegible]	[illegible]
70	G9	男性	16	管理	[illegible]	[illegible]
71	G10	男性	15	事務	[illegible]	[illegible]
72						
73						

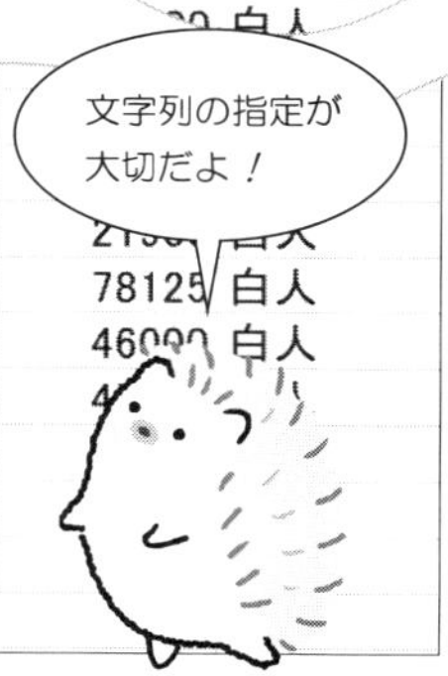

文字列の指定が
大切だよ！

【13.1】 次のクロス集計表を完成させてください．

	A	B	C	D	E	F	G	H
1								
2								
3		**職種**						
4	**性別**	**管理**	**警備**	**事務**	**総計**			
5	女性							
6	男性							
7	**総計**							
8								
9	統計量							
10								
11								
12	検定統計量		棄却限界					
13								

【13.2】 独立性の検定をしましょう．

B9 のセルに ＝(E7*B5 − B7*E5)^2/(E7*B7*E5)

B10 のセルに ＝(E7*B6 − B7*E6)^2/(E7*B7*E6)

C9 のセルに ＝(E7*C5 − C7*E5)^2/(E7*C7*E5)

C10 のセルに ＝(E7*C6 − C7*E6)^2/(E7*C7*E6)

D9 のセルに ＝(E7*D5 − D7*E5)^2/(E7*D7*E5)

D10 のセルに ＝(E7*D6− D7*E6)^2/(E7*D7*E6)

B12 のセルに ＝ B9 ＋ B10 ＋ C9 ＋ C10 ＋ D9 ＋ D10

を入力してください．

続いて，D12 のセルに，確率 0.05，自由度 2 のカイ 2 乗分布の値を求め，次の空欄を埋めてください．

不等号

検定統計量＝［　　　　］［　］ $\chi^2(2\,;\,0.05)$＝［　　　］

なので，検定統計量は棄却域に含まれ［　　　］．

問題 14

次のデータは，小学校の理科の実験でおこなわれるアサガオの観察研究の結果です．

2×2クロス集計表

	発芽した数	発芽しなかった数	合計
山の小学校	143	57	200
海の小学校	124	76	200

山の小学校と海の小学校では
アサガオの発芽率に差があるのでしょうか？

【14.1】 2つのグループの標本比率を求めてください．

【14.2】 2つのグループの共通の比率を求めてください．

【14.3】 検定統計量を求めてください．

【14.4】 有意水準を0.05としたときの棄却限界と有意確率を求めてください．

問題 15

次のデータは，小説の好みとペットの好みについてアンケート調査をおこなった結果です．

3 × 3 クロス集計表

		ペット			合計
		ウサギ	ネコ	イヌ	
小説	推理	5 人	8 人	14 人	27 人
	SF	7 人	14 人	8 人	29 人
	恋愛	16 人	7 人	10 人	33 人
合計		28 人	29 人	32 人	89 人

【15.1】 期待度数を求めてください．

【15.2】 残差を求めてください．

【15.3】 標準化残差を求めてください．

【15.4】 標準化残差の分散を求めてください．

【15.5】 調整済み標準化残差を求めてください．

この残差分析の計算手順は
p.216～p.221 と同じで～す

Excel ワークシート関数一覧

統計解析で使う主な関数の一覧です.

A

ABS	数値の絶対値を返します.
AVEDEV	平均値に対する個々のデータの絶対偏差の平均を返します.
AVERAGE	引数（データ）の平均値を返します.

B

BETADIST	累積ベータ確率密度関数の値を返します.
BETAINV	累積ベータ確率密度関数の逆関数の値を返します.
BINOMDIST	個別項の２項分布の確率を返します.

C

CHISQ.DIST	カイ２乗分布の左側確率を返します.
CHISQ.DIST.RT	カイ２乗分布の右側確率を返します.
CHISQ.INV	カイ２乗分布の左側確率の逆関数を返します.
CHISQ.INV.RT	カイ２乗分布の右側の逆関数の値を返します.
CHISQ.TEST	カイ２乗検定を行います.
CONFIDENCE	母集団の平均値に対する信頼区間を返します.
CONVERT	数値の単位を変換します.

CORREL	２つのデータ間の相関係数を返します.
COVARIANCE.P	母集団（population）の共分散を返します.
COVARIANCE.S	標本（sample）の共分散を返します.

E

EXP	e のべき乗を返します.
EXPON.DIST	指数分布関数の値を返します.

F

FACT	数値の階乗を返します.
F.DIST	左側の F 確率分布を返します.
F.DIST.RT	右側の F 確率分布を返します.
F.INV	左側の F 確率分布の逆関数を返します.
F.INV.RT	右側の F 確率分布の逆関数を返します.
F.TEST	F 検定の結果を返します.
FORECAST	回帰直線上の値を返します.
FREQUENCY	データの頻度分布を縦方向の配列として返します.

G

GAMMA.DIST	ガンマ分布関数の値を返します.
GAMMA.INV	ガンマ分布関数の逆関数の値を返します.
GAMMALN	ガンマ関数 $\gamma(x)$ の値の自然対数を返します.
GEOMEAN	相乗平均を返します.
GESTEP	数値がしきい値より大きいかどうかを判別します.
GROWTH	指数曲線上の値を返します.

H

HARMEAN	数値の調和平均を返します.
HYPGEOM.DIST	超幾何分布関数の値を返します.

I

INT	数値をもっとも近い整数に切り捨てます.
INTERCEPT	回帰直線の切片の値を返します.

K

KURT	指定されたデータの尖度を返します.

L

LARGE	指定されたデータの中で k 番目に大きなデータを返します.
LCM	指定された整数の最小公倍数を返します.
LINEST	直線の係数の値を返します.
LN	数値の自然対数を返します.
LOG	指定された底に対する数値の対数を返します.
LOG10	数値の常用対数を返します.
LOGEST	指数曲線の係数の値を返します.

M

MAX	引数リスト（データ）の中の最大値を返します.
MDETERM	配列の行列式としての値を返します.

MINVERSE	配列の逆行列を返します.
MMULT	２つの配列の行列積を返します.
MOD	割り算の余りを返します.
MODE.SNGL	データの中でもっとも頻繁に出現する値（最頻値）を返します.

N

NORM.DIST	正規分布関数の値を返します.
NORM.INV	正規分布関数の逆関数の値を返します.
NORM.S.DIST	標準正規分布関数の値を返します.
NORM.S.INV	標準正規分布関数の逆関数の値を返します.

P

PEARSON	ピアソンの積率相関係数の値を返します.
PERCENTILE.EXC	配列に含まれる値の k 番目の百分位を返します. k には，0 より大きく 1 より小さい値を指定します.
PERCENTILE.INC	配列に含まれる値の k 番目の百分位を返します. k には，0 以上 1 以下の値を指定します.
PERCENTRANK.EXC	値 x の配列内での順位を百分率で表した値を返します.
PERCENTRANK.INC	値 x の配列内での順位を百分率で表した値を返します.
PI	円周率 π の値を返します.
POISSON	ポアソン確率分布の値を返します.
POWER	数値のべき乗を返します.
PROB	指定された範囲に含まれる値が上限と下限との間に収まる確率を返します.
PRODUCT	引数（データ）の積を返します.

Q

QUARTILE.EXC	0 より大きく 1 より小さい百分位値に基づいて，配列に含まれるデータから四分位数を返します．
QUARTILE.INC	0 以上 1 以下の百分位値に基づいて，配列に含まれるデータから四分位数を返します．
QUOTIENT	除算の商の整数部を返します．

R

ROUND	数値を四捨五入して指定された桁数にします．
ROUNDDOWN	数値を切り捨てて指定された桁数にします．
ROUNDUP	数値を切り上げて指定された桁数にします．

S

SIGN	数値の正負に対応する数値を返します．
SKEW	分布の歪度を返します．
SLOPE	回帰直線の傾きを返します．
SMALL	データの中で k 番目に小さな値を返します．
SQRT	数値の平方根を返します．
STANDARDIZE	標準化変量を返します．
STDEV.P	母集団全体（population）を対象に標準偏差を返します．
STDEV.S	母集団の標本（sample）を使って標準偏差を返します．
SUM	引数（データ）の合計を返します．
SUMPRODUCT	配列内の対応する要素同士の積を計算し，それらの値を返します．
SUMSQ	引数（データ）の 2 乗の合計を返します．
SUMX2MY2	2 つの配列で対応する要素の平方差を合計します．

SUMX2PY2	2つの配列で対応する要素の平方和を合計します.
SUMXMY2	2つの配列で対応する要素の差を2乗し，その合計を返します.

T

T.DIST	左側のスチューデントの t 分布の値を返します.
T.DIST.2T	両側のスチューデントの t 分布の値を返します.
T.DIST.RT	右側のスチューデントの t 分布の値を返します.
T.INV	スチューデントの t 分布の左側逆関数を返します.
T.INV.2T	スチューデントの t 分布の両側逆関数の値を返します.
T.TEST	スチューデントの t 分布に従う確率を返します.
TREND	回帰直線の予測値を返します.
TRIMMEAN	データの中間項平均を返します.
TRUNC	数値を切り捨てて，指定された桁数にします.

V

VAR.P	母集団全体（population）を対象に分散を返します.
VAR.S	母集団の標本（sample）を使って分散を返します.

Z

Z.TEST	z 検定の両側 P 値を返します.

分析ツール

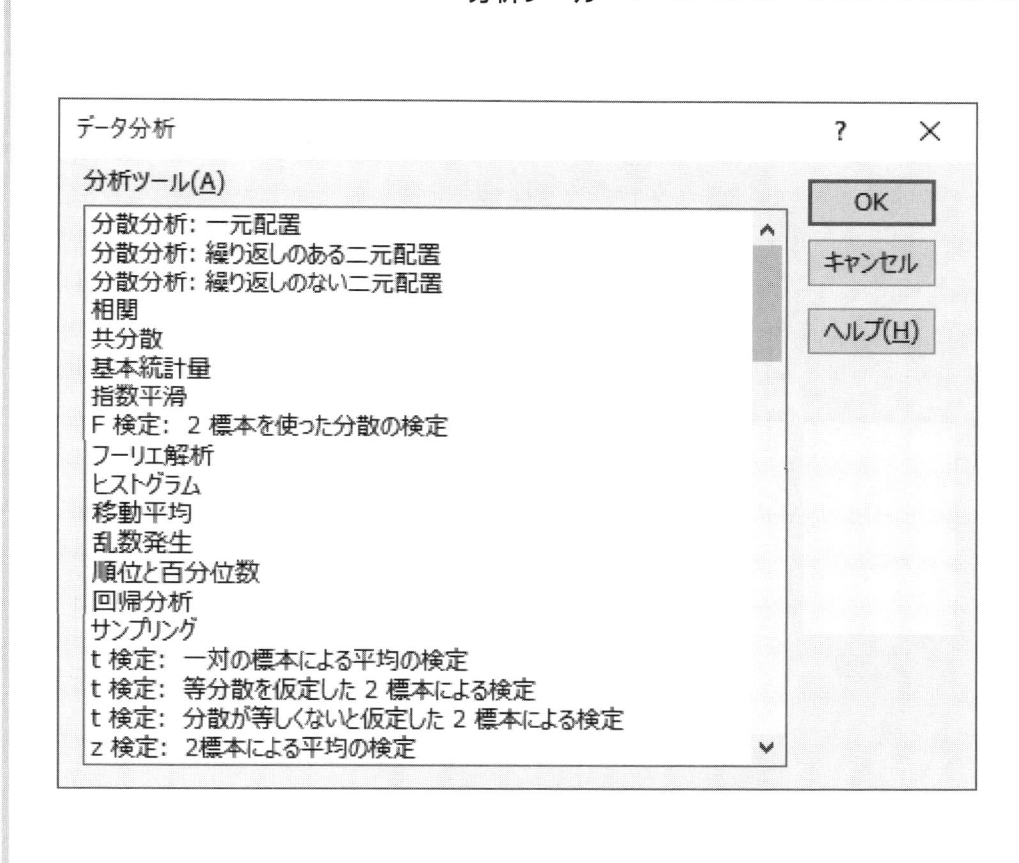
データ分析
?
分析ツール(A)
OK
キャンセル
ヘルプ(H)
分散分析: 一元配置
分散分析: 繰り返しのある二元配置
分散分析: 繰り返しのない二元配置
相関
共分散
基本統計量
指数平滑
F 検定: 2 標本を使った分散の検定
フーリエ解析
ヒストグラム
移動平均
乱数発生
順位と百分位数
回帰分析
サンプリング
t 検定: 一対の標本による平均の検定
t 検定: 等分散を仮定した 2 標本による検定
t 検定: 分散が等しくないと仮定した 2 標本による検定
z 検定: 2標本による平均の検定

付録2 すぐわかる統計処理の選び方（その一部）

手順1
研究対象や
調査対象について
データを集める

手順2
集めたデータを
データの型に
当てはめる

手順3
データの型がわかれば
データにあった
統計処理が決まる!!

●【データの型・パターン 1】

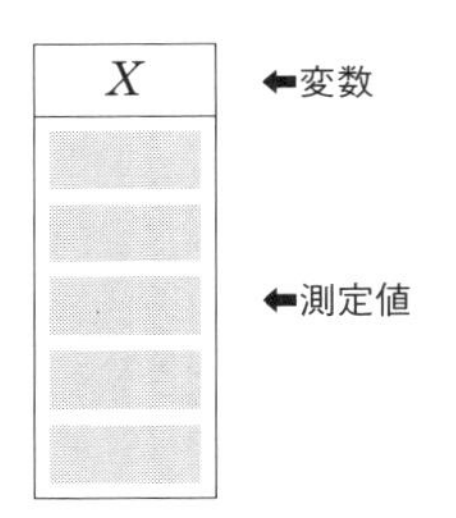

［主な統計処理］
- 度数分布表
- ヒストグラム
- 母平均の区間推定
- 母平均の検定
- クラスター分析

●【データの型・パターン 2】

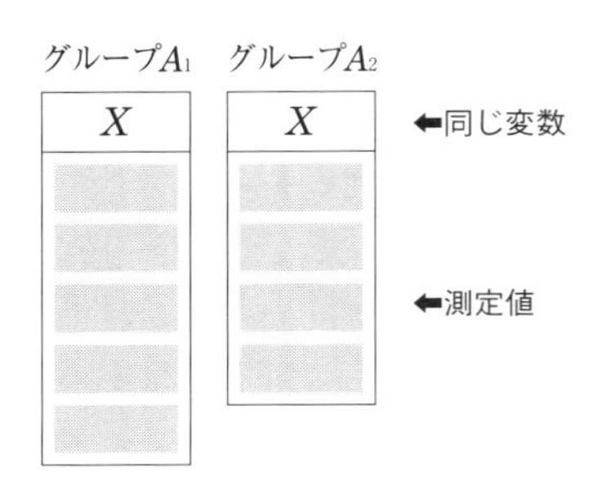

［主な統計処理］
- 2つの母平均の差の検定
- ウィルコクスンの順位和検定
- 判別分析

●【データの型・パターン3】

グループA_1 グループA_2 グループA_3

X

⬅グループ
$A_1, A_2, \cdots, A_p$

⬅同じ変数

⬅測定値

[主な統計処理]

- 1元配置の分散分析と多重比較
- クラスカル・ウォリスの検定
- 判別分析

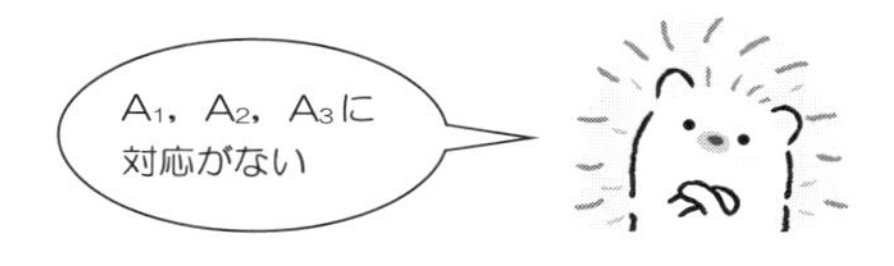

●【データの型・パターン4】

グループA_1 グループA_2

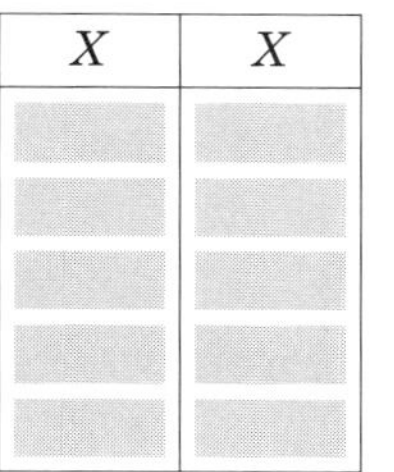

⬅同じ変数

⬅測定値

[主な統計処理]

- 対応のある2つの母平均の差の検定
- ウィルコクスンの符号付順位検定
- 符号検定

●【データの型・パターン6】

X_1	X_2

⬅異なる変数
X_1, X_2

⬅測定値

[主な統計処理]

- 散布図と相関係数
- 単回帰分析
- 順序回帰分析
- カテゴリカル回帰分析
- 主成分分析
- カテゴリカル主成分分析
- 因子分析

●【データの型・パターン 10】

A_1	A_2

←属性カテゴリ A_1, A_2

↑ ↑ データの個数

[主な統計処理]

- 母比率の区間推定
- 母比率の検定

●【データの型・パターン 11】

	B_1	B_2
A_1		
A_2		

←属性・属性カテゴリ B_1, B_2

←データの個数

↑ 属性・属性カテゴリ A_1, A_2

[主な統計処理]

- クロス集計表
- ２つの母比率の差の検定
- 独立性の検定
- オッズ比の検定
- 対数線型分析
- ロジット対数線型分析

●【データの型・パターン 13】

	B_1	B_2	B_3
A_1			
A_2			

⬅属性・属性カテゴリ
$B_1, B_2, \cdots, B_b$

⬅データの個数
測定値

⬆
属性・属性カテゴリ
$A_1, A_2, \cdots, A_a$

[主な統計処理]

- クロス集計表
- 同等性の検定
- 独立性の検定
- 残差分析

●【データの型・パターン 15】

	B_1	B_2	B_3
A_1			
A_2			
A_3			

⬅因子・要因
$B_1, B_2, \cdots, B_b$

⬅測定値

⬆
因子・要因
$A_1, A_2, \cdots, A_a$

[主な統計処理]

- 繰り返しのある２元配置の分散分析と多重比較

ほかのデータの型・パターンについては
『すぐわかる統計処理の選び方』
『入門はじめての統計解析』
『すぐわかる医療統計の選び方』
が参考になるよ！

参考文献

［1］『The Oxford Dictionary of Statistical Terms』edited by Yadolah Dodge, Oxford University Press Inc, 2006

［2］『Kendall's Advanced Theory of Statistics, Distribution Theory』Alan Stuart, Keith Ord, Wiley, 2010

【東京図書】

［3］『すぐわかる統計用語の基礎知識』石村貞夫・D. アレン・劉晨，2016 年

［4］『すぐわかる統計処理の選び方』石村貞夫・石村光資郎，2010 年

［5］『改訂版 すぐわかる統計解析』石村貞夫・石村友二郎，2019 年

［6］『入門はじめての統計解析』石村貞夫，2006 年

［7］『入門はじめての多変量解析』石村貞夫・石村光資郎，2007 年

［8］『入門はじめての分散分析と多重比較』石村貞夫・石村光資郎，2008 年

［9］『入門はじめての統計的推定と最尤法』石村貞夫・劉晨・石村光資郎，2010 年

［10］『改訂版 入門はじめての時系列分析』石村貞夫，石村友二郎，2023 年

［11］『統計学の基礎のキ～分散と相関係数編』石村貞夫・石村光資郎，2012 年

［12］『統計学の基礎のソ～正規分布と t 分布編』石村貞夫・石村友二郎，2012 年

［13］『SPSS でやさしく学ぶ多変量解析（第 6 版）』石村友二郎・石村貞夫，2022 年

［14］『SPSS でやさしく学ぶ統計解析（第 7 版）』石村友二郎・石村貞夫，2021 年

［15］『Excel で学ぶ医療・看護のための統計入門』石村友二郎・今福恵子・石村貞夫，2020 年

［16］『よくわかる統計学［介護福祉・栄養管理データ編］（第 3 版）』石村友二郎・廣田直子・石村貞夫，2020 年

［17］『よくわかる統計学［看護医療データ編］（第 3 版）』石村友二郎・久保田基夫・石村貞夫，2020 年

［18］『すぐわかる医療統計の選び方』石村貞夫・石村光資郎，久保田基夫，2024 年

索　引

事　項

サ　行

タ・ナ行

ハ　行

Excel 操作項目

著者紹介

石村友二郎（いしむらゆうじろう）
2008年　東京理科大学理学部数学科卒業
2014年　早稲田大学大学院基幹理工学研究科数学応用数理学科
博士課程単位取得退学
現　在　文京学院大学 教学IRセンター 特任助教

劉　晨（リュウ チェン）
1994年　天津南開大学環境科学学科卒業
2001年　京都大学大学院情報学研究科社会情報学専攻博士号取得
現　在　公益財団法人地球環境戦略研究機関 研究員
博士（情報学）

石村貞夫（いしむらさだお）
1975年　早稲田大学理工学部数学科卒業
1977年　早稲田大学大学院理工学研究科数学専攻修了
現　在　石村統計コンサルタント代表
理学博士・統計アナリスト

Excelでやさしく学ぶ統計解析
入力の基礎からレポート作成まで

2024年 12月 25日　第1刷発行　　Printed in Japan

著　者　石村友二郎
劉　晨
監　修　石村貞夫
発行所　東京図書株式会社

〒102-0072　東京都千代田区飯田橋 3-11-19
振替 00140-4-13803　電話 03(3288)9461
http://www.tokyo-tosho.co.jp/

ISBN 978-4-489-02436-8